HUAWEI

ファーウェイの技術と経営

華為技術有限公司

今道幸夫 著

Yukio Imamichi

Huawei Technologies Co.Ltd.

東京 白桃書房 神田

はしがき

　ファーウェイは中国企業であるが，中国企業と考えない方がよい。要は，生まれで判断しないことである。ファーウェイは1987年中国人の創業者（任正非）によって創業され，その創業者によって現在まで経営されてきた。この点で，ファーウェイは中国企業であることは間違いない。しかし党や政府の影響を受けやすい，自立心のない中国企業というイメージで捉えているならば，それは間違っている。そのように判断する理由は，ファーウェイが，技術革新が急速に展開してきた通信機器産業において，弱小企業から多国籍企業にまで成長したことにある。

　最近30年間の通信機器市場の競争は凄まじいものであった。それはアメリカの老舗通信機器メーカーの「ルーセント・テクノロジーズ」の経緯を見れば容易に理解できる。「ルーセント・テクノロジーズ」の元はベル・システムである。ベル・システムは，電話機を発明し，電話通信事業のビジネス・モデルを創り，100年余りアメリカの電話通信産業を支配してきた。それが1984年に解体され，通信機器製造部門のウエスタン・エレクトリックと研究部門のベル研究所が合体されて，「AT&Tテクノロジーズ」が設立された。「AT&Tテクノロジーズ」は期待された成果が出せず，1996年社名を「ルーセント・テクノロジーズ」と変え，事業戦略も大きく変えて再起を図ったが上手く行かず，2006年にフランスの大手通信機器メーカーのアルカテルに吸収合併された。それによって設立した「アルカテル・ルーセント」も上手く行かず，2016年にフィンランドの大手通信機器メーカーのノキアに買収されたのである。一方ノキアは，2000年代携帯電話機の国際市場を席捲していたが，2014年に携帯電話機部門をマイクロソフトに売り渡す羽目に陥った。そのノキアが2016年に「アルカテル・ルーセント」を買収したのである。「ルーセント・テクノロジーズ」はインターネットの激流に乗り遅れ，ノキアはスマート・フォン戦略の遅れが敗退の主因である（これらの事情は，本書第1章第2節で詳説）。一瞬の判断の遅れが，企業の命運を危うくしてしまう経営

i

環境の下で，果たして，党や政府の判断を仰がなければ動けないような企業が生き延びることができるであろうか。これが私の判断の根拠である。

またファーウェイを，「鉄飯碗（親方日の丸／親方五星紅旗）」と揶揄される大規模国有企業のようなイメージで捉えているならば，ファーウェイを理解することはできないであろう。1978年の経済改革以前に「単位制度」と呼ばれる社会組織が都市部に存在した。「単位」は，それに所属する者にとっては職場組織であるだけでなく，食糧その他の必需品，年金・健康保険等の社会保障，住宅，教育等の供給，旅行の際の身分証明，結婚の許可等を受ける行政組織でもあった。一言で言えば，「単位」は共同体であった。現在では「単位制度」は表面的には見え難くなっているが，大規模国有企業のようなセクターで，かたちを変えて存続している可能性が高い。社会的安定を重視する党や政府にとって，「単位制度」の機能は無視できないからである。

一方ファーウェイの経営者は，それを乗り越えようと格闘してきたように見える。ファーウェイの従業員観を示す言葉は「奮闘者」である。「活動的で，倦むことを知らない」従業員を求めている。そのために，企業内部を常に活性化することが重要な経営の目標になっている。ファーウェイの内部活性化を示す一例として，つぎの事件を挙げておくのがよいだろう。2007年11月に起こった「集団辞職」事件である。この事件では，7,000名近い勤続8年以上の従業員に自主退職を迫り，大半が自主退職し，その後ほとんどの者が再就職（復職）した事件である。この事件に対して，中国社会は，「集団辞職」は2008年1月1日より施行される「労働契約法」に規定された「終身雇用」を回避するためのカモフラージュであると，強い非難をファーウェイに浴びせた。これに対して，ファーウェイの経営者は，「企業は，従業員の一生涯を保障することを承諾することはできない。懶人（怠け者）を容認することはできない。そのようなことは，奮闘者や貢献者に対して不公平であり，奮闘者や貢献者を激励するものでなく，抑制するものである」とのメッセージを内部通達の形式で従業員に送った（これらの点については，本書第5章第1節で詳説）。ファーウェイは，他の中国企業に比べて給料も高い，管理も公正で公平である。しかし安定感を得ることは難しい。安定感はファーウェイにおいては禁句である。この点で，ファーウェイは「単位制度」の反対側

に位置しているように見える。

ファーウェイが驚異的な成長を果たせた要因の1つとして，製品の使用現場まで赴いて使用者の要望を直接入手しようとする研究開発者が多数存在することが挙げられる（これについては，本書第3章第2節で詳説）。このような研究開発者の行動は，中国の伝統的な企業では見られない行動である。計画経済期，研究開発者は希少な存在であった。そのような研究開発者を安定的に維持するために，研究開発者は報酬だけでなく，身分的にも優遇されていた。平等が大きく唱えられた大躍進運動（1958～1960年）や文化大革命（1966～1976年）の時期においても，それは変わらなかった。その結果，研究開発者に身分的特権意識が形成された。しかしこの研究開発者優遇政策は計画経済期の特別な現象ではなく，中国の伝統的な「文（知識）」を尊ぶ文化に根ざしたものであるように思われる。従って，根は深いのである。

しかしファーウェイは身分ではなく，成果で研究開発者を管理することを徹底させた。成果が出れば優遇するが，成果が出なければ冷遇する。その評価が公正で公平であれば，研究開発者はそれを受け入れ，成果を求めて現場にも赴くような努力をするはずであるという考えが，ファーウェイの経営者の基底にある（これについては，本書第5章第1節で詳説）。このような管理手法は「中国の伝統」に挑戦しているように見える。

ファーウェイの「中国の伝統」に対する挑戦は，技術革新が急速に進行する通信機器産業に属していることが要因として考えられる。しかし通信機器産業に属するすべての中国企業がファーウェイのような経営をしているわけではない。この疑問が，本書を著す私の根本的な動機である。ファーウェイを中国における「近代企業の形成」と見ることも，通信機器産業における「新興企業の登場」と見ることも，中国における「多国籍企業の誕生」と見ることもできよう。他の見方も当然生じよう。私にとって，ファーウェイは「単位制度」を含んだ「中国の伝統」に対するアンチテーゼであり，それらを止揚した新しい社会組織を想像するための貴重な存在である。従って，ファーウェイという企業は，興味が尽きないのである。

目 次

はしがき……ⅰ

序章　　　　　　　　　　　　　　　　　　　　　　　　　　1

序-1　本書の課題 …………………………………………………… 1
序-2　分析の視点 …………………………………………………… 3
序-3　本書の構成 …………………………………………………… 11

第1章　通信機器市場の変化―垂直統合から水平分業へ―　17

1-1　インターネットと競争市場 ……………………………… 17
　　1. 通信の自由化 ……………………………………………… 17
　　2. ファーウェイの現在の市場地位 ……………………… 21
1-2　ファーウェイのライバル ………………………………… 24
　　1. 伝統企業：アルカテル・ルーセント ……………… 24
　　2. 新興企業：シスコ・システムズ ……………………… 29

第2章　通信技術の変化―アナログからデジタルへ―　39

2-1　技術革新の連鎖 …………………………………………… 39
2-2　デジタル交換機 …………………………………………… 41
2-3　ソフトウェア生産 ………………………………………… 47

第3章 ファーウェイの発展史―輸入代理店から多国籍企業へ― 55

3-1 創業期 56
1. 輸入代理店からの出発 56
2. 製造・販売企業への転換 57

3-2 確立期 64
1. 中央研究所の設立 64
2. 若手技術者の経営参加 67

3-3 飛躍期 75
1. 製品多角化―ルーター市場へ― 75
2. 企業体制改革 80

3-4 拡張期 87
1. 先進国市場への進出 87
2. 携帯端末機市場への進出 90

第4章 製・販融合型研究開発体制の確立 97

4-1 経営管理機構の再編 97
4-2 二元的分配システム 104
1. 能力主義的職能給制度 106
2. 従業員持株制度 113

4-3 研究開発活動の比較分析 120

第5章　経営理念と人事労務管理　129

5-1　ファーウェイ基本法　129
1. 自主技術形成　132
2. 従業員観　136
3. 報酬制度　143

5-2　戦略的人的資源管理論　148
1. 戦略的人的資源管理と労使関係　148
2. ファーウェイ基本法とドラッカー経営学　158

第6章　中国通信機器産業の確立　169

6-1　産業発展史─技術導入から自主技術形成へ─　169
1. 低迷期（1918～1991年）　170
2. 確立期（1992～1998年）　175
3. 拡張期（1999年～現在）　181

6-2　産業確立の経済的要因　182
1. 膨大な需要　182
2. 市場化政策　184

6-3　主要地場企業　187
1. 国有企業と民間企業の競争　189
2. 巨龍通信設備有限公司　194
3. 大唐電信科技股份有限公司　196

終章 203

付録I ファーウェイの財務内容（連結決算）と主要子会社リスト…… 217

付録II ファーウェイ基本法…… 221

参考文献─使用した先行研究一覧…… 241

あとがき…… 247

序章

序-1 本書の課題

　ファーウェイは中国を代表する通信機器メーカーである[1]。交換機やルーター等の通信設備機器の国際市場で，2013年にエリクソンを抜いて売上高で世界第1位の企業に成長した。近年，携帯電話やスマート・フォン等の端末機市場でも，サムスンやアップルを脅かす存在になりつつある。中国国民にとって，ファーウェイは世界に誇る自慢の中国ハイテク企業である。一方米国では，議会の調査レポートで「中国政府との関係が深く，安全保障の面で不安がある」として，米国の通信機器市場から実質的に締め出されている[2]。この点で，ファーウェイは米中関係を占う上でも重要な企業である。

　しかし我が国では，最近までファーウェイという中国企業はあまり知られていなかった。それは，ファーウェイが主に取り扱ってきた商品が通信事業者向けの設備機器で，一般消費者向けでなかったことや，ファーウェイ自身がこれまで広告等を積極的に行ってこなかったためと考えられる。中国企業を専門に研究する研究者においても，ファーウェイはハイアール（海爾）集団やレノボ（聯想）集団と比べて関心は低かったと言えよう。その背景には，ファーウェイの成長方式が，1978年の経済改革以降に急速に成長してきた多くの中国企業と異なっていたためと考えられる。経済改革以降の中国企業の成長方式については，既に多くの研究者によって多様なアプローチから説

1

明されてきた。[3] それらの説明を整理すると，一応次のようにまとめることができよう。すなわち①中国企業は国内に存在する巨大な市場でいち早く競争優位を確保するために，製品を短期間で大量に生産し販売する戦略をとった。②そのため販売への投資を優先し技術形成への投資を抑えた。③生産については，モジュール化された基幹部品を先進国企業から購入すると共に農村から低賃金の非熟練労働者を大量に雇い入れて，基幹部品と周辺部品の組み立てによって最新製品を短期間で製造できるようにした。④このように規模の経済を存分に活用した戦略によって，製造・販売コストを低く抑え，国内市場だけでなく国際市場においても競争優位を獲得して急速な成長を果たした。中国企業の成長については，このような説明が現在通説化しているように見える。

　しかしファーウェイはこのような通説的な中国企業成長論では説明できない。ファーウェイは自主技術形成を優先する経営（以下，「技術重視型経営」と略す）を選択し，目覚ましい成長を成し遂げた。[4] ファーウェイは，上述のような販売を優先する経営（以下，「販売重視型経営」と略す）を選択した他の地場企業と同様に，1990年代に勃興してきた新興企業であるが，選択した経営戦略は違っていた。確かに技術重視型企業は，販売重視型企業と比べると少数派であった。そのため，通説的な中国企業成長論では例外的な扱いをされてきた。[5] しかし販売重視型経営は，販路の低迷が深刻化し持続的成長が期待できず，大きな限界に逢着したように見える。[6]

　最近，中国のメディアで「中所得国の罠」が取り上げられることが増えてきた。中国の1人当たりのGDPが1万ドルに近づき中所得国入りが確実になった段階で，経済成長率が鈍化してきたことが，その背景にある。中国政府も「自主創新（イノベーション）」を提唱して「導入技術依存」から「自主技術形成」に産業政策を転換しようとしている。[7] それを背景に，中国において少数派としてかつて扱われていた技術重視型経営が広く認知されるようになってきた。とりわけ技術重視型経営をいち早く取り入れたファーウェイに対する関心は，中国だけではなく日本を含む諸外国でも高まってきた。「ファーウェイの経験」を解明し，その経験がどこまで一般化できるかを明らかにすることは喫緊の課題であろう。本書は，技術と経営の側面から「ファーウェイの

経験」を分析することによって，その課題に貢献しようとするものである。

序-2 分析の視点

　ファーウェイの研究は，日本ではいまだ限られた数しか公表されていないが，中国では数多くの論文，書籍が出されている[8]。中国の主要な都市の大きな書店の経営関係のコーナーに行けば，ファーウェイに関する書籍を少なくとも10種類ぐらい常時見ることができる。それらの帯カバーには，「神秘の企業を解く」とか「真相を明かす」等のキャッチ・フレーズが記されている。またインターネットの検索サイトで「華為／ファーウェイ」の語を入れて検索すれば，新聞記事から学術論文まで数多くのコンテンツを見ることができる。これらのことは，「ファーウェイを理解したい」という欲求が，中国において極めて高いことを示している。

　これらの刊行物は，次の3つのグループに大きく分けることができる[9]。第1のグループは，ファーウェイの成長の軌跡を事実に基づいて報告したもので，程・劉［2004］，黄・程［2010］等が挙げられる[10]。これらの書籍は，ファーウェイの成長の具体的事実を把握する上で有益である。さらに，このグループには，ファーウェイを退職した元従業員の多数の証言記録も含まれよう。具体的には，湯［2004］，張［2007］，張［2009］等の書籍が挙げられるが[11]，これらの他にも小説形式で「基層従業員のファーウェイでの生活」を記した董［2010］がある。さらにインターネット上では，元従業員の証言記録が多数紹介されている。その中で劉［2009］は貴重である。劉平は元最高幹部の一人で，従業員持株制度で創業者と対立した人物である。ファーウェイに入社した動機や，幹部同士の対立が淡々と語られている。これらの刊行物は，ファーウェイの実態を知る上で貴重な資料であるが，ファーウェイを社会科学的に分析したものではないので，「ファーウェイの経験」の一般化に向けた成果を見出すことは難しい。

　第2のグループは，創業者に関するものである。創業者の任正非はファーウェイを，弱小民間企業から世界的企業に成長させた中心人物であり，現代

中国の立志伝中の人物である。任正非の家族，経歴，活動の紹介と彼の経営観，経営方法を解説したものが多数存在する[12]。例えば，程・劉［2007］，劉・彭［2008］等が挙げられよう[13]。これらの書籍は，任正非の具体的な企業活動や考え方を知る上で有益である。しかしこれらの書籍の性格として，ファーウェイの成長を創業者に直接的，間接的に結びつける傾向が強い。すなわちファーウェイの成長を「企業家論」で説明しようとする傾向が強く，制度や政策等とのかかわりが薄い。「ファーウェイの経験」を一般化しようとした場合，このような「企業家論」の方向は避けなければならない。

　第3のグループは，ファーウェイを経営学的視点から分析したものである。ファーウェイは，中国の経営学者にとって格好の対象である。ファーウェイのような成功した企業の経営がいかなるものであるかという研究者自身の関心だけでなく，中国の一般ビジネスマンの要望も高いため，ファーウェイの経営を分析した多数の書籍が出版されている。例えば，高・周［2010］，馬［2006］，田・呉［2012］，呉［2014］，許［2006］，張・文［2010］，余［2013］等が挙げられる[14]。これらの書籍は，ファーウェイの成功を経営学的視点から分析して，他の企業が「学ぶべき」点を提示している。分析視点は，人的資源管理論や競争戦略論等多様であるが，実際の分析は，海外特にアメリカで形成された既存モデルを用いて，ファーウェイの各種の企業活動をそれらのモデルに当て嵌めていくような内容で，ファーウェイの事例から新しい経営学的発見を目指したものではない。特に田・呉［2012］や呉［2014］については，著者の呉春波がファーウェイの経営理念と経営方針をまとめたファーウェイ基本法（1998年公表）の作成に参加した経歴があって，ファーウェイ基本法を中心に据え，そこから演繹的にファーウェイの経営を分析する内容になっている。これらの書籍は，中国の経営者や管理者に，ファーウェイの事例に基づいて，「近代的経営」を啓蒙するという役割を果たしていると思われるが，このような形式的な分析方法では，ダイナミックに変化してきたファーウェイの実態を理解することは難しいと考えられる。

　最後に日本におけるファーウェイ研究について少し検討しておく。上述のように，日本におけるファーウェイの研究は限られた数しかない。その中で早期の研究文献として，丸川［2002］を採り上げる[15]。丸川［2002］は，ファーウェ

4

イの1990年代の成長を論じたもので，ファーウェイの成長の要因として，「優秀な人材を大量に組織した」という点を強調している。具体的には，ファーウェイが創業期に取り扱った電話交換機は，加工・組立過程にそれほど特別な技術を必要とせず，製品の競争力は，製品開発やユーザへのアフター・サービスで決まる。従って，通信技術を理解できる開発能力に優れた人材を，いかに多く集めるかが勝負となる。外資系企業では中国人社員の昇進に一定の限界があり，国有企業だと賃金が安いという状況に対して，ファーウェイは地場の民間企業として，実力次第で昇進し大きな収入を得る機会を誰にでも与え，研究開発やアフター・サービスに優れた人材を多く集めることができた。それによって事業が大きく発展できたと分析している。丸川知雄［2002］の分析内容は，本書で展開されるものと，方向性において大きな相違はない。しかし本書は「優秀な人材を大量に組織した」という結論を，もう少し具体的な内容にしたいと考えている。「優秀な人材の確保」は，どの企業でもどの産業でも重要なことであり，これだけでは，通信機器産業に属する一企業の「ファーウェイの経験」を説明したことにはならないと考えるからである。[16]

　上述の先行研究に共通している問題点は，ファーウェイが属する通信機器産業の産業技術が深く考慮されていないことにあると考える。ファーウェイのような製造企業の分析において，技術と経営の関係は重要である。特に，通信機器産業は1970年代以降，技術革新が最も急速に進んだ産業の１つである。このような産業に属している企業の経営を探る場合，その技術の特性を無視または軽視しては，その実態を把握することはできないであろう。

　ただし，技術を工学的側面で捉えるのではなく，社会科学的側面で捉えようとする場合，常に注意しなければならないことがある。それは「技術決定論」に陥らないことである。[17]すなわち技術が「因」で，経営が「果」というような見方は避けなければならない。本書では「技術決定論」への陥入を避ける手立てとして，「経営者（経営主体）の行動」を技術よりも上位において分析を進めるように注意した。[18]具体的には，技術と経営の交差点の１つである研究開発体制に注目し，ファーウェイにおける研究開発体制の歴史的変化を中心に分析することにした。このような分析の視点を採用した根本は，既に述べたように，ファーウェイが通信機器産業に属していることにある。この

ような産業に属している企業の経営は，技術形成の中核である研究開発を抜きに語ることはできないと考える。その経営をかたちで示したものが研究開発体制である。これによって，単なる事実報告や，「企業家論」ではなく，「ファーウェイの経験」を具体的，個別的に解明することができると考える。

次に，本書の分析の視点について説明する。通信機器産業の産業技術の画期は，インターネットに象徴される「通信システムのパラダイム・シフト」にある。ファーウェイのような通信機器メーカーは，通信システムに必要な機器を提供する企業であり，通信システムを変化させる存在であると共に，その変化の影響を直接に受ける存在でもある。その通信システムは，1990年代中葉のインターネットの普及によって大きく変化した。この変化に対する対応は，先進国の伝統企業だけでなくファーウェイのような新興企業にとっても大きな経営課題であった。「新技術体系」と言えるようなソフトウェアの出現は，ハードウェアを基盤にして構成されてきた生産体制，販売体制，研究開発体制等の企業内構造を根底から覆すものであった。ソフトウェアの出現を無視して，1990年代以降の通信機器メーカーの経営を語ることはできない程，大きなものであった。この点については第1章で詳しく述べるが，ここでは分析の視点にかかわる通信システムのパラダイム・シフトとソフトウェアの技術的内容を説明して，1990年代以降の通信機器メーカーの経営を理解する上での技術的事項の重要性を指摘しておく。そしてこの技術革新は，新たな人材（ソフトウェア技術者）を必要とし，その人事労務管理が経営の課題として現れてきたことを説明する。ファーウェイはこの課題をいかに解決し，成長に結びつけてきたかが，重要な分析の視点となる。

まずは通信システムのパラダイム・シフトについて説明する。通信システムのパラダイム・シフトは，通信技術用語で言えば，回線交換方式からパケット交換方式への移行と考えられる[19]。それは図表序-1に示すシステムから図表序-2に示すシステムへの移行として描くことができる。図表序-1は1990年代まで支配的であった伝統的な電話システムを示し，図表序-2は2000年代から進展してきた最新の通信システムを示す[20]。1980年代声高に提唱された「通信の自由化」も，この大きな変化を反映したものと言える。

伝統的システムと最新システムの本質的な違いは，伝統的システムは「通

序章

図表序-1　伝統的システム（回線交換方式システム）

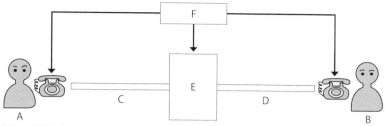

出所：著者作成。

図表序-2　最新システム（パケット交換方式システム）

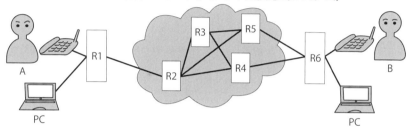

出所：著者作成。

信の品質維持」を優先し，中央で集中的にシステム全体を制御することを特徴としている。しかしシステムの一部が故障するとシステム全体が機能不全に陥るという問題があった。一方，最新システムは「通信の品質維持」よりは，システムの一部で故障があってもシステム全体が機能不全に陥らないように個別的に制御することを特徴としている。両者は「中央集中制御」と「個別分散制御」の違いであり，交換方式で言えば，伝統的システムは回線交換方式を採用しているのに対して，最新システムはパケット交換方式を採用していると指摘できる。

　伝統的システムでは，送信者Aから受信者Bに伝送経路C・Dを経て音声信号が伝送される。伝送経路の中間に置かれているのは交換機Eで，多くの伝送経路のうち特定の伝送経路CとDをつないで送信者Aと受信者Bのみが使用できる専用回線を成立させる，いわゆる回線交換機能を備えている。送信者Aと受信者Bの両電話端末機と交換機Eは中央制御装置Fによっ

て，中央集中制御がされる。このシステムは，1980年代まで電電公社（日本）やAT&T（米国）等の独占的通信事業者によって管理運営されていた。このシステムに使用される電話端末機，交換機，伝送経路用ケーブル等は，通信事業者によって認められたものでなければならなかった。通信事業者によって認可されていない機器を用いることは原則できなかった。従って，通信機器の市場構造は，通信事業者（買い手）と通信機器メーカー（売り手）の長期的な取引関係が維持され，新規参入の壁は高く競争性は低かった。

　一方最新システムでは，送信者Aの音声信号は「パケット」と呼ばれる小区分に分割され，受信者Bに各パケットが伝送される。各パケットが伝送される経路は，経路中に配置されたルーターR1～R6によって，パケット毎に最適のルートが選択されて受信者Bに伝送される。伝送されてきたパケットは，受信者Bの直前に配置されたルーターR6で最終的に元の順序につながれて受信者Bに伝送される。最新システムは，「一部の機器が故障してもシステム全体の機能を維持する」という本来の目的から，システムを構成する機器同士の最善の組み合わせは求められていない。言い換えれば，システムを運営管理するための通信規約すなわちプロトコルに従っていれば，それぞれの機器の改良変更は通信機器メーカーが自由に行うことができ，産業の水平分業化を起こす下地を形成した。[21]

　最新システムは，パケット交換方式を使用するインターネットと共に発展してきたので，最新システムはインターネット全体を構成する一部とも言える。従って，伝統的システムのように，電電公社やAT&Tのような独占的通信事業者によって垂直統合的に管理運営されていない。「Skype」や「Line」のようなサービスがあることが，その一例である。通信機器メーカーにとって，これらの点が伝統的システムと本質的に異なるところである。

　このような最新システムの特質は，通信機器の市場構造を競争的でダイナミックなものに変えた。すなわち水平分業化によって，システムの一部を構成する特定の機器（例えば，ルーター）だけを得意とするメーカーが生まれるようになった。その特定機器（ルーター）分野で競争が激しくなり，その分野の技術革新が活発になって高い機能を有する機器（ルーター）が登場し，他の分野の機器（電話端末機）の開発に影響を与えることとなる。このよう

な技術革新の相互作用は，通信システム全体をダイナミックに革新することになった．我々が1990年代以降に経験してきた通信システムの急激な変化は，このような技術革新の下で展開されてきたと考えられる．

この変化を通信機器メーカーの側から見れば，市場の動向から片時も目が離せない状況が生まれたことになる．同一分野だけでなく異分野の通信機器の技術革新や購買動向の追跡を怠れば，ネットワーク外部性によって企業の存立が危うくなる事態を招くことになる．従って，市場の動向に迅速に対応できる社内体制の構築は，最新システムにかかわる通信機器メーカーにとって益々重要な経営課題となった．

さらに最新システムで注意すべき点は，システム全体がコンピュータのネットワークであるという点である．図表序-2で，ネットワークの両端に人間のイラストがあって，その下にパーソナル・コンピュータ（PC）のイラストが描かれている．しかし最新システムを技術史的に見れば，コンピュータが先に現れ，人間は遅れてコンピュータの傍にきたと言った方が正確である．最新システムの発展史は，まず初めにコンピュータ同士をつなぐネットワークが開発され，次にコンピュータ・ネットワークをつなぐインターネットが構築され，そのネットワークに人間同士の通話（音声）も載せられるようになったのが最新システムである[22]．言い換えれば，最新システムの主要な部分はコンピュータであり，そのためソフトウェアに大きく依存することになった．この点から，通信システムのパラダイム・シフトの下で通信機器メーカーが競争優位を得るには，ソフトウェアの生産が大きな経営課題となった[23]．いかにバグのない高品質のソフトウェアを効率的に低コストで生産できるか，この課題への取り組み方が，各国の通信機器メーカーの成長への試金石となった．従って，1990年代以降の通信機器メーカーの経営を見る場合，ソフトウェア生産にかかわる社内体制の在り方に注目する必要がある．

ソフトウェア生産がハードウェア生産と大きく異なる点は次の2点である．第1に，ソフトウェアは機械ではなく，すべて人間によって生産しなければならない点である．ソフトウェア生産では大きな工場設備（モノ）は必要でない．そのため資金（カネ）も工場経営と比べて小さくて済む．ソフトウェアを作る能力を持った人材（ヒト）がいれば，ソフトウェアは生産できる．

ソフトウェアは，ヒト，モノ，カネの経営の3要素のうちヒトの重要性を高め，モノとカネの重要性を相対的に低下させた。

　第2に，ソフトウェアはハードウェアの物理的拘束を受けずに発展できる点である。すなわちハードウェアとソフトウェアで構成された工業製品は，ハードウェアだけで構成された工業製品に比べて，使用者の各種の要望に合わせやすい。それは，ハードウェアを変更せずにソフトウェアを変更するだけで，特定の要望を叶えることができるからである。これは「工業のサービス化」に連なるソフトウェアの特徴である。通信システムで見れば，システムを構成するハードウェアを取り換えることなく，ソフトウェアを書き換えるだけで通信機能を上げることもできるようになった。通信機器メーカーは，通信事業者の細かな要望を聞き，それを費用が高くつくハードウェアの取り換えではなく，ソフトウェアの変更だけで，通信事業者の要望を叶えられるようになった。これによって，通信事業者は通信システムの構築費用を，従来に比べて著しく低く抑えることが可能になった。

　通信機器産業の技術革新の速度は驚異的であった。技術開発競争が企業間で激しく争われた。意思決定の少しの遅れが，相対的な技術的後退を招き，企業の存亡が危ぶまれる事態に至ることがしばしば生じた。通信機器産業は1980年代以降，技術開発競争の激しさでは，1，2を争う産業であったと言えよう。技術面で圧倒的に優位にあった伝統的大企業が新興企業に取って代わられる事態もしばしば生じた。そのような厳しい競争環境の中で，ファーウェイは目覚ましい成長を果たした。

　本書では，上述の考察を踏まえて，ファーウェイの技術重視型経営を体現した研究開発体制と，通信機器生産の主要技術となったソフトウェア生産に携わるソフトウェア技術者の人事労務管理に着目して，「ファーウェイの経験」を解明していくことにする。具体的には，以下の6章に分けて分析を進める。

序-3 本書の構成

　本書は，ファーウェイを取り巻く経営環境を，「通信機器市場の変化（第1章）」と「通信技術の変化（第2章）」の観点から検討し，そのような経営環境の下で発展してきたファーウェイの創業から現在までの経験を「発展史（第3章）」としてまとめ，さらにファーウェイの発展の基礎となった「製・販融合型研究開発体制の確立（第4章）」と「経営理念と人事労務管理（第5章）」に焦点を合わせて，「ファーウェイの経験」の解明を行う。また第6章で，ファーウェイの発展を中国通信機器産業の発展史から検討する。

　詳しくは第1章で，ファーウェイを取り巻く通信機器市場の変化を，情報通信産業の地殻変動とも言えるような大きな転換過程から検討する。ファーウェイの華々しい登場は，この環境変化を抜きにして語ることはできないであろう。その変化の要因はインターネットの普及にあったことを，ファーウェイのライバル企業のアルカテル・ルーセント（伝統企業）とシスコ・システムズ（新興企業）の2社の経営史に基づいて検討する。この2社の経営史は，第3章のファーウェイの発展史を理解する上で有益である。

　第2章では，インターネットの普及につながる通信技術のパラダイム・シフト，すなわちアナログからデジタルへの転換の産業技術的意味を検討する。通信信号がアナログからデジタルに変化したことが，ソフトウェアという新たな技術を生み，それがファーウェイのような新興企業が大きく成長できるチャンスを提供したことを，産業技術の変化過程から検討する。

　第3章では，ファーウェイの発展史を，創業期，確立期，飛躍期，拡張期に分けて説明する。輸入代理店から多国籍企業へと発展する過程で，自主技術形成を重視した経営政策がどのように形作られたか，その過程で創業者だけでなく，若手技術者がどのような役割を果たしたかを説明する。また市場と商品の多角化と企業組織の改編との関係を検討する。

　第4章では，本書が注目する製・販融合型研究開発体制が確立された過程を検討する。[24] 創業期から確立期までの経営管理機構の変遷を辿りながら，製・販融合型研究開発体制が確立された過程を検討し，その特徴を探る。さらに製・販融合型研究開発体制を支えた二元的分配システムを検討して，その特

質と課題を探る。

　第5章では，ファーウェイの経営理念であるファーウェイ基本法と製・販融合型研究開発体制との関係を，自主技術形成，従業員観，報酬制度に焦点を合わせて検討する。またファーウェイ基本法の中心思想である戦略的人的資源管理論を，労使関係とドラッカー経営学の視点から検討して，ファーウェイ基本法の特徴を明らかにする。

　第6章では，ファーウェイの経営の特徴を，中国通信機器産業の発展史から検討する。産業の確立過程における，ファーウェイを含めた主要地場企業5社の成長方式の相違を説明すると共に，ファーウェイの後塵を拝することになった有力国有企業の経営の実態を説明する。

　終章では，ファーウェイの経営を分析した成果に基づいて，ファーウェイの今後を展望する。

〈注〉
---

1)　本書において，「ファーウェイ」という語をグループの総称として用いる。グループには，ホールディング・カンパニーである「華為投資控股有限公司」や，その子会社である「華為技術有限公司」等の100%所有子会社（21社/2015年）が含まれる。漢字表記では「華為」となるが，「ファーウェイ」のカタカナ表記が既に一般化しているので，企業グループ全体を指す名称として，この表記を用いる。ホールディング・カンパニーの「華為投資控股有限公司」を中心とする企業グループが確立されたのは2005年で，それ以前は，創業以来の社名である「華為技術有限公司」が企業グループの中心企業として代表的に用いられていた。本書において，例外的な場合を除いて，旧企業グループについても「ファーウェイ」の表記を用いる。

2)　この報告書は2012年10月に公表された。52頁で構成されている。委員会が11か月掛けて行ったファーウェイの経営者等の聞取調査を踏まえて作成されている。結論は「ファーウェイは中国政府との関係が懸念されるので，通信機器のような国防上重要な設備装置にファーウェイの製品を使用すべきでない」というものであった。

3)　中国企業の急成長に関する代表的な先行研究として，丸川［2007］が注目される。丸川［2007］は完成品メーカーが不特定の部品メーカーから市場を介して随意に部品を購入して完成品を製造する産業構造を「垂直分裂」と呼び，中国において①計画経済期に形成された古い体制が，②「モジュール化」という「世界の潮流」と③最終製品を手早く市場に投入しようという中国企業の志向とが合致して，「垂直分裂」的産業

序章

構造を構築し，それによって中国企業が急成長を果たしたと説明している。
4) 本書において「自主技術」とは，特定商品を他に依存することなく自力で生産できる技術を言い，特定商品の周辺部品は生産できるが，基幹部品が生産できない場合は，「自主技術」とは言わない。また「自主技術」は自ら新規に開発したものだけでなく，他から学んだあるいは盗み取ったものであっても，自力で特定商品を生産できる技術であれば「自主技術」と呼ぶ。
5) 中川［2007］128頁，橋田［2008］105頁参照。
6) 中国電子工業年鑑編集委員会［2004］の対売上高利益率で見ると，家電産業のハイアール集団は1.8％，TCL集団は3.7％である。一方通信機器産業のファーウェイは17.6％，ZTE（中興通訊設備有限公司）は7.0％である。
7) 2006～2020年の科学技術政策の長期的方向性を示した2006年の「国家中長期科学技術発展計画」に，中国の産業政策の「先進国からの技術導入」から「イノベーションによる独自技術の獲得」への転換が提起されている。
8) 日本の学術論文検索サイトである「CiNii Article（http://ci.nii.ac.jp/）」で検索すると，このことが容易に理解できる。同サイトで「ハイアール」の語で検索すると142件のヒットがあったが，「ファーウェイ」では19件のヒットしかなかった（2016年3月15日実施）。
9) 3つのグループに含まれない別のグループが存在する。それは，ファーウェイの急速な成長について，①創業者（任正非）が解放軍出身で解放軍とつながりがあって，②解放軍（または政府）の要望を受け入れることで，③解放軍（または政府）から大きな支援を受けて急速に成長できた，と主張するグループである。このグループの代表的な例が，米国の議会レポート（2012年10月発行）である。
10) 程・劉［2004］『華為真相』は，「ファーウェイ」本としては最も古く，事実関係の記述も信頼できる。黄・程［2010］『資本華為』は，ファーウェイの資金調達方法について詳しく説明している。ファーウェイの資金調達を理解するのに有益である。
11) 湯［2004］『走出華為』の著者は，ファーウェイの営業を担当した一般従業員で，ファーウェイを退職した者の率直な感想を述べている。張［2007］『華為四張臉』は，ファーウェイが海外事業を展開し始めたころの責任者が著したもので，ファーウェイの海外展開の事情を知ることができる。張［2009］『華為研発』は，ファーウェイの研究開発活動に携わった著者が，ファーウェイの研究開発体制について詳しく説明している。
12) 創業者（任正非）自身も自分の経営について，多くのことを社内報等で語っている。
13) 程・劉［2007］『任正非談国際化経営』は，創業者の海外展開に関する考えを解説している。任正非の海外展開の考えを知るのに有益である。劉・彭［2008］『華為教父任正非』は，創業者の生い立ち，事業に対する考え方，人間性等を詳しく紹介している。
14) 高・周［2010］『華為的営銷策略』は，マーケティング論に基づいて，ファーウェイのマーケティング戦略について分析している。馬［2006］『華為与中興通訊』は，ファー

ウェイとZTEの経営を比較分析している。両社の創業者同士だけでなく，両社の複数の経営幹部の比較もして，両社の相違点を示している。田・呉［2012］『下一個倒下的会不会是華為』は，田・呉著／内村訳［2015］の原本で，2010年代以降のファーウェイの動向を紹介している。呉［2014］『華為没有秘密』は，ファーウェイの創業から現在までの発展を，主に人材管理の視点から分析し，その経営の合理性を説明している。許［2006］『華為的企業戦略』は，競争戦略論に基づいて，ファーウェイの企業戦略を分析している。張・文［2010］『華為的人力資源管理』は，戦略的人的資源管理理論に基づいて，ファーウェイの人的資源管理を分析している。余［2013］『華為還能走多遠』は，創業から現在までの成長を分析しているが，特にファーウェイの消費者市場（スマート・フォン）への参入について詳しく説明している。

15) 丸川［2002］ではファーウェイに注目していたが，「垂直分裂」を提示した丸川［2007］では，ファーウェイは欠落している。それはファーウェイの成長方式が「垂直分裂」のフレームワークに収まらなかったためであろう。この点から，今後の中国企業論には，ハイアールやTCLだけでなく，ファーウェイをも包含できるような，より普遍的なフレームワークの構築が求められる。

16) 個別産業の特性を軽視した企業活動分析の問題点については，従来から指摘されてきたが，その一例として，研究開発に関するウィリアムソン［1980］の見解が参考になる。

17) 「技術決定論」がカバーしている領域は広い。「唯物史観」のいわゆる「生産力―生産関係論」も「技術決定論」の1つと言えよう。最近では「製品アーキテクチャー論」も，「技術決定論」の1つに含まれよう。「製品アーキテクチャー論」は，「技術」と「組織構造」との関係を研究してきた企業経済の流れに属する。この系統は「技術が組織構造を決定する」という命題を立てたJ.ウッドワードを始祖として，「技術」と「組織構造」の関係を実証的に探ろうとしてきた。しかしこの系統の研究は，「技術」と「組織構造」だけを取り出して，これら2つの関連性を分析するもので，因果関係の客観性を高めようとすればするほど，その守備範囲は狭くなり，実態の解明から遠ざかることになる。

18) この点については，山本［1994］の研究が参考になる。山本［1994］は技術を以下のように限定して取り扱うことを述べている。第1に，商品製造のために企業の製造部門において現実に採用されている産業技術に限定すること。第2に，産業技術の主体は経営者であって，技術知識を使って新しい技術を形成する技術者ではないこと。第3に，産業技術の最善は，技術面での最善ではなく，利潤面での最善で見ること。

19) 「パケット交換方式」は軍事防衛的動機から発明された。「回線交換方式」の弱点は，回線経路の1か所が破壊されたら，回線が遮断される，すなわち通信不能になることである。もし電話回線システムのメインルートのある箇所が敵方によって破壊されたら，電話システムが広い範囲で遮断されることになる。このような事態を防ぐという動機から，1961年にMITのレオナルド・クレインロックによって提唱され，その後の研究・開発によって技術が改善され，現在のインターネットに至っている。

20) 図表序-1，図表序-2とも，システムの骨格を簡明に描くために，他の必要な機器は省略されている。例えば，経路端と電話端末機の間に置かれる信号変換装置等のインターフェイス機器は省かれている。

21) ここでは，通信システムのハードウェア面だけで説明しているが，最新システムでは通信規約（プロトコル）が必須であり，そのプロトコルは複数の層（レイヤー）に分割されていて，レイヤー毎の分業も存在する。

22) AT&Tが1957年に，音声をパルス信号（デジタル信号）に変換する技術（pulse code modulation）を開発してから，数多のコンピュータ・ネットワークで構築された最新システムまでの発展過程における半導体製造技術とモジュール化技術の急速な進歩と，それによるコンピュータの驚異的なコスト・ダウンを無視することはできないであろう。

23) 国広敏郎［1980］は，「デジタル交換機の出現によって交換機の生産組織が電気・機械的な部品製造とその組み立てから，ソフトウェア技術を中心としたものに変わる」と予見的に述べている。

24) 「製・販融合型研究開発体制」は製造部門と販売部門が融合した研究開発体制を意味し，製造・販売の両部門に属さない研究開発者組織が結成される。後述される「IPD体制」は「製・販融合型研究開発体制」の一形態である。「製・販融合型研究開発体制」の反対概念は「製・販分離型研究開発体制」で，製造部門が販売部門と分離して，研究開発を行う。

第1章
通信機器市場の変化
―垂直統合から水平分業へ―

1-1 インターネットと競争市場

1．通信の自由化

　ファーウェイは技術革新が驚異的な速度で展開された通信機器産業で成長してきた。通信機器産業は技術革新の展開と共に，その構造を大きく変えてきた。本章では，ファーウェイの経営環境に関して，通信機器産業の構造変化と主要競争者の現状を検討して，ファーウェイの現在の市場地位を確かめる。

　通信機器産業は情報通信産業の一部門である。従って，通信機器産業の変化を理解するには，広範囲の情報通信産業（いわゆる「ICT産業」）全般の産業構造の変遷から見ていくのが分かりやすい。現在，情報通信産業は図表1-1に示すような階層構造に分けることができる。

　デバイス・レイヤーには，インテルやクアルコム等の半導体デバイス・メーカーや，サムスンやレノボ等の端末機メーカーが属し，インフラ・レイヤーの通信機器分野には，ファーウェイやシスコ・システムズ（以下，「シスコ」と略す）等の通信機器メーカーが属し，通信ネットワーク分野には，NTTやAT&T等の通信事業者が属し，サービス・レイヤーのICTサービス分野には，IBM等のクラウド事業者が属し，プラットフォーム分野には，グーグルやアマゾン等のプラットフォーム・ネット事業者が属し，コンテンツ／アプリケーション分野には，GreeやDeNA等のコンテンツ／アプリケーショ

17

図表1-1　情報通信産業の階層構造

サービス	コンテンツ/アプリケーション
	プラットフォーム
	ICTサービス
インフラ	通信ネットワーク
	通信機器
デバイス	端末機/デバイス

出所：著者作成。

ン・ベンダーが属している。

　しかし固定電話サービスが中心で，インターネットがまだ普及していなかった1990年代前半までは，情報通信産業の産業構造は，現在と比べるとシンプルであった。中位レイヤーの通信ネットワークから上位レイヤーのコンテンツ/アプリケーションまでの領域は，NTTやAT&T等の大規模通信事業者が担っていたからである。下位レイヤーの端末機/デバイスから中位レイヤーの通信機器までの領域は，1980年代前半まで，すなわち企業向けのデータ通信サービスが台頭する前までは，大規模通信事業者と安定した取引関係を結んでいた特定の通信機器メーカー，または大規模通信事業者の一部門が担っていた。日本では，日本電気（NEC），日立製作所，富士通，沖電気で構成された「電電ファミリー」と呼ばれるグループが，独占企業体の電電公社と安定した取引関係を結んでいた。アメリカでは，ベル・システムと呼ばれる垂直統合組織が形成され，通信事業者のAT&T，通信機器製造部門のウエスタン・エレクトリック，そして研究開発部門のベル研究所から構成された安定した企業組織が維持され，圧倒的な力でアメリカ通信市場を支配していた。イギリス，フランス等の国や，社会主義国の中国においても，垂直統合的な産業構造に大きな相違はなかった。

　このような産業構造は1980年代に行われた「通信の自由化」によって大きく変わった。独占企業体は分割され，通信機器メーカーも市場競争を強いられるようになった。これらの変化を生起させた淵源は，コンピュータ技術と通信技術の発展であった。データ通信サービスの発展と共に，下位レイヤー

は，インテル等の半導体デバイス・メーカーや，IBM等のコンピュータ・メーカーがデバイス・端末機分野に参入し，エリクソンやアルカテル等の通信機器メーカーが通信機器を専門的に製造するというように分業化が進展した。しかし日本では，日立製作所や富士通等の総合メーカーが，通信機器だけでなく，デバイス部品，端末機（電話機からメインフレーム・コンピュータ）まで総合的に製造していた。ファーウェイが創業したのは1987年で，インターネットが普及する前であった。従来の固定電話サービス中心の時代が終わり，インターネットと携帯電話の普及による「通信と情報の融合時代」を迎える過渡的な時期であった。技術面から見れば，通信がアナログからデジタルに本格的に転換する時期でもあった。この通信技術の転換期（パラダイム・シフト）が，ファーウェイの成長と大きな関係があった。通信技術のパラダイム・シフトとファーウェイの成長との関係が，本書の大きなテーマであり，これについては後の章で詳しく説明する。

　1995年から本格的に始まったインターネットの普及は，上述の産業構造をさらに大きく変えた。通信事業者によって垂直統合的に担われていた上位レイヤーでは，グーグルやアマゾン等のプラットフォーム・ネット専業事業者が台頭し，従来通信事業者が担ってきたプラットフォーム機能を果たすようになり，IBMやSAP等のシステム・ベンダー，ソフトウェア・ベンダーがインターネットを通じたコンテンツやアプリケーションを提供するようになった。また下位レイヤーにおいては，携帯電話の世界的普及と共に，ノキア・ネットワークス（以下，「ノキア」と略す）やモトローラ等の携帯電話端末機メーカーが国際市場を席捲し，部品デバイスはインテルやクアルコム等のデバイス専業メーカーが国際市場で支配力を持ち，部品デバイスと端末機との分業化（階層分離）が進展した。日本の総合メーカーは専業化せず，デバイスと端末機の両方を製造販売した。しかしノキアのような支配力を持つことはできなかった。日本の総合メーカーがこのような結果に至った要因として，通信の国際性を軽視していたことが挙げられる。通信の国際性は，ファーウェイの競争戦略とも関係するもので，この点についても後で詳しく検討する。

　この時期（1995年以降）で，最も注目すべき通信機器はルーターであった。ルーターはインターネットの普及に最も大きな役割を果たした通信機器であ

る。電話システムでは交換機と呼ばれる通信機器が中核機器であったが，インターネットではルーターが中核機器である。そのルーターで大きく発展したのがシスコであり，ファーウェイはそのシスコを追走した。現在，ファーウェイとシスコは，インターネット用機器（ルーター，スイッチ等）で激しく争っている。

　情報通信産業は上述のように，1980年代後半から現在まで，垂直統合から水平分業への方向に変化してきたと言える。この変化を駆動し推進してきた技術的要因として，ブロードバンド化とモジュール化が挙げられる。ブロードバンド化は「より大量に，より早く，より確実に」を目指してきた通信技術の成果であり，光ファイバー等の通信機器で達成された。ブロードバンド化が「通信と情報の融合」を確立させ，コンテンツ・アプリケーション分野の階層分離をより鮮明にした。またブロードバンド化は，ネットワーク全体をクラウドと呼ばれるメタ・コンピュータに創り変え，クラウド事業者を出現させた。一方モジュール化は下位レイヤーの生産プロセスを大きく変えた。モジュール化を推進したのは，デジタル技術の進歩であった。そしてモジュール化はEMS（電子機器受託製造サービス）を成立させ，通信機器のようなハイテク製品の新たな国際分業システムを確立させた。さらにモジュール化は技術面での参入障壁を低下させ，企業間競争を激化させた。人件費等の製造コストが低い新興国でのハイテク製品の大量生産は，ハイテク製品を短期間で汎用品（コモディティ）化し，通信機器メーカーの収益の悪化を招くようになった。

　このような現状から，再び垂直統合の動きが現れている。例えば，アップルは端末機メーカーであったが，近年iTuneのようなプラットフォーム事業を手掛け，逆にプラットフォーム事業者のアマゾンが「Kindle」，グーグルが「Nexus」といったタブレット端末機を販売するようになってきた。通信機器メーカーのエリクソンは通信事業者のネットワークの保守・運用サービスを提供するようになり，ファーウェイは携帯端末機を販売するようなってきた。これらは，従来にない新たな動きであり，今後の情報通信産業の産業構造の変化を示唆していると考えられる。

２．ファーウェイの現在の市場地位

　以上のように，通信機器産業は情報通信産業の中にあって，新たな通信機器の出現によって，隣接する上・下位レイヤーに強い衝撃を与えると共に，逆に，隣接する上・下位レイヤーから影響を受けてきた。次に，通信機器産業に絞って，その変化を見ていく。まず現在，通信機器産業の主要なプレイヤについて説明する。現在の主要なプレイヤは，ファーウェイ，シスコ，エリクソン，ノキア，アルカテル・ルーセント，ZTEである[1]。これら主要6社の2014年の売上高は図表1-2に示す通りである。

　ファーウェイは，現在，国際通信機器産業において優良企業の１つに挙げられている。それを端的に示すのが，米国の市場調査会社インフォネティクス・リサーチ社（Infonetics Research）が作成した「2014年版通信機器ベンダー・スコア・カード」である[2]。この評価レポートは，市場シェアー，財務データ，製品の信頼性，サービス・サポートに関するバイヤーからのフィードバック等の項目に基づいて，各社の「市場プレゼンス（market presence）」を評価し，市場シェアーの勢い，次世代に向けた集中度合，ソリューションの幅とベンダーの技術的イノベーションに関するバイヤーのフィードバック等の項目に基づいて，各社の「市場の勢い（market momentum）」を評価し，各社の評価を，横軸に「市場プレゼンス」，縦軸に「市場の勢い」を表した領域グラフで示している。領域グラフは「LEADER（領導企業）」，「ESTABLISHED（既成企業）」，「CHALLENGER（挑戦企業）」の領域を有し，各社を該当す

図表1-2　主要通信機器メーカーの売上高（2014年）

企業名	売上高（億米ドル）
シスコ	471
ファーウェイ	461
エリクソン	374
ノキア	142
アルカテル・ルーセント	160
ZTE	130

出所：各社「アニュアル・レポート」に基づいて著者作成。

る領域に配置している。1980年代に創業した新興企業のファーウェイとシスコは「LEADER」に，1870年代（電話の誕生期）に創業した老舗企業のエリクソンとノキアは，「ESTABLISHED」に配置され，ファーウェイとシスコが，エリクソンやノキアより高い評価を受けている。AT&Tの流れを汲むアルカテル・ルーセントが，ファーウェイと同時期に創業した新興中国企業のZTEと併せて，「CHALLENGER」に評価されている。これらの評価は，この間の通信機器産業における変化を反映している。ちなみに日本の市場調査会社も，ファーウェイとシスコを高く評価し，アルカテル・ルーセントやノキアに低い評価を与えている[3]。

　上述のような現状に至った要因については種々のことが考えられるが，本書では，この産業が経験してきた技術革新すなわち序章の「分析の視点」で述べたパラダイム・シフトに注目する。技術革新と市場セグメントとの関係を表したのが図表1-3である[4]。図表1-3の「応用分野」における「移動」は携帯電話等の「無線通信」を，「固定」は固定電話等の「有線通信」を指し，「技術基盤」の「IP」はインターネットを指し，「レガシー」は「伝統（従来）技術」を意味している。2つの矢印は，「応用分野」においては「有線通信」から「無線通信」に，「技術基盤」においては「伝統」から「インターネット」に移行していることを表している。この移行は，現在も継続している。

　通信機器市場はグローバルな通信需要の増大によって，今後，年平均4.8％の成長が予測されている。市場セグメントに関しては移動系インフラ機器市場が堅調に拡大するが，固定系インフラ市場では，レガシー・ネットワーク向けの需要は大幅に減少し，IPネットワーク向けの需要が増大すると予測されている。エリクソンは，レガシー・ネットワークの移動体に軸足を置き，アルカテル・ルーセントはレガシー・ネットワークの固定系に軸足を置いている。シスコは，インターネットでルーター市場に参入したが，ファーウェイは固定・移動系を問わずインターネット機器を広範囲に取り扱っている。ファーウェイやシスコの国際市場における地位が高くなってきたのは，通信システムにおいてレガシー・ネットワークからインターネットへの移行が進んだためと考えられる。

　図表1-3から，アルカテル・ルーセントは回線交換方式で「固定」系の商材，

第1章 通信機器市場の変化―垂直統合から水平分業へ―

図表1-3 市場セグメント類型

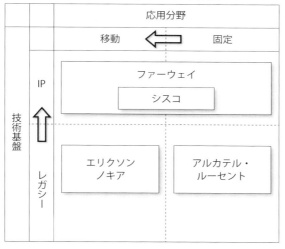

出所：総務省情報通信国際戦略局情報通信経済室［2013］より転載。

　すなわち従来の固定電話系の通信機器，エリクソンとノキアは回線交換方式で「移動」系の商材，すなわち携帯電話系の通信機器，シスコはパケット交換方式で「固定」と「移動」系の中心的商材を主に取り扱い，ファーウェイはパケット交換方式で「固定」及び「移動」の両分野にわたる幅広い商材を取り扱っていることが分かる。この市場位置（ポジショニング）は，各社の生い立ちと深い関係がある。電話の誕生（1867年）と共に創業したアルカテル・ルーセントやエリクソンは回線交換方式から容易に離脱できず，インターネットの普及（1995年～）と共に成長してきたシスコやファーウェイは，回線交換方式にとらわれずに，新しい技術基盤のパケット交換方式に経営資源を集中して大きな成長機会をつかむことができたと言える。この結果を表面的に見れば，有名なクリステンセンの「イノベーションのジレンマ」の典型例と見ることもできよう。
　次に，伝統的通信機器メーカーの代表例としてアルカテル・ルーセントを，新興通信機器メーカーの代表例としてシスコを取り上げて，上述のパラダイム・シフトと企業活動の関係を検討する。この検討は，通信技術のパラダイ

23

ム・シフトの下で成長してきたファーウェイの企業活動を理解する上で有益
である。

1-2 ファーウェイのライバル

1. 伝統企業：アルカテル・ルーセント

まずアルカテル・ルーセントについて検討する。アルカテル・ルーセント
は，フランスのコングロマリット企業アルカテルとアメリカ最大の通信機器
メーカーのルーセント・テクノロジーズ（以下，「ルーセント」と略す）が，
2006年に合併して設立された[5]。アルカテルはフランスを代表する大企業で，
1879年の創業から2000年代前半（ルーセントとの合併）前まで，合併と分
割さらに2度の国有化と民営化を経ながら，発電・通信事業から，通信機器，
テレビ，コンピュータまで幅広い事業を行ってきた。例えて言えば，日本の
三菱重工業，電電公社，NECを合わせたような大企業であった。1990年代
から他の事業を整理して，通信事業と通信機器製造に資源を集中し，欧州で
はノキア，エリクソンに次ぐ通信機器メーカーになった後，最大市場の北米
市場で競争優位を確保するため，大規模な買収・合併を行ってきた。ルーセ
ントとの合併も，その流れの中にあった[6]。しかし本書では，アルカテルにつ
いては，これ以上詳しく検討せず，ルーセントについて詳しく見ていく。そ
れはルーセントが，最も典型的な伝統的通信機器メーカーだと考えるからで
ある。

ルーセントはAT&Tから，1995年に分離独立して設立された企業である。
AT&Tは，電話の発明者であるグラハム・ベルによって設立された企業で，
「ベル・システム」と呼ばれる垂直統合組織を形成していた。すなわち電話
事業のうち地域電話サービスを行う22の地域電話会社と，地域間を結ぶ長
距離電話サービスを行うAT&T本体と，電話事業に必要な通信機器を製造
するウエスタン・エレクトリックと，研究開発を行うベル研究所とが統合さ
れた巨大企業システムであった。ベル・システムはアメリカ全土の電話事業
をほぼ独占的（1930年当時，80％の市場占有率であった）に運営していて

第1章 通信機器市場の変化—垂直統合から水平分業へ—

巨額の収益を得ていた。独占的に得た収益から潤沢な研究開発資金がベル研究所に回されて画期的な製品を生み出し，それをAT&Tだけに提供して，AT&Tの競争力をさらに高めるという正のサイクルで，長期間アメリカの電話事業を独占してきた。このビジネス・モデルは他の国の通信事業でも行われていた。日本の「電電ファミリー」も，広い意味で，このビジネス・モデルに含まれる。

　しかしAT&Tは長年，連邦通信委員会（FCC）からその独占性に対する攻撃を受けていた。それを回避し，コンピュータ分野への進出を可能にするために，ベル・システムの解体を決断したのが1982年の同意審決であった[7]。1984年，地域運用会社（ベル・システムの資産の3/4）はベル・システムから切り離され，AT&T本体，ウエスタン・エレクトリック，ベル研究所は，AT&TコミュニケーションズとAT&Tテクノロジーズの2部門にまとめられた。AT&Tテクノロジーズにはウエスタン・エレクトリックとベル研究所が移された[8]。さらに1996年，AT&Tは，AT&Tテクノロジーズの製品をAT&Tだけでなく他の通信事業者にも販売できるようにするため，AT&TテクノロジーズをAT&Tから完全に切り離し，社名も「ルーセント・テクノロジーズ」と変えた。

　1984年のベル・システムの解体には，「電話通信とデータ処理」に連なるコンピュータの進歩があった。合衆国政府は，ベル・システムの独占性に対して，利用者，他の通信事業者，通信機器メーカーから多くの不満を受けていた。政府はベル・システムに対して，独占禁止法に基づいてその独占性を崩そうと常に監視していた。ベル・システムは政府からの司法攻撃を受ける度に，競争優位（独占性）を維持するために政府と妥協点を形成して司法攻撃を回避してきた。その中で最も注目すべき出来事は，1956年と1982年の2つの同意審決（consent decree）であった。1956年の同意審決では，AT&Tがコンピュータ分野への進出を放棄する代わりに，通信事業の独占性を確保することを選択した。1982年の同意審決は，前の同意審決とは逆に，コンピュータ分野への進出を果たすために，地域の独占性を放棄することを選択した。このような変化の要因として，コンピュータが専用線を介して，一定地域内（大学，企業，研究機関の構内）で利用されるだけでなく，

25

広域に配置された端末機を，電話回線（公衆網）を介して利用できるように
なったことが挙げられる。「電話通信とデータ処理」が重なってきたのである。
AT&Tは，4分の3の資産を手放してでもコンピュータ事業への進出を選
択した。

　1984年，UNIX-OSとミニ・コンピュータでコンピュータ分野に進出した。
しかし大きな成果を上げることはできなかった。1991年にはコンピュータ
企業NCRを買収したが，上手くいかず，1996年「AT&Tテクノロジーズ」
を「ルーセント・テクノロジーズ」として完全分離すると共に，NCRも完
全分離した。AT&Tが製造部門（AT&Tテクノロジーズ）を完全分離した
のは，他の通信事業者にも通信機器を販売できるようにするためであった。

　その後，ルーセントは，1990年代後半のいわゆる「インターネット・バブ
ル」の中で財務的に大きく成長し，時価総額で一時AT&Tを超えるような過
大な評価を受けた。しかし1999年末から売上高は急速に落ち，設立時の株価
7.56ドルから84ドルにまで高騰したが，2002年には，55セントにまで下落し
た。従業員数は，最盛期の15万3,000人から最終的には2万9,000人にまで減
少し，アルカテルとの合併時，ルーセントの売上高（90億米ドル）は，アル
カテルの売上高（150億米ドル）の約半分であった。[10]

　世界の通信機器産業をリードしてきた名門企業の衰退については，①「イ
ンターネット・バブル」に踊った経営者の誤り，②名門企業の官僚的体質，
③勃興してきた新技術に対応できない「イノベーションのジレンマ」等，い
ろいろな説明がされている。本書では，これらの要因を技術革新との関係か
らもう少し詳しく見ていくことにする。[11]

　1996年「ルーセント・テクノロジーズ」として独立する前の「AT&Tテ
クノロジーズ」の売上高は200億米ドル以上であった。国際通信機器市場で
新しい購買者を少しは見つけていたが，売上の大半は関係会社のAT&Tと
地域ベル会社であった。[12] AT&T以外の他の通信事業者にも製品・サービス
を提供することが完全分離（独立）の目的であり，新しく誕生した「ルーセ
ント・テクノロジーズ」の経営者は，新たな購買者の意向や市場の動向に対
応できる組織への改革を行った。全体事業を4つのグループ，11のユニット（事
業部）に分けて運営を始めた。[13]

第1章 通信機器市場の変化―垂直統合から水平分業へ―

　しかし11の事業部は計画通りには機能しなかった。その要因として，大きくは２つ挙げられる。１つは「経験のない事業」を，優先順位を明確にせずに分けたことであった。ルーセントの前身のAT&Tテクノロジーズは，関連会社のAT&Tに製品・サービスを提供して，他の通信事業者やエンド・ユーザに製品・サービスを提供した経験が乏しい。ネットワーク製品を製造販売するグループを除いて，他のグループは製品やサービスを提供する際に付随する業務を事業部化したもので，市場競争の下で事業を展開していくには経験が乏しかった。またルーセントのすべての製品について「一つの顔」で購買者と対面するという理念の下で，グローバル・サービス提供事業部が創設されたが，他の事業部との軋轢で機能しないことが短期間で明らかになった。[14]

　もう１つは「経験があって強みのある事業」に固執したことであった。交換機やアクセス機器については，長い経験と高い技術力を備えていた。そのため，創業してから５年の1990年代後半においては，交換機・アクセス事業部はルーセントの稼ぎ頭であった。しかしパケット交換方式の台頭と共に売上は低下し，最終的には７％以下の貢献しかできなくなっていた。[15]パケット交換方式を担当するデータ・ネットワーク・システム事業部は，知的財産事業やベンチャー事業を包含する新規ビジネス・グループに配置されていた。このことから，1990年代ルーセントにおいて「データ・ネットワーク」は，あまり重視されていなかったことが分かる。

　1990年代後半から鮮明になってきた重要技術は，パケット交換方式，光通信，無線通信であった。しかし上述の組織体制はこのことを反映していなかった。このことは，ルーセントの技術者にも理解されていた。[16]しかし経営者には十分に伝わっていなかった。この遅れを取り戻すために，経営者は買収で新技術の不足分を補おうとした。図表1-4は，1996～2006年のルーセントの企業買収内容を事業分野別に示している。

　最も注目すべき事業分野はデータ・ネットワーク分野である。これはパケット交換方式に基づいたネットワーク分野である。ルーセントはこの分野の遅れを取り戻すために，最も大規模な企業買収を行った。それは1999年のアセンド・コミュニケーションズ（Ascend Communications）の買収で，

27

図表1-4　ルーセントの企業買収（1996～2006年）

事業分野	1996	1997	1998	1999	2000	2001	2002	2003	2004	2005	2006
企業ネットワーク	1	3	1	3							
企業サービス		1	1								
電子装置			2	3	4						
データネットワーク			6	3	2				1		1
グローバルサービス			1	1							
通信ソフトウェア				1							1
スイッチシステム				1							
光システム					2						
新規事業					1	1					
計	1	4	11	12	9	1	0	0	1	0	2

出所：Lazonick & March［2011］p.25より抜粋。

買収金額は214億米ドルであった。

　ルーセントは1997年から2000年までに36社を買収した。その買収総額は470億米ドルであったが，そのうちアセンド・コミューニケーションズの買収に約46％を費やしたことになる。アセンド・コミューニケーションズはルーター等のネットワーク機器を製造販売していた企業で，シスコには及ばないものの対抗できる力を備えていた。

　ルーセントがこの企業を買収したのは，シスコを短期間でキャッチ・アップするためであった。ルーセントは買収前に，シスコに対抗するために，ATM（Asynchronous Transfer Mode：非同期転送モード）と呼ばれる新しい技術の開発に資源を集中していた。ATMは回線交換方式とパケット交換方式を折衷した技術であった。しかしATMが計画通りに進まなかったこ

とで，アセンド・コミューニケーションズの大規模な買収が行われたと言われている[17]。新技術を買収で得ることは，後述するシスコも同じであったが，成果はまったく違っていた。その違いは，後述のシスコの検討から明らかになろう。

　以上，ルーセントの検討から言えることは，自社が築いてきた伝統技術（回線交換方式）に固執して，新しい技術（パケット交換方式）に組織的に適応できなかったことが大きな要因と言えよう。回線交換方式を達成する交換機（最新機器はデジタル交換機）は単価が高く，それに付随するサービスもあって，新しい技術が登場してこなければ，ルーセントが圧倒的な優位を維持できた機器であったことは間違いない。しかし1982年同意審決で，通信事業の独占性よりもコンピュータ分野への進出を選択した時点で，パケット交換方式の重要性が理解されていたにもかかわらず，長い歴史と共に築かれてきた「組織の慣性力」を変えることができなかった。この点はファーウェイの経営を検討する時の参考になろう。ファーウェイは，デジタル交換機の自主開発で企業発展の切っ掛けを掴んだ，しかし同時にルーター（パケット交換方式）への多角化も果たしているのである。この点がルーセントの経営と大きく異なる点である。

2．新興企業：シスコ・システムズ

　次にシスコ・システムズについて検討する。シスコは，1984年にスタンフォード大学ビジネス・スクールのネットワーク・システム管理者であったサンドラ・ラーナーと同大学コンピュータ科学部のシステム管理責任者であったレオナルド・ボサックによって設立された[18]。インターネットの原型となる「ARPANET」が提起されたのが1973年で，その後アメリカの主要な大学に導入されたのが1970年代後半であった。彼らはインターネットの草創期に，シスコを立ち上げた。「ARPANET」はパケット交換方式で複数のネットワークをつなげてデータの交換ができるようにしていたが，高価な専用コンピュータと専用ケーブルを使用する必要があった。彼らが考え出した「マルチプロトコル・ルーター」は，そのような高価な機器を使用せずとも，ネットワーク同士をつなげられるようにしたものであった。最初の製品を出荷したのが

1986年であった。その翌年の1987年にアメリカ国防総省は「ARPANETシステム」を民間に開放した。それによって，かれらの製品（ルーター）の需要が飛躍的に増大した。シスコは創業から5年を経過した1990年に上場を果たした。[19] 創業から14年後の1998年には時価総額1,000億米ドルを達成する急速な成長であった。これはマイクロソフト（創業から22年）より10年近く早い時価総額1,000億米ドルの達成であった。

　しかしシスコを今日の規模に発展させたのは創業者の2人ではなかった。シスコは売上高を順調に伸ばしていたが，資金繰りは順調ではなかった。1988年，2人はベンチャー・キャピタリストのドナルド・バレンティンに頼ることになり，ドナルド・バレンティンはジョン・モーグリッジを代表者（CEO）にすることを条件に資金を提供した。これよりシスコはジョン・モーグリッジの経営の下で発展することになった。[20] ジョン・モーグリッジは，シスコに加わる前は，小規模のコンピュータ会社の経営に携わっていた。[21] ジョン・モーグリッジが最初に行った経営改革は，販売先を大きく変えたことであった。それまではコンピュータ・ネットワークを既に維持している大学等のネットワークに詳しい専門部門が販売先であったが，ジョン・モーグリッジは，ネットワークの専門知識はないが，ネットワーク確立の要望が高い大企業等を主な販売先に設定した。メインフレーム・コンピュータやミニ・コンピュータだけでなく，普及し始めたパーソナル・コンピュータもつなぐことができるネットワークの要望は日増しに高まっていた。シスコ製品の需要は増大し，シスコは1990年代初期に成長への基盤を築いた。この間，国際市場での売上もシスコの経営にとって重要になってきており，日本とオーストラリアに子会社が設立され，ベルギーに欧州技術支援センターが設立された。[22] また通信事業者（Bell Atlantic Corp, Pacific Bell等）もシスコ製品を納入するようになった。

　シスコの経営で最も注目しておくべきことは，「新興企業買収戦略」である。後述するように，シスコは企業買収で技術形成をしてきたとも言える。1993年のクレッシェンド・コミューニケーションズ（Crescendo Communications）という新興企業の買収が，シスコの「新興企業買収」の始まりであった。1995年，ジョン・モーグリッジに代わって，ジョン・チェンバースが最高経営責任者に就いた。ジョン・チェンバースはIBM等を経て1991年にシスコに加

第1章 通信機器市場の変化―垂直統合から水平分業へ―

図表1-5　シスコ・システムズの買収企業数の推移（1993～2014年）

年	1993	1994	1995	1996	1997	1998	1999	2000	2001	2002	2003	2004	2005	2006	2007	2008	2009	2010	2011	2012	2013	2014
企業数	1	3	4	7	6	9	18	23	2	5	4	12	12	8	11	5	6	6	6	10	13	8

出所：シスコ・システムズ「アニュアル・レポート」に基づいて著者作成。

わった。ジョン・チェンバースは図表1-5に示すように，シスコの新興企業買収をさらに強力に進めた。シスコは1993年から2014年の20年余りの間に179社の企業を買収した。シスコは買収と共に，技術力を高め，関連分野への多角化を展開して，上述のように通信機器産業で高い競争力を維持してきた。[23]

　シスコの「新興企業買収」は，シスコの成長に寄与したという評価が広くされているが，なぜその買収戦略が成功したのかについて，産業技術のレベルから検討したものは少ない。[24] シスコは上述のようにインターネットと共に成長してきた。[25] しかし単に，「インターネットの拡張」だけでシスコの驚異的な成長を説明することはできない。なぜなら「インターネットの拡張」については，他の通信機器メーカーも享受できる機会があったはずだからである。なぜシスコが「インターネットの拡張」と共に飛躍的な成長を果たせたか。それを探るには，インターネットの技術的特質を見ておく必要がある。

　インターネットの技術的特質は，既に述べたように，パケット交換方式である。パケット交換を行っているのがルーターである。ルーターは，ネットワークの中でパケット化されたデータの交通整理をするものである。インターネットを宅配便システムに例えるならば，パケットは1個1個の荷物箱である。箱の上に送り先（アドレス）が記載され，箱の中に荷物（データ）が納められている。ルーターは荷物箱の集荷・分配所である。そこで，送り先に通じる複数の送り先ルートから，最も早く送達されるルートを選んで，選択されたルートに存在する次の集荷・分配所（ルーター）に荷物箱を送るように手配する。実際の宅配便システムでは，各社毎に箱の大きさや彩色パターン，送り先の記載形式，そして送達確認等の特有の取り決め（プロトコル）を設

けて効率を高めているが，インターネットでは，公開プロトコルのTCP/IP
がある[26]。TCP/IPは，パケット（荷物）の送受確認をホスト・コンピュータ（送
り手と受け手）間で行うための取り決めであり，「ホスト・プロトコル」と
呼ばれる。従って，ホスト・プロトコルに関してルーター（通信機器）メー
カーが競争する余地はない。しかしインターネットには，さらに別のプロト
コルが必要である。それはホスト・コンピュータから独立して，ルーター間
でやり取りされるプロトコルで，「ルーティング・プロトコル」と呼ばれる
ものである。ネットワークに存在するルーターのアドレス，数，経路の混み
具合等の情報をルーター同士でやり取りするためのプロトコルである。宅配
便システムで言えば，集荷・分配所同士が本社から独立して互いに，情報交
換するための取り決めである。

　シスコは，独自に開発した「IGRP（Interior Gateway Routing Protocol）」
と呼ばれるルーティング・プロトコルを提供していた。しかしこのルーティ
ング・プロトコルは，インターネットの原則によって，「オープン」である。
そのため，これだけでシスコが競争優位を得ることはできない。インター
ネットのオープン・アーキテクチャーの下で，シスコはいかに競争優位を獲
得できたのか。この疑問に対する有力な説明が，小川［2009］によってなさ
れている[27]。小川［2009］によれば，インターネットのオープン・アーキテク
チャーの下で，シスコはルーターのオペレーティング・システム（OS）ソ
フトウェアを「ブラック・ボックス化」して，それによって競争優位を獲
得したと説明している。すなわち，ルーターのハードウェアとソフトウェ
アをつなぐ基本ソフトウェアであるOSソフトウェアとして，シスコはIOS
（Internetworking Operating System）という独自のOSソフトウェアを開発
し，IOSは完全に秘密化して，シスコ開発のルーティング・プロトコル「IGRP」
と組み合わせて，IOSをルーターにおけるマイクロソフト社の「Windows」
のような存在にした。このことが，シスコを成長させてきた源泉であると説
明している。シスコはオープンな「IGRP」に新たな機能を付加して，他のルー
ティング・プロトコルより高い機能を持たせ，それをシスコ独自のIOSを備
えたルーターで実現するという戦略で高い競争力を維持してきた。

　シスコの新興企業買収は，この「ブラック・ボックス化」戦略と関係がある。

第1章 通信機器市場の変化―垂直統合から水平分業へ―

その一例を最初（1993年9月）の買収企業である「クレッシェンド・コミュー ニケーションズ（CrescendoCommuniations）」で見ることができる。この 企業はLAN（Local Area Network）用機器（スイッチ）の草分け的存在で あった。LANは工場，大学，病院等の各地域内に限ったネットワークである。 当時のシスコが手掛けていたルーターは，それらのLAN同士をつなげるコ アー・ネットワークに使用されていた。シスコから見ればLANは周辺であっ たので，LAN用機器で大きなシェアーを取ることはできなかった。それに クレシェンド・コミューニケーションズのLAN用スイッチは，ソフトウェ アではなく半導体チップ（ハードウェア）にスイッチング機能を組み入れて いた。半導体製造技術の飛躍的な進歩は，高速でスイッチング処理できる半 導体チップを可能にしていた。通信の高速化と共に，半導体チップで通信処 理する機器の需要が拡大した。シスコのライバルとなるジュニパー（Juniper） は1996年に創業し，この流れと共に大きく成長した。もしシスコが1993年 にクレッシェンド・コミューニケーションズを買収して，半導体チップ組み 入れ技術を取得していなければ，ジュニパーに追い越されていたと予想され ている。[28] そして，シスコの企業買収の最大の特徴は，クレッシェンド・コミュー ニケーションズのLANスイッチに，シスコのルーターのIOSを短期間で移 植して，LANを含めたネットワーク全体をシスコのIOSで統合することによっ て，使用者に同じ操作性を提供したことにあった。[29] これによって，ネットワー ク外部性が高まり，シスコの競争優位が強化された。シスコはそれ以降も， 図表1-5に示すように新興企業買収を展開していたが，それらの動機は，オー プンなネットワークを維持しながら，自社開発のIOSを中心として競争優位 を確保することであった。

　シスコの新興企業買収をルーセントと比較した場合，ルーセントの買収が 10年近く遅かったことが，最大の相違点である。シスコは1993年から買収 戦略を開始するが，ルーセントは図表1-4に示すように，データ・ネットワー ク分野では1998年から企業買収を行った。それもシスコとの差を一気に詰 めるために大規模な買収を行った。シスコは同時期（1997〜2000年）に56 社を買収した。その買収総額は284億米ドルである。ルーセントが36社で 470億米ドルを費やしたことと比べて，1社当たりの買収額は低い（シスコ

33

は5億米ドル，ルーセントは13億米ドル[30]）。シスコの買収企業はすべてデータ・ネットワーク分野であるが，ルーセントの買収企業でデータ・ネットワーク分野は11社のみであった。ルーセントが，アセンド・コミューニケーションズにこの間の総買収資金の46％を掛けたところに，シスコを一気にキャッチ・アップしようとしたルーセントの経営者の焦燥が見えよう。以上のように，技術形成の一環としての企業買収に関して見た場合，ルーセントの企業買収には戦略性がなく，シスコの企業買収には戦略性があったと見ることができる。別の言い方をすれば，インターネットで先行したシスコが，インターネットに沿って展開してきた最新のネットワークの発展方向を，ルーセントより早く，そして遠くを見通せたと言えよう。

　以上の説明から，通信技術のパラダイム・シフトが通信機器産業に大きな地殻変動を生じさせたことが理解できたであろう。ファーウェイの台頭は，この地殻変動の1事象と見ることができる。言い換えれば，この地殻変動がなければ，ファーウェイの台頭は難しかったであろう。ファーウェイの発展と通信技術のパラダイム・シフトには深い結びつきがあることが推察できよう。第2章で，通信技術のパラダイム・シフトを技術史的にもう少し深く検討して，ファーウェイの成長と技術史との交点を探ることにしよう。

〈注〉

1) Gartner［2015］*Market Share Analysis: Communications Service Provider Operational Technology, Worldwide, 2014* によれば，エリクソンが売上高299億米ドル（市場占有率17.7％）で第1位，第2位にファーウェイ271億米ドル（16.1％），その後に，アルカテル・ルーセント147億米ドル（8.7％），ノキア139億米ドル（8.2％），シスコ95億米ドル（5.6％），ZTE87億米ドル（5.1％）を列記している。Gartner［2015］の数値は通信事業者向けの機器，ソフトウェア，サービスを含めた「operational technology」という概念でまとめられたものであり，ローカル・ネットワーク用機器や，一般消費者向けの機器は含まれていない。通信機器メーカーの中核的な取引先である通信事業者向け売上高の上位6社は図表1-2の主要メーカーと対応している。また主要6社の中で最下位のZTEとそれに次ぐNECとの間に顕著な格差（2.4％）があることから，現在の主要通信機器メーカーは，これら6社と考えてよいだろう。ただし，2016年1月4日，アルカテル・ルーセントがノキアに買収された。この買収に

第1章 通信機器市場の変化—垂直統合から水平分業へ—

よって，主要通信機器メーカー間の勢力図は変化し，競争はさらに激しくなるものと予想される。

2) インフォネティクス・リサーチ社は，米国カリフォルニア州に本社をおく市場調査会社で1990年に設立され，通信機器を含む通信関係市場の調査・分析では実績がある。2014年12月，米国大手調査会社IHSの傘下に入った。

3) 総務省情報通信国際戦略局情報通信経済室［2013］『ICT産業のグローバル戦略等に関する調査研究報告書』102頁参照。このレポートは委託を受けた三菱総合研究所が2013年3月に作成した。

4) 同上書，104頁より転載。

5) アルカテル・ルーセントのホーム・ページ（https://www.alcatel-lucent.com/about/history, 2016年1月29日確認）参照。

6) アルカテルは1898年にフランス人技術者ピーエル・アザリアによって設立されたCompagnie Générale d'Électricité（CGE）に由来する。ドイツのジーメンスやアメリカのジェネラル・エレクトリック（GE）のような会社を目指したようである。社名も英語表記では，「Company General Electric」となることから，そのことが理解できよう。

7) 1956年の同意審決で，AT&Tは通信事業の独占性を認めて貰う代わりに，コンピュータ分野へ進出しないことを受け入れた。もしAT&Tが当時からコンピュータ分野に進出していたら，コンピュータ産業の構成は現在と大きく変わっていたことであろう。逆に，1982年の同意審決では，AT&Tは通信事業の分割を受け入れて，コンピュータ分野への進出を選択した。これは，コンピュータと通信の関係が，この間で大きく変わったことを示していると言えよう。

8) 城水［2004］214頁参照。

9) この同意では，ベル・システムが所有する特許を他社にライセンスすることも条件になっていた。これによって，AT&Tが所有していた最先端技術が広がっていく切っ掛けとなった。

10) Lazonick & March［2011］p.2 参照。"The Rise and Demise of Lucent Technologies"（ルーセント・テクノロジーズの成長と衰退）は，経済学者ウイリアム・ラゾニック（William Lazonick）とAT&Tの技術部門で20年間勤務していたエドワード・マーチ（Edward March）の共作論文である。

11) 『日経ビジネス』2001年2月5日号は「経営戦略—誤算の研究」（54-58頁）で，「AT&Tから独立も経営風土変えられず組織硬直，ネット化の波に乗り遅れ失速」というタイトルで，ルーセントの衰退を分析している。そこで，「光伝送装置がこれほど成長するとは思っていなかった」と当時の経営陣（リチャード・マギン会長）の証言や，「ルーセントは電話の時代に主役だった交換機に莫大な顧客資産を築いていた。ルーセントが開発したデジタル交換機のNO.5-ESSは，世界52か国に4400台が設置されている。交換機は1台数億円以上するうえ，その後も保守などの継続的なサービスが見込めるため収益率の高い事業であった。ルーセントは電話網の整備が遅れている地

35

域もあり，今後も年30％以上の成長を見込めると踏んでいた」と，ルーセントの旧資産（デジタル交換機を中心とした回線交換網）に依存した体質を同誌は指摘し，「あと5年もすれば，交換機は不要になる」という同業他社の技術担当者のコメントを載せている。

12) Lazonick & March［2011］p. 8 参照。

13) *Ibid.,* pp.10-13 参照。

14) *Ibid.,* p.13 参照。

15) *Ibid.,* p.10 参照。

16) *Ibid.,* p.21 参照。

17) *Ibid.,* p.25 参照。

18) 創業は自宅を担保にして資金作りをしなければならない程，厳しいものであった。サンドラ・ラーナーは，創業してから2年間は，別の仕事をしなければ家計を維持できなかった（International Directory of Company Histories, Cisco 参照）。

19) 初出荷（1986年）後の2年目（1987）の売上高は150万米ドルで，従業員数は8名であった（International Directory of Company Histories, Cisco 参照）。

20) 創業者の1人，サンドラ・ラーナーは顧客サービスの責任者をしていたが，ジョン・モーグリッジとそりが合わず1990年に解雇され，もう1人のレオナルド・ボサックはその解雇に立腹してシスコを同年退職している。2人は退職時に彼らが保有する株式を売り，2億米ドルを得たが，大半を慈善事業に寄付した（International Directory of Company Histories, Cisco 参照）。

21) ジョン・モーグリッジは GriD System Corp. の最高執行責任者（COO）と Stratus Computer の販売・マーケティング副社長を経験している。

22) 総売上高に対する国際市場売上比率は，1991年で35.6％，1992年で36％，1993年で39％，1994年で41.9％であった（International Directory of Company Histories, Cisco 参照）。

23) 大田幸嗣・根来龍之［2013］『Cisco Systems 買収戦略の目的と貢献に関する研究―内容分析による考察―』（早稲田大学IT戦略研究所ワーキングペーパーシリーズ，No. 49）は，シスコのアニュアル・レポートに記載されている注目用語の使用数に基づいて，シスコの買収戦略の目的を分析している。分析によれば，1993～1998年は「人材獲得」と「技術獲得」が目指され，1999～2009年は，「隣接市場への参入（事業多角化）」が目指され，2010～2012年は，「事業多角化の弊害を受けた事業再編」が目指されたと述べている。

24) 『日経ビジネス』2008年3月17日号「成長持続の研究―シスコ・システムズ／変化飲み込む革新力―」は，「シスコの最大の武器は，外部で起きている新しい変化を常に社内に取り込む仕組みにある。ベンチャーを次々に買収し，新技術と人材を吸収してきた。スイッチやIP電話，セキュリティといった中核事業の大半は企業買収が基盤になっている」と述べている。また本荘・校条［1999］（85頁）は，「シスコは自社にない技術と人材を外部から調達し，自社ブランド製品として市場に送り出す方法を選

んだ」と，シスコの買収戦略を説明している。しかしこれらの分析は，シスコがインターネットの増大と共に発展してきたことを軽視し，インターネット技術と関連づけて分析していないので，分析が表面的である。

25） インターネットに接続されているコンピュータの数は，1992年で100万台，1996年で1,000万台，2006年で10億台と，大きく増大している。

26） 他にUDPと呼ばれるプロトコルがある。

27） 小川［2009］「IAM Discussion Paper Series #007―製品アーキテクチャーのダイナミズムから見たインターネット・システムとシスコ・システムズの標準化ビジネス・モデル・知財マネジメント」（http://www.iam.dpc.u-tokyo.ac.jp/index.html，2015年12月24日確認）参照。

28） 同上。

29） 同上。

30） Lazonick & March［2011］p.24参照。

第2章
通信技術の変化
―アナログからデジタルへ―

2-1 技術革新の連鎖

　本章では通信機器分野における産業技術の進歩を概観する。1876年の電話機の発明から今日までの通信技術の進歩は，アナログからデジタルへの進化の過程とも言える。このような進歩は1948年のトランジスタの発明に始まる半導体技術の急速な進歩によって，さらに加速した。半導体技術は音声，画像を含むあらゆる情報をデジタル信号に変えると共に，その信号を伝送する通信システムの高度化を支えた。デジタル化技術と通信技術は互いに影響し合ってダイナミックに発展してきた。

　通信システムの劇的な進歩は，携帯端末機が伝送する情報領域の拡大から身近に知ることができる。すなわち1980年代初期に携帯端末機が登場したころは音声しか伝送できなかったが，その後メール通信ができ，現在ではインターネット情報やテレビ画像を携帯端末機で見ることができるようになった。近年携帯端末機では音声よりもメールやインターネット情報の方が多く伝送されるようになってきた。このような通信技術の進歩は1980年代から顕著になり，1990年代以降その進歩は益々急速になった。最近では「通信と放送の融合」が言われ，従来の通信概念を超えた変化が生じている。

　またこの間通信コストは劇的に低減し，現在もその過程にある。図表2-1は，光ファイバーが従来の銅線同軸ケーブルと比べて伝送能力をどれぐらい飛躍

的に向上させたかを示している。図表2-1において，伝送速度は1秒間に伝送される情報量（メガバイト）を示し，中継距離は信号の減衰を防ぐために設けられる中継装置の設置間距離を示す。伝送速度の増大は伝送できる情報量が増えることによって通信コストを低減し，中継距離の増大は高価な中継装置の設置個数を減らし，通信コストの低減に貢献した。すなわち1985年製光ファイバーは同軸ケーブルと比べて，伝送速度は同じであっても中継距離は30倍になっている。単純計算で言えば，中継装置コストは同軸ケーブルの場合と比べて30分の1に下がったことになる。2007年製光ファイバーの場合，伝送速度が同軸ケーブルの4倍になって，しかも中継距離が500倍になっている，言い換えれば1本線の伝送路で伝送できる情報量を4倍にし，中継装置コストを500分の1に減らしたことを意味している。このような伝送能力の向上は，通信事業の設備費用体系を根底から変えた。

　図表2-2は，光ファイバーとデジタル交換機の使用による通信コストの急激な低減を示している。図表2-2から分かるように，1975〜1995年の間に伝送コストは1万分の1に，交換コストは約300分の1に下がっている。

　このような急激な通信コストの低減と事業領域の拡大は，技術によって事業の盛衰が決定されるような状況を通信事業者に招来し，通信機器メーカーには技術革新の進展が企業の存亡を決定するような状況を招いた。ベルの電話機の発明以来，通信分野は技術革新が重要な経営項目であったが，1970年代以降はその重要性はさらに高まった。

　このような技術革新の中で，ファーウェイの経営に最も関係した通信機器はデジタル交換機であった。デジタル交換機は，本書第6章で詳しく説明するように，ファーウェイを含めた中国通信機器産業が確立される過程で最も影響を与えた通信機器であった。デジタル交換機の開発経験が，現在のファーウェイをつくったとも言えるものである。次節では，このデジタル交換機に焦点を合わせて，そこから生じてきた通信機器の技術変化，すなわちソフトウェアの台頭を説明する。

図表2-1　伝送能力の向上

伝送媒体	伝送速度 (Mb/s)	中継距離 (km)
同軸ケーブル（銅線）	400	1
光ファイバー（1985年製）	400	30
光ファイバー（2007年製）	1600	500

出所：各種資料に基づいて著者作成。

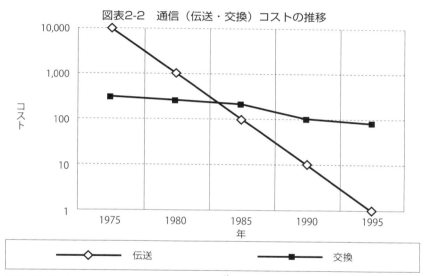

図表2-2　通信（伝送・交換）コストの推移

出所：*IEEE Communications Magazine*, Jan. 1993.[1]

2-2 デジタル交換機

　デジタル交換機は，伝送路を流れる信号の伝送方式をアナログ方式からデジタル方式に転換することを促進した通信機器である。通信システムでは限られた伝送路を効率的に使うために伝送路を交換する必要がある。交換方式として，既に述べたように2つの方式があって，1つは回線交換方式で，もう1つはパケット交換方式であった。回線交換方式からパケット交換方式に

伝送路の交換方式を変えることができたのは，伝送路を流れる信号をデジタル化できたからである。デジタル交換機はデジタル信号そのものの伝送を可能し，通信の交換方式を回線交換方式からパケット交換方式に変える橋渡しの役割を担った。ファーウェイはこの産業技術の転換時期に，起業と成長を果たしたのである。

　電話交換機は，主に①呼び出しのチェック，②接続先への通知，③伝送路の接合，④通話終了のチェック，⑤回線の遮断，⑥課金という6つの機能を果たす。これらの機能は1877年に電話サービスが始まってから長い間交換手によって遂行されていた。そのため，電話サービスを安定的に提供するために，交換手を規則通りに労働させる必要があった。通信事業者にとって交換手は基幹労働者であった。交換手の労務管理は重要な経営テーマであり，そのための工夫がいろいろと考え出された。しかし事業を安定的に経営するには，交換手を必要としない自動交換機の開発が必須であった。そのための研究開発が精力的に進められた。[2]電話交換機の研究開発は，需要の発生と同時に通話サービスを供給しなければならない電話サービスの特質に従って，交換処理速度の高速化，通話品質の向上，処理能力の大規模化の方向で進められてきた。

　交換機能を果たす基本構造の面から，電話交換機の発展段階を分けると，(1)手動式交換機，(2)アナログ自動交換機，(3)電子交換機，(4)デジタル交換機の順になる。手動式交換機は文字通り手動で操作されるもので，1876年にグラハム・ベルが電話を発明した翌年に実用化された。[3]手動式交換機は，交換手が前に置かれた表示器を常時観察して，呼出し表示が出ると，それに対応するジャックに接続プラグを挿して発呼者に希望する接続先を尋ね，接続先に対応するジャックに接続プラグを挿して被呼者を呼び出し，被呼者が電話機に出たことを確認して伝送路をつないだ。そのため，1回の回線接合にかなりの時間を要した。交換サービスの需要は加入者（回線数）の増加と共に増大し，それに対応するため，交換手の数が増えていた。手動式交換機はアナログ交換機が実用化されてからも市外局同士の中継等に長らく使用されていた。先進国で手動式交換機が完全に姿を消したのは1970年代であった。

　アナログ自動交換機は交換機能を電気・機械的動作に基づいて自動的に実

第2章 通信技術の変化—アナログからデジタルへ—

図表2-3　クロスバスイッチとワイヤスプリング継電器に求められる技術能力

部品	機能	材料開発	製造技術開発
クロスバスイッチ	高信頼性 量産対応	ばね材 接点材	トランスファライン
ワイヤスプリング継電器	高感度 多接点 長寿命 少品種 低原価	ばね材 接点材 磁性材 巻線材 耐摩耗性プラスチック 速硬化性樹脂	自動巻線機 プラスチック成型機 トランスファライン

出所：各種資料に基づいて著者作成。

行するもので，1889年にストロージャーによって発明され，その後，いく
たびかの技術革新がなされ，1930年代後半に欧米で実用化されたクロスバ
交換機がアナログ交換機の技術的到達点となった。それ以降もクロスバ交換
機に対して技術的改良が加えられたが，デジタル交換機が現れてきた1980
年前後まで，クロスバ交換機の基本原理を変更するような大きな技術革新は
なかった。クロスバ交換機は，m個の入側線とn個の出側線に対応する電磁
石をマトリックス状に配置して，それらのクロスポイントを開閉することに
よって回線を切り替えるもので，ワイヤスプリング継電器とクロスバスイッ
チとからなる継電器スイッチ装置が基幹構成部品であった。スイッチ，継電
器は電気・機械的に連結され，枠体に取り付けられて組み立てられる。これ
らの部品は精密であり，取り付け位置がずれていたり，形状が合わなかった
り，塵埃等が付着していると電気接続が上手くいかず，結果的に通話ができ
ない状態を招くので，製造には高い技術的熟練が必要であった。[4]クロスバス
イッチとワイヤスプリング継電器は，図表2-3に示すような機能とそのため
の技術能力が求められた。

　言い換えれば，クロスバ交換機を製造するには，これらの材料を生産でき
る技術能力が必要であった。そのため，アナログ交換機では，後発国企業が
先進国企業との技術的距離を縮めることが難しく，新規参入は非常に難しかっ
た。

　アナログ交換機の最高傑作であるクロスバ交換機はスイッチや継電器等の

43

電気・機械的部品で構成されていたので，交換速度，交換回線数，通話品質の向上等の電話交換機の性能をさらに高めるには技術的限界があった。1960年代になって，半導体技術の進歩に伴ってコンピュータ技術が飛躍的に発展した。交換機においてもコンピュータ技術を利用した電子交換機と呼ばれる交換機が実用化された。電子交換機は交換機に求められる基本制御（①呼び出しのチェック，②接続先への通知，③伝送路の接合，④通話終了のチェック，⑤回線の遮断，⑥課金）を電子回路とプログラムで行うものであった。しかし音声信号が流れる伝送路の切り替え部分は電磁石のままであったので，音声信号がその切り替え部分の影響を受けることは避けられなかった。また交換機の製造においても，伝送路の電気・機械的接合の特質を考慮して組み立て，設置，維持管理する必要があった。このような電気・機械的接合をせずに回線交換ができる交換機が待ち望まれていた。

　一方，伝送面において信号の減衰とノイズの混入が宿命的な問題としてあった。すなわち音声信号をアナログ波形のままで伝送すると伝送距離が増大するにつれて音声信号が減衰し長距離の伝送ができないという問題と，伝送中にノイズが混入して正確な情報（音声）を伝えられないという問題が，電話システムが発明されて以来常に存在した。この問題を解決することが長年の課題であった。それを根本的に解決する手段として，音声信号のデジタル化が考え出された。音声信号のデジタル化を最初に提案したのは英国人リーブスであった。リーブスは1937年音声信号をデジタル化する方法としてパルス符号変調方式を発明したが，それを実行するために必要な論理演算素子がなかったので実用化できず，1948年以降の半導体の登場を待たねばならなかった。1948年のトランジスタの登場から発展してきた半導体技術の進歩によって，音声信号等の通信信号をデジタル化することができるようになった。また1970年代から登場してきたコンピュータ同士の通信のためにも通信信号のデジタル化は必要であった。

　1970年代後半になって，デジタル化された通信信号の特性を利用して電気・機械的接合をせずに回線交換ができるデジタル交換機が実用化された[5]。デジタル交換機と，電子交換機を含む従来の交換機との根本的な相違は次の点にある。従来の交換機は回線毎に設けられた配線の接合を切り替えて回線交換

第2章 通信技術の変化—アナログからデジタルへ—

図表2-4　電子，デジタル交換機の実用化の推移

年	実用化の内容
1948	トランジスタが発明される
1959	ICが発明される
1965	米国で電子交換機が実用化される
1972	日本で電子交換機（D-10）が実用化される
1976	AT&Tが中継線デジタル交換機（No.4-ESS／10万回線）を実用化する
1977	ノーザン・テレコムが米国の独立系電話会社に加入者線デジタル交換機（DMS10／2,000回線）を販売する
1979	日本電気が加入者線デジタル交換機（NEAX61）を米国独立系に販売する
1981	電電公社が中継線デジタル交換機（D-60）を実用化する
1982	AT&Tが加入者線デジタル市内交換機（No.5-ESS／1,000〜10万回線）を実用化する
1982	富士通が中継線デジタル交換機（FETEX-150）をシンガポールに販売する
1982	ジーメンスが加入者線デジタル交換機（EWSD）を南ア連邦に販売する
1983	電電公社が加入者線デジタル交換機（D-70）を実用化する
1985	エリクソンが加入者線デジタル交換機（AXE）を英国に販売する

出所：各種資料に基づいて著者作成。

するものであったが，デジタル交換機はデジタル化された通信信号を所定時間毎に分割して回線を切り替えるものであった。これによって，従来の交換機のように配線を物理的につなぎ変えることなく回線交換が行えるようになった。

　AT&Tのデジタル交換機（No.4-ESS）の実用化（1976年）以降，日本，欧州でデジタル交換機が実用化され，1980年代に先進諸国でデジタル交換機を用いた電話システムが普及した。図表2-4は電子交換機とデジタル交換機の実用化の推移を示している。

　中継線交換機は局外への回線交換を行う交換機で，加入者線交換機は加入者と直接つながり，局内の加入者同士の回線を切り替える交換機である。加入者線交換機は呼び出しのチェック等の基本制御を実行する必要があるので技術的には難易度が高く，そのため実用化が中継線交換機よりも遅れていた。

図表2-4からも分かるように，デジタル交換機は1970年代後半から1980年代前半にかけて先進諸国で開発され実用化された。

　デジタル交換機と同様に，携帯端末機や光ファイバーも1980年代初期にアメリカ，日本等の先進諸国で本格的に実用化され，1978年に経済改革を開始した中国に導入された。[6]中国政府はこれらの製品の早期の輸入代替化を目指して，国有企業を中心に通信機器産業の確立を進めたが，携帯電話端末機と光ファイバーについては2000年以降にならないと地場企業が市場において本格的な展開ができなかった。[7]しかしデジタル交換機については，1980年代後半から自主技術開発に成功した地場の通信機器メーカーが現れ，1990年代後半にはそれらの通信機器メーカーが中国市場を支配するようになった。

　デジタル交換機の産業技術上の特徴は，ソフトウェア技術が中心技術になったことにある。アナログ交換機の必須部品であったスイッチ，継電器等の電気・機械的部品ではなく，ICやメモリ等の電子部品とソフトウェアが主要部品になった。アナログ交換機は，スイッチ，継電器等の電気・機械的部品で構成され，それらを相互にすり合わせて枠体に正確に取り付ける必要があり，そのため特定の交換機専用に製造された専用部品が必要であった。専用部品は，通常，通信機器メーカー内部または関連会社で製造されていたので，その生産技術はメーカー内部に蓄積された。それらの技術を持った技術者や技能労働者を育成するには多くの時間が必要であった。

　一方，デジタル交換機では，電子回路とソフトウェアが交換機能を実行し，複雑な動作手順をICとソフトウェアでモジュール化することによって電話交換機の電気・機械的構造を簡単にし，交換機の設置環境に合わせてプログラム（ソフトウェア）を書き換えるだけでよく，交換機の物理的な構造を大きく変える必要がなくなった。デジタル交換機の主な部品はIC等の電子部品で，別段特定の交換機専用に製造されたものではなく，コンピュータ等の他の機器にも使用される汎用性のある部品であり，交換機メーカーが専用部品として自社や関連会社で製造する必要がなく，市場から簡単に入手することができるものであった。

　デジタル交換機製造においては，ソフトウェアが中心技術となり，ソフトウェア生産に適した生産体制を新たに創出していく必要が出てきた。ソフト

ウェア生産は従来のハードウェア生産と根底的に異なった特質を持っており，ソフトウェア生産に適合した生産体制の形成は，中国通信機器産業が確立された1990年代においても先進諸国で十分に確立されていなかった。すなわちソフトウェアは基本的には機械によって生産できず，すべては人間によって生産されるもので，従来の工場制生産のように機械設備・装置を中心にして労働者がそれらに付随するような生産体制では目的を果たすことができないことは認識されていたが，ソフトウェア生産に適合した生産体制の形成は試行錯誤の状態にあった。さらに半導体技術の進歩によってソフトウェア駆動に必要なCPUやメモリの性能が向上する毎にソフトウェアの大規模化が進行し，それに合わせてソフトウェアの生産体制も革新していく必要があった。従って，ソフトウェア生産に適合した生産体制をいち早く確立できた企業が競争優位を獲得できる状況が生まれた。次節で，そのソフトウェア生産の特性を検討することにする。

2-3 ソフトウェア生産

　ソフトウェア生産が従来のハードウェア生産と根本的に異なる点は，時間や空間の物理的拘束をほとんど受けないことである。すなわちソフトウェア生産は空間的拘束や作業シーケンス上の拘束をほとんど受けない創作行為である。この点で小説を書くことと似ている。[8] 小説の場合，複数の人間が共同で1つの小説を書き上げるようなことは，普通はしないが，ソフトウェア生産の場合，1つのソフトウェアを大勢の人間が分担して作成することが通常の方法として行われている。ソフトウェア生産を組織するということは，大勢の人間を動員して独創的で全篇首尾一貫した小説を限られた時間で書き上げる組織を編成するようなもので，極めて困難な課題が待ち受けていることが推察できよう。この点が1990年代になってもソフトウェア生産が近代化できなかった基本的要因と考えられる。[9]

　ソフトウェア生産の第1の特質は，ソフトウェア生産の大半が開発工程で占められていることである。製品の生産過程は，製品に必要な機能を創造的

に記述する開発工程と，記述された機能を実現する製造工程に大きく分けることができる。ハードウェア生産の場合，新機能設計というようなことで，開発工程で付加価値は作られるが，製造工程においても精密加工等で付加価値は作られる。しかしソフトウェア生産の場合，製造工程は単に記述されたものをメモリに複製するだけの単純な作業で済むので，大きな付加価値が作られることはない。それに比べて開発工程は，付加価値の大半を生み出し，ソフトウェアの内実を決定するところである。ソフトウェア生産では，開発工程が最大で唯一の工程と言えよう。通常，企業の研究開発部門がそれを担う。この点で，ソフトウェア生産においては，研究開発体制が重要な位置を占めていることが理解できよう。

　さらにソフトウェアの開発工程において，ソフトウェアの基本構成（概念設計）を作成する者（たち）の重要性は極めて高いことである。ソフトウェアの開発工程は，①ソフトウェアの対象品・サービスのシステム分析，②分析されたシステムの概念設計，③概念設計に基づくシステム各部の詳細設計，④詳細設計をコンピュータ処理手順に書き直すプログラム設計，⑤プログラムをコンピュータ言語に書き換えるコーディング，そして⑥ソフトウェアの稼働状態をチェックするテストで構成されている。これらの作業において，最上流に位置するシステム分析と概念設計の重要性は極めて高い。その理由は，その下流に位置する詳細設計やプログラム設計，コーディングは，システム分析と概念設計によって，それらの内容が決まるからである。従って，ソフトウェアの価値は，システム分析と概念設計をする特別な1人または少数者によって決まるとも言える。アニメーション映画製作に携わる者は，1コマ1コマに色を施す者を含めると数百人にものぼるが，その映画の価値を決定するのは，宮崎駿のような監督を含めた少数者である。ソフトウェア生産もこの形態と似ていると言えよう。そのため，システム分析と概念設計をする特別な1人または少数者は，他の従業員と異なる扱いを経営者から受けることになる。

　第2に，ソフトウェア生産においては，開発者と使用者（消費者）との情報交換の頻度，すなわちソフトウェア開発者が使用者の要望や使用状況をどれくらいよく理解しているかが，ソフトウェア生産において決定的に重要で

第2章 通信技術の変化―アナログからデジタルへ―

ある。ソフトウェア生産はハードウェア生産に比べて，使用者の要望を事細かく叶えることができる。すなわちソフトウェアは自然にあるものを加工したものではなく，すべて人間が頭の中で創り出したものである。そのため，その一部を変更する（すなわち使用者の要望を叶える）ことは，ハードウェアに比べて容易にできる。従って，使用者（消費者）の要望を叶えやすい。この点は，企業間の品質・サービス競争の注目点にもなるので，ソフトウェア技術者が使用者の要望を的確に把握することが重要になる。そのため，ソフトウェア技術者と使用者は直接に頻繁に交流する必要がある。またソフトウェア技術者1人で同じ機能を果たすソフトウェアを何種類も作れるし，技術者が違えば，さらに異なったソフトウェアを何種類も創り出すことができる。それらの中には処理時間が何十倍も違うものが含まれ，どのソフトウェアが良いかは，使用者が実際に使用しないと判断できない場合が多い。この点からも使用者からの情報をソフトウェア技術者が知ることは重要である。この特質がソフトウェア生産に適合した研究開発体制構築の重要な点となる。

　第3に，ソフトウェア生産では同一地での協業の集中度が低いことである。すなわちソフトウェア生産では技術者を1か所に集中させて協業させる必要性が低い。自動車生産では，アメリカとインドのように遠く離れていたら自動車を組み立てることはできないが，ソフトウェア生産の場合，空間的に遠く離れていても技術者同士の意思疎通が良ければソフトウェアを生産することができる。またソフトウェア生産ではプロセス順序の拘束を受けない。自動車生産であれば，自動車を組み立てる前に自動車を構成する各部品を製作しておかなければならないし，各部品を製作するにはそれらを製作するための鋼材等の資材を準備しておく必要がある。この順序を変えることはできない。エンジンを車体に組み付けた後でエンジン本体の材料を鋳鉄から別の金属に変更することはできない。しかしソフトウェア生産では，一部のモジュール・プログラムをソフトウェアの完成後に入れ替えることは容易である。このようにソフトウェア生産の自由度は高いので，ソフトウェア技術者の編成や配置転換が容易に行えるような人材管理を実行できる企業が優位に立てることが容易に推測できよう。

　第4に，ソフトウェア生産においては検査作業と保守作業が重要で，それ

49

を担う人材には高い能力を持った者が求められるという点である。ソフトウェアの生産工程は，①要件分析，②システム設計，③プログラム設計，④コーディング（プログラム作成），⑤検査，⑥インストール，⑦保守（再設計，修理）に分けられるが，これらのうち⑥のインストールを除いて他の工程では，それぞれの工程担当者は，生産しているソフトウェアの構造（アーキテクチャー）を理解し，そのアーキテクチャーに沿った創意工夫が，それぞれの工程で求められる。[10]

　ハードウェア生産の場合，検査や保守は設計通りに製品が製造され動作しているかを調べる作業で，用意された対照資料と照合して作業を進めることができ，システム全体を理解する必要はない。しかしソフトウェアの場合，検査や保守はシステム全体を理解していないと，その作業を遂行することは難しい。すなわちソフトウェアは人間が自由に考え出したロジック（アルゴリズム）であり，一部に誤り（バグ）があると機能しない。小さなソフトウェアであっても大きなソフトウェアであっても，ひとつでも致命的なバグがあると所期の機能を果たせないことになる。そのため，ソフトウェア生産ではバグの検出が極めて重要な作業であり，ソフトウェアが大きくなればなるほど，その作業は難しくなる。バグを検出するにはソフトウェア全体を理解しておく必要があるので，ソフトウェアを検査する者には高い能力が求められる。

　またハードウェア生産では保守は開発工程や製造工程から分離していて，たとえ保守工程で何らかの欠陥を発見しても製品全体を組み替えるとか製造工程を組み替えるというようなことは極めて少ない。しかしソフトウェア生産の場合，保守工程で欠陥（バグ）が見つかると，ソフトウェア全体を見直すことがしばしば行われる。それはソフトウェアが一連のアルゴリズム（論理式）で構成されており，その一部に問題があると全体に影響を与えるためである。デジタル交換機のソフトウェアの場合，通信事業者に引き渡した後も定期的な保守が必要で，デジタル交換機のライフサイクル・コストの70％近くを保守の経費が占めている。[11]従って，保守工程を担う技術者も開発に参加させるか，開発者が保守も担当するような生産組織が必要になる。この特質から，ソフトウェアを生産する企業では，検査や保守を行う部門が生産体制で重要な地位を占めることになる。

第2章 通信技術の変化―アナログからデジタルへ―

　最後に注目すべきことは，分業が困難と見られていたソフトウェア生産に，分業体制が徐々に確実に導入されてきたことである。上述のような産業技術的特質を有するソフトウェア生産において，「科学的管理」の試みが「ソフトウェアの危機」が叫ばれた1960年代後半から本格的に始まった。この時期はコンピュータの性能が向上して，複雑で長いプログラムを駆動できるようになり，プログラマーの需要が急速に伸びた時期でもあった。それまではソフトウェア生産は個人的，職人的作業と看做され，保守性や安全性は特別に配慮されていなかった。ソフトウェア工学という学問領域が作られ，1970年代初期にソフトウェア工学が普及し，ソフトウェア生産の分業化が一気に進められた。ソフトウェア生産現場からは「職人」が消え，プロジェクト・チームが現れた。プログラミング言語は高級化され，ソフトウェア生産の大衆化が本格的に始まった。しかし1990年代になっても，標準化による効率的生産を目指した「科学的管理」は，十分には達成できなかった。その要因として，第1に製品や生産工程の標準化が進んでいなかったこと，第2にプロジェクトの内容と作業の流れが多岐にわたっていて，仕事が複雑で作業の単純化，自動化が難しかったこと，第3に技術進歩が急速でその変化に対応できなかったことが挙げられる。

　このような産業技術的特質を備えたソフトウェア生産が，1990年代にデジタル交換機の自主開発を切っ掛けにして，通信機器市場に本格的に参入したファーウェイの経営の大きなテーマとして存在していたのである。

〈注〉

1）White［1993］.
2）松田［1991］91頁参照。
3）1877年，アメリカのコネチカット州ニューヘブンに，手動式交換機を置いて交換サービスを最初に行った電話局が誕生している。
4）日本電信電話公社技術局［1976］は，クロスバ交換機の重要な部品であるワイヤスプリング継電器に高感度，多接点，無調整，長寿命，低原価等の機能を達成させるために，ばね材，接点材，磁性材，巻線材等の材料の開発，プレス加工を中心とした加工技術の向上，専用機械の開発等が必要であり，工作機械精度が及ばない範囲では熟練

51

技術者による「調整」が必要であったと述べている。

5) このような大きな変化を生み出した基本技術はタイムスロット入替技術である。アナログである音声信号をデジタル信号に変換し，複数の回線からのデジタル信号を所定時間（数マイクロ秒）毎にフレームと呼ばれる単位信号に区分けして，各フレームを通話メモリに一時的に記憶して，結合すべき回線に従って制御メモリを通じて読み出し，フレームを並べ変えてそれらを送信することによって回線交換が実行される。

6) 光ファイバーは，銅線（1830年～），マイクロ波無線（1947年～），同軸ケーブル（1953年～）と発展してきた伝送媒体の最終段階に位置するもので，電話の発明から100年近く伝送媒体として用いられてきた銅線を代替する画期的なものであり，1980年に米国で最初に導入され，それから日本で1981年，ドイツで1985年，英国で1987年に導入された（城水［2004］203-204頁参照）。

7) 携帯電話端末機は1987年に広州市に最初に導入されてから90年代に徐々に普及し，2000年以降その普及率は急激に上昇した。携帯電話端末機については，国産化率を規定した1997年の「五号指令」以降，地場企業の新規参入が増え，2000年以降地場企業が市場シェアーの上位に位置するようになった。しかし携帯電話端末機の基幹部品であるベースバンドIC等は先進国企業に依存している状態であった。携帯電話端末機の場合，標準化された通信プロトコルが決定的に重要であり，独自の標準化された通信プロトコルを持たない限り先進諸国に対抗して産業を自立させることは難しい。光ファイバーは，製造プロセスにかかわる多数のノウハウがあって先進国企業へのキャッチ・アップは果たせなかった，2000年以降に地場企業が光ファイバーを本格的に製造できるようになったが，光ファイバーの基本技術である母材については，2010年においても国産化は達成できていなかった。

8) 筆者の知り合いのソフトウェア技術者は，「小説を書くというよりは，アニメーション映画を製作する方に近い」と指摘した。総監督，作画監督，コマ作成者等で構成されたアニメーション映画の製作体制は，実際のソフトウェア生産体制に近似していることを，その理由に挙げた。また別のソフトウェア技術者は，建築構造物を作り上げることと似ていると述べた。各部分を全体に統合する過程がソフトウェア生産と似ていると説明した。筆者もこれらの見方に頷けるところがあるが，ここでは，時間や空間の物理的拘束を受けない創作行為を強調するために，「小説を書く」例えを用いた。初期のソフトウェア生産は，1人の職人芸的なプログラマーによって創作されていたという事実を，ソフトウェア生産の原点に置くならば，「小説を書く」例えは，それほど懸け離れたものではないと考える。

9) 戸塚・中村・梅澤［1990］204頁参照。

10) 要件分析では課題を解決するために，システムに要求される仕様（要求仕様）が作成される。この作業は専門的なソフトウェア技術者よりも業務知識がある人が優先される。システム設計ではシステムの概要を設計する作業が行われ，使用者（人間）に何をさせ，コンピュータ（機械）に何をさせるかが明確に定義される。その後定義された機能をプログラムが実行できるレベルまで分解する詳細設計が行われる。次にシス

第2章 通信技術の変化―アナログからデジタルへ―

テム設計に基づいてプログラムの設計が行われ，プログラムを機能毎にモジュール化すると共にそれらを階層化する作業が行われる。このようにして作成されたプログラム設計に従って，モジュール毎にアルゴリズムが設計されて，コーディングが行われる。最後に出来上がったプログラムのテストが行われる。テストはモジュール毎とモジュールを結合した状態で行われ，誤りがあればその誤りを取り除くための作業が行われる。

11）クスマノ［1993］99頁参照。

12）同上書，9頁参照。

第3章
ファーウェイの発展史
―輸入代理店から多国籍企業へ―

　通信機器産業は1980年代以降，第1，2章の説明から分かるように，産業構造を大きく変えるような技術革新の衝撃を何度も受けてきた。少しでも技術革新の速度に遅れると企業の生存が脅かされる事態に至るほど厳しい経営環境が続いてきた。その中で，ファーウェイは技術重視型経営を堅持し，厳しい経営環境の中で目覚ましい発展を成し遂げた。ファーウェイの技術重視型経営を体現した象徴的な社内体制が製・販融合型研究開発体制であった。製・販融合型研究開発体制はソフトウェア生産の基盤であった。本章では，製・販融合型研究開発体制が，どのような経緯で確立され運用されるようになったかを，創業期から現在に至るファーウェイの発展史を辿りながら検討する。

　ファーウェイの発展史を主要製品の販売開始時期に基づいて区分すると，図表3-1に示すように，創業期，確立期，飛躍期，拡張期の4つの時期に区分することができる。[1]創業期は主要製品の構内用交換機の販売で得た資金で確立期の主要製品の局用デジタル交換機を開発し，確立期は局用デジタル交換機の販売で得た資金で飛躍期の主要製品であるルーターを開発し，飛躍期ではルーター等のインターネット機器の販売で得た資金で拡張期の主要製品になる携帯電話，スマート・フォンを開発している構図が描ける。

　主要製品に基づいてファーウェイの発展史を区分したのは，理解を容易にするためだけでなく，ファーウェイの技術経営の合理性を表していると考えたからである。構内用交換機から，局用デジタル交換機，ルーター，スマート・

図表3-1　ファーウェイの発展史

	創業期 (1987〜1993年)	確立期 (1994〜1997年)	飛躍期 (1998〜2003年)	拡張期 (2004年〜現在)
主要製品	構内用交換機	局用デジタル 交換機	ルーター	携帯端末機
研究開発	デジタル交換	データ通信	移動通信	IoT
市場	中国農村部	中国都市部	海外	消費者市場
管理機構	創業者管理	集権的職能制	経営管理委員会制	株主代表委員会
統合活動	自然保有	基本法の制定	IPD体制の確立	従業員持株制

出所：各種資料に基づいて著者作成。

フォンへと順に並べると，着実に技術を蓄積しながら製品開発を進めている
大きな流れがつかめよう。ファーウェイは，技術導入ではなく「自主技術形
成」を技術形成の基本政策にしたので，研究開発の対象（次期の主要製品），
経営管理機構，企業統合活動等の企業活動も，この時期区分に沿って変化し
てきた。[2]

3-1 創業期

1．輸入代理店からの出発

創業期はファーウェイが貿易商から製造販売企業（メーカー）に成長する
ための資金と技術を蓄積する苦闘の期間であった。しかし創業期は，その後
のファーウェイの成長の核となる「研究開発と市場を結合」した組織の芽が
生成された時期でもあった。1987年任正非を中心に6人の共同出資者で資
本金2万1,000元（約31万円），従業員14名の民間企業として深圳市で「華
為技術有限公司」の名で設立された。[3] 社名に「技術」が入っているが，当初
は脂肪低減薬や墓石等の雑多な商品を販売していた。[4]

ファーウェイが通信機器を取り扱うようになった切っ掛けは，1988年遼
寧省のある農村の電信局の局長の紹介で，香港の交換機メーカー康力公司の
輸入代理店になってからで，ファーウェイは康力公司から構内用交換機（HAX）

56

を輸入して農村部で販売する事業を展開した。[5] しかし1989年には，代理店からメーカーへの転換を決断する。その理由として①注文がたくさんあっても商品がない状態にしばしば直面したこと，②自ら製造販売した方が，利益率が高いことが挙げられる。[6] 以上のことは，創業メンバーの一員であったC氏の証言1においても裏付けられている。[7]

> C氏の証言1：「社長（任正非）はもともと南油という国営企業の子会社の社長をしていた。その時詐欺に巻き込まれ，百数万元の会社の財産を騙し取られた。国営企業の担当者として処分を受けざるを得ないが，党内でも処分を受けたことに対してかなり不満を持っていた。社長は退役したばかりの軍人でビジネス界にあまり詳しくなかったので騙されたと思う。
>
> 　社長の義理の弟が対外経済貿易委員会の審査許可課の課長であった。その弟から，交換機のような通信機器を輸入して販売することが法律上認められていること，参入するには国家からの通信網参入許可書が必要であることを知った。その許可書をなんとか入手することができた。通信網参入許可書は当時としては大変重要であった。
>
> 　最初は通信機器の輸入から始めたが，自分のものを持たず，単に輸入するなら，やはり無理と思って，自分たちも製造に参入し始めた。一言で言うと，ファーウェイの成長はゼロからの出発であった。」

C氏の証言1からも分かるように，ファーウェイは通信機器製造業を目指して創業したのではなく，十分な資金もない状態で販売業を始めて，偶然に紹介された構内用交換機の輸入販売を切っ掛けにして，この産業に参入したことが理解できる。

2．製造・販売企業への転換

創業から2年経過した1989年ころから，構内用交換機を自ら製造し始めた。製造開始当初は，すべての部品を他社から入手していたが，徐々に簡単な部品から自ら製造するようになり，さらに2年経過したころには，構内用交換機の主要部品を自ら製造できるまでになっていた。そして1993年に局用デジタル交換機の自主開発に挑戦して成功した。この局用デジタル交換機の自主開発が，ファーウェイの通信機器製造・販売企業，すなわち通信機器メーカーとしての原点ということができる。当時ファーウェイのような弱小の通

信機器メーカーが200社余り存在したが，ファーウェイのように局用デジタル交換機を自主開発した地場企業は，第6章第1節で詳しく説明するように5社だけであった。[8] ファーウェイは局用デジタル交換機の自主開発によって，通信事業者を対象とした大規模通信機器市場への参入の切符を得たのである。

この時期，農村部に派遣された人員の多くは技術者であった。[9] 研究開発に携わった後，農村部に単独で派遣され，そこで機器購入機関（地方政府）の責任者からその部下に至るまで多くの関係人材との良好な関係を築いて，機器の販売を行った。[10] 創業期に農村部に派遣され，苦しい経験をした者たちが，後のファーウェイの幹部になった。創業者の任正非は，このような創業期の経験を重視し，彼の多くの著作で「ファーウェイが立ち戻るべきところ」と位置づけている。

ファーウェイは製・販融合型研究開発体制を飛躍期に構築するが，このような研究開発体制の原生的な芽は，創業期の局用デジタル交換機の自主開発組織に生じていた。すなわち製・販融合型研究開発体制の構築は，創業時の小さな組織が有していた研究開発・製造・販売の3機能の一体性を成長させていった過程と見ることもできる。この一体性は研究開発部門が中心となって製造，販売部門を領導する形態で進められた。そのような形態になったのは，市場参入するには第1番に自主技術を形成する必要があったためである。

図表3-2は，創業期にファーウェイが自主開発し販売した自社製品の開発時期と，その開発に携わった主な開発者を示している。ファーウェイの大発進の切っ掛けとなった局用デジタル交換機の自主開発は1993年9月に成功し，販売は1994年から本格的に開始された。しかし，それまでに5種類の交換機を開発した。すなわち他社から部品を購入して単に組み立てるだけの第1段階の構内用交換機（BH01），次に部品の一部または主要部品を自主開発して自社製品を製造した第2段階の構内用交換機（BH03，HJD48，HJD04），次にローエンドからハイエンドへと飛躍した第3段階の局用交換機（JK1000，C&C08）である。それぞれの段階で創業者と従業員の真剣な選択と努力があった。その過程がファーウェイの「研究開発と市場の対話」の原生組織を生成した。この点を以下詳しく見ていく。

第1段階は，郵電部所属の通信機器メーカーが製造していた構内用交換機

第3章 ファーウェイの発展史─輸入代理店から多国籍企業へ─

図表3-2 創業期の研究開発

開発開始年	製品	主な開発者	部品調達	従業員数(人)
1989	BH01 構内用交換機		全部品を他社から調達	
1990	BH03 構内用交換機	莫軍	一部部品を自主開発	
1991	HJD48 構内用交換機	郭平, 鄭宝用	主要部品を自主開発	20～100
1991	HJD04 構内用交換機	鄭宝用	主要部品を自主開発	20～100
1992	JK1000 局用アナログ交換機	鄭宝用, 徐文偉, 王文勝	主要部品を自主開発	100～270
1993	C&C08 局用デジタル交換機	鄭宝用, 李一男, 李暁涛, 洪天峰, 費敏, 徐直軍	主要部品を自主開発	270～800

出所：張［2009］と程・劉［2004］に基づいて著者作成。

と同じものを，それらの企業から部品を購入して単に組み立てて，ファーウェイのラベル（BH01）を付けて販売するものであった。部品の購入や生産管理に余分の資金が必要であったが，必要な在庫を確保して販路を拡大できるという点で，販売だけの事業と比べると大規模な展開ができた。販売だけの事業から製造販売に進んだこの段階には，研究開発への投資はなく，単なる事業拡大の初期段階であった。

　第2段階は，一部の部品や主要部品を自主開発して自社製品を製造した。第1段階と比べて大きな飛躍が見られた。自主開発のために任正非は，華中科技大学や清華大学等に技術提携を働きかけると共に，人材の誘致を進めた。[11] 3番目の自社製品（小型モジュール空間分割式構内交換機HJD48）の開発をした郭平は，華中科技大学の1人の教授がファーウェイを訪問した時に連れてきた，卒業したての青年で，当時教師をしていたが，任正非に口説かれてファーウェイの研究開発技術者になった。[12] 郭平は単に研究開発技術者になっただけでなく，華中科技大学の優秀な人材をファーウェイに入れるための斡旋人の役割も果たした。[13]

　ファーウェイの研究開発部門の責任者になる鄭宝用は，当時清華大学のあ

59

る教授とファーウェイが締結した共同開発で派遣されてきた学生で，華中科技大学を卒業した後，そこで教師をして1989年に清華大学の博士課程に合格したが，ファーウェイで働いた後は，清華大学に戻らず博士学位を諦めて，ファーウェイの開発部門の責任者になった。[14]

　鄭宝用の加入によってファーウェイの技術水準は一気に高まった。1991年鄭宝用の指導の下，第4番目の自社製品HJD04が開発され，その売れ行きは良く，1992年の売上高は1億元（15億円）に達し，税引き利益は1,000万元（1億5,000万円）になった。この利益はファーウェイが翌年の局用交換機の開発を進める大きな資金となった。この功績により，ファーウェイの技術部門における鄭宝用の地位は不動のものとなり，1992年から始まった局用交換機開発の最高開発責任者となり，1995年に中央研究所を創設して研究開発体制を含めたファーウェイの技術形成全般を指導し，最終的にファーウェイの取締役会副会長になった。

　第3段階は構内用交換機から局用交換機への飛躍の時期であった。局用交換機は構内用交換機と比べて，利益率が高いが，求められる技術は複雑で開発の難易度は格段に高まった。そのため研究開発費は巨額になった。また販売ルートも構内用交換機の販売対象であったホテルや病院等から中央や地方の通信事業者に変わり新たな販売ルートの開拓が求められた。当時構内用交換機を製造できる地場通信機器メーカーは全国で100余り存在したが，局用交換機を製造できる企業は限られていた。しかし任正非は1992年，構内用交換機の販売で得た利益の大半を，局用交換機の研究開発に投資することを決断した。

　1992年従業員を100名から270名に増やし局用交換機の開発を始めた。1992年から1993年にかけてなされた局用交換機の自主開発は，それまでのローエンドの交換機開発と比べて多額の研究開発費用を要した。最新の基本技術を自ら開発していく必要があって，国の研究機関や通信系大学（郵電学院）から通信に経験のある者を高給で雇い入れて，局用交換機の開発に邁進した。研究開発費の増加で資金繰りが苦しくなり，20〜30％の高利の資金を借りたり，社内に従業員銀行を作って従業員に生活費以外をその銀行に貯金させたり，従業員持株制度で開発資金を工面した。[15]この時に設立された従業員持株

60

制度が，その後のファーウェイの経営を特徴づける重要な制度となった（第4章第2節参照）。

1993年初めに300人近い研究開発人材を動員して，最初の局用交換機JK1000（モジュール空間分割型交換機）の開発に成功するが，このようなアナログ式の交換機は旧世代であり，いずれ新世代のデジタル交換機が主流になると判断して，鄭宝用を総責任者にして局用デジタル交換機の開発に改めて集中し，その年の9月に局用デジタル交換機（C&C08）開発に成功し，1994年から局用デジタル交換機の本格的な販売が開始された[16]。この時の開発者は，総責任者の鄭宝用が29歳で，他は平均25歳の青年達であった。

ファーウェイは上述のように第2段階で鄭宝用や郭平，第3段階でさらに多くの優秀な研究開発人材を誘致した。ファーウェイが優秀な人材を獲得しかつ維持するために使った手段は，第1に当時としては破格の給料であった。破格の給料について，元幹部の劉［2009］は次のように述べている。

> 「私は上海交通大学の教師で，大学在職時の給料は月給400元余り（6,000円）であった。その大学に8年勤務していた修士でその額であったが，1993年2月にファーウェイに入ってその月末に1,500元（2万2,500円）貰い，この額に感激して「士は己を知る者のために死ぬ」と感じた。1,500元は上海交通大学学長の給料よりも高い額で，2か月後に給料は1,500元から2,600元（3万9,000円）に増え，その年の末には6,000元（9万円）になった。ちなみに当時のファーウェイの給料の規定では，大学卒の新人社員で1,000元（1万5,000円），修士で1,500元（2万2,500円），博士で2,000元（3万円）であった。」

劉［2009］から，ファーウェイは修士の新入社員に一流大学の学長の給料よりも高い給料を提示していたことが分かる。この事実から，それぐらいの高い給料を提示しないと研究開発人材を雇用できなかったとも言えるが，反対に弱小民間企業でも高い給料を出せば大学教員でも雇用できる可能性があったことを示しているとも言えよう。またファーウェイの給料の高さについて，C氏は次のように証言している。

C氏の証言2：「創業にかかわった者は皆，誰も通信の専門家ではなかった。ただファーウェイの素晴らしさは，人材を重視して活用することであった。それ

は単に従業員に留まらず，全国の通信関連の学校や研究機関の人材の活用もファーウェイの特色であった。ある卒業生を雇用すると，その卒業生と関係のある先生や研究者を人材として誘ってきた。全国のほぼすべての通信に関連する先生との人脈を持っていた。

　ファーウェイの人材戦略は本当にすごかった。まず卒業生を獲得し，それからその卒業生を通じて，学校内の状況を分析し，どの先生が実力を持っているかを知り，必要な先生と直接連絡して，賃金及び福利などの面からその先生を誘った。また関連する学校と協力関係を通じて，まずその研究開発を一部学校に依頼する。学校にとってもそれは財源になるから喜んで受けた。それを通じて，校内の先生や研究者の情報を手に入れた。

　ファーウェイが今日のような規模に成長できた要因は，研究開発への投資に帰結すべきだろう。ファーウェイは人材投資に力を入れた。それは深圳においてかなり有名だ。能力を持った人間なら，かなり高い給料が貰えた。

　部門毎に賃金は違うし，部門内部においても賃金がかなり離れている。それは国営企業では絶対考えられない。要するに，ファーウェイの人事，賃金制度はかなり柔軟性を持っていた。特に研究開発技術者はかなり重用されていたし，賃金も高かった。会社では，十数名の副総裁がいるが，国営企業では進級などはなかなか難しかった。ファーウェイの場合，才能が認められたら，すぐさま抜擢され，給料も一気にアップした。それは国営企業では考えられないことだった。」

　人材確保の第2の手段は，年齢や学歴に関係なく実力で昇格でき，能力が高ければ工員でも職員（技術者）になれる開放的内部昇進制に基づいた人事制度を採用していたことである。このような人事制度は当時の国有企業ではできなかった。学歴や年齢にとらわれることなく能力次第で自由に人材を起用していたことが，次の2つのエピソードからも分かる。

　1つ目は，学歴のない工員の開発責任者への抜擢である。工員の1人が任正非に当時の開発方針の根幹にかかわる提案，すなわちアナログ交換機からデジタル交換機に開発目標を変更することを提案し，任正非はその提案を受け入れ，そしてその工員を開発部のチーフ技術者にしてデジタル交換機部の責任者に任じた。この件について，劉［2009］は次のように述べている。

　「ファーウェイが局用交換機の開発を開始したころ，大きな誤りを犯した。モジュール交換機JK1000の開発である。当時デジタル交換機の技術は既に確立

第3章 ファーウェイの発展史―輸入代理店から多国籍企業へ―

されていた。モジュール交換機は淘汰されるところにあった。当時のファーウェイの技術能力によって，モジュール交換機の開発が決定されたのであろう。もしこの方向で進んでいたら，ファーウェイはまもなく淘汰されていたであろう。幸いに曹貽安という人物がいて，任正非に何度もデジタル交換機の開発に集中すべきであることを進言した。彼は生産ラインの工員であったが，任正非もその意見を受け入れて，モジュール交換機の開発が進行している時に，デジタル交換機の開発を開始した。曹貽安は工員から開発部のチーフ技術者になり，デジタル交換機部の責任者になった。これはファーウェイの人材の使い方の一例である。しかし曹の技術能力に限界があったので，私がファーウェイに来て数か月後に曹の地位は毛生江に変わった。」

このエピソードから，第1に任正非が研究開発に関する最終決定をしていたこと，第2に工員であっても社長に直接提案できる雰囲気があったこと，第3に工員であっても開発技術者に抜擢される可能性があったことが分かる。

もう1つのエピソードは李一男の起用である。李一男は15歳で華中科技大学少年班に入学し，1992年に実習生としてファーウェイで働き，1993年にファーウェイに正式に入社して2週間後に高位階層技術者となり，大型局用デジタル交換機開発の責任者に抜擢された。その時の李一男の年齢は22歳で，李一男より年配で経験もある開発者を管理させていた。曹貽安や李一男のような人材起用は国有企業等の既存組織ではできなかったことである。

第3は裁量労働制を採用していたことである。大学の先生や研究者のような研究開発人材を管理する場合，裁量労働制を採用した方が高い成果が得られることはよく知られている。ファーウェイも研究開発人材に対して，この制度を採用した。劉［2009］は，この点について，次のように述べている。

「私はあの頃のファーウェイの開発の雰囲気が大変好きだ。大学での開発の習慣と同じで，開発者たちは出退勤時にタイム・カードを押す必要はない。任務が完成すればよい。私たちは夜遅くまで仕事をして，午前11，12時に起きる。昼食を食べたあと仕事をする。皆の目標は明確で，交換機を早く開発することであった。皆は残業して，夜中の2，3時に帰宅することは常だった。残業を強制する者は誰もいなかった。残業はすべて自発的なものであった。任社長はよく開発者のところに来て，開発者と雑談した。時には開発者を連れて飲みに行った。任社長は非常に上手いアジテーターで，彼の話を聞く度に，私の血は熱くなった。

63

それが，私がファーウェイで仕事を続けることができた精神的エネルギーであった。物質的エネルギーは毎月毎に上がる給料であった。」

このエピソードから，経営者は技術者を勤務時間で縛ることはなく，自由に仕事をさせていたこと，技術者も自分の任務を自覚して自発的に仕事をしていたことが分かる。ソフトウェア生産のような創造的な仕事では，技術者の創造性が肝要であり，それには裁量労働制が適している。タイム・カード等の管理方式を採用してきた従来組織では，他の従業員との関係もあって，このような管理方式を採用することは難しかったであろう。この点においても，ファーウェイがソフトウェア生産に適合した人事制度を確立しやすかったと言えよう。

以上のように創業期において，局用デジタル交換機の自主開発を，創業者と従業員が一体となり自由闊達に行っていたことが理解できよう。このような状況では，製造，販売，開発の区別はなく，それらは渾然一体となっていた。研究開発人材と一般工員との区別も薄かったことは，曹貽安のエピソードから推測できよう。役割から見れば，任正非が販売を，鄭宝用，郭平，李一男らが研究開発と製造を担っていたと思われるが，彼らの間の人間関係は濃密であり一体性は強かったと考えられる。このような原生組織から，研究開発部門が中心となって製造部門と販売部門が統合され，初期研究開発体制が構築された点で，第6章第3節で検討する国有企業の巨龍や大唐の初期研究開発体制と比べて，継続的革新を実行できる組織能力を持つことができたと言えよう。

3-2 確立期

1．中央研究所の設立

確立期は創業期に自主開発した局用デジタル交換機の製造販売によって本格的な通信機器メーカーの体制を確立した時期である。研究開発，製造，販売が渾然一体となった家族的な雰囲気の中で開発された局用デジタル交換機は，ファーウェイにハイエンドの通信機器市場への参入を可能にし，ファー

ウェイは都市部で先進国企業（輸入品）や他の通信機器メーカーと熾烈な販売競争を展開して，市場シェアーを拡大していった。局用デジタル交換機の製造販売が，その後のファーウェイの成長の基礎を築いた。

この時期のファーウェイの販売戦略は低価格戦略であった。[17]すなわち①製品の性能等で競争相手と同じであれば，競争相手より少しでも低い価格をつけて自社製品を販売し，②ファーウェイに勝ち目がない時は，購入者にコスト割れになる価格を提示して，競争相手にそれより低い価格をつけさせるようにして競争相手の利益を減らす方法を頻繁に使って，自社の市場シェアーを高めていった。[18]低価格戦略によって，ファーウェイは売上高を1994年に8億元（120億円）に，1995年には14億元（210億円）と順調に伸ばした。低価格戦略は，現在に至るまでファーウェイの競争戦略の基本に据えられてきた。

後発国企業が先発国企業によって支配されてきた市場を穿っていくには，低価格戦略が最も有効な戦略の1つであることは，過去の多くの後発国企業の事例から容易に納得できよう。特に中国のように巨大な潜在的市場を有する後発国の企業であれば，大量販売による低コスト化がしやすいので，低価格戦略はより有効な方法と言えよう。ファーウェイも，この点では多くの後発国企業と変わらない。異なる点は，ハイテク製品である局用デジタル交換機を自主開発し，中核技術（ソフトウェア技術）を自主形成できる能力を身につけたことであった。それによって国際分業システム（スマイル・カーブを想起されたい）の高付加価値形成部分を担うことができるようになった。販売戦略は低価格戦略であっても，高い利益率を確保することができたと言えよう。

ファーウェイの基本戦略は低価格戦略であったが，研究開発は重視された。研究開発体制の面では，創業期に生成された研究開発・製造・販売が渾然一体となった原生組織を初期研究開発体制として確立した時期でもある。それは中央研究所の設立と「ファーウェイ基本法」（第5章第1節参照）の公表に見ることができる。中央研究所は1995年に局用デジタル交換機開発の総責任者であった鄭宝用が中心になって設立された。中央研究所がファーウェイの頭脳と目され，製造部門や販売部門にも大きな影響力を発揮した。局用

デジタル交換機開発に携わった開発者たちは，ファーウェイの中枢を占めていくが，中央研究所はその中心に位置して，後述する製・販融合型研究開発体制が確立されるまで，指導的な位置を維持した。初代所長（1995年）には創業時の研究開発をリードした鄭宝用が就任し，二代目所長（1996～1999年）には局用デジタル交換機開発に大きな貢献をした李一男が就任した。李一男は所長在任中ファーウェイの研究開発の方向を実質的に定めた。[19]ファーウェイ基本法は今までの企業活動を総括し，今後のファーウェイの成長方向を定めたものである。ファーウェイはこのファーウェイ基本法に沿って，製販統合下における研究開発体制の高度化を展開した。

　またこの時期にファーウェイが採用した買い手との関係強化の方法に，注目する必要がある。ファーウェイの競争相手である国有企業は，交換機の買い手である電信局を所管する郵電部に属していたので，電信局とはもともと結びつきが強い。これに対抗するため，交換機の購入者である地方の電信局とファーウェイとで，ファーウェイの商品を電信局に販売する企業を設立した。その販売企業の成長が，その地方電信局の利益にもなるような構造であった。1998年に設立された瀋陽華為，河北華為，山東華為，四川華為，北京華為，天津華為，成都華為，安徽華為，上海華為等の合資公司が，そのような販売企業である。これらの販売企業によって，ファーウェイは交換機の購入者である電信局と強い結びつきができ，当時大きな問題であった販売代金の回収が確実に行えるようになった。代金の支払いをする地方電信局は，支払い先の株主でもあるので，支払いが滞る恐れがなくなった。これらの合資企業は，通信事業の地方分権化の流れに乗じて設立できたもので，その後の通信事業改革によって維持できなくなり，2002年には消滅した。[20]

　確立期のファーウェイの経営で，さらに注目すべき点は，局用デジタル交換機の自主開発によって念願の都市部市場への参入を達成し，その後外資系企業，大規模国有企業と激しい市場競争を展開していた一方で，データ通信と移動体通信という新しい分野での研究開発を開始したことである。データ通信は，1990年代中葉から本格的に普及してきたインターネットに連なる技術分野であり，移動体通信は1980年代後半から急成長してきた携帯電話機やスマート・フォンに連なる技術分野であった。具体的には，1995年3

第3章 ファーウェイの発展史―輸入代理店から多国籍企業へ―

月に北京研究所を開設してデータ通信に関する研究開発を進め，1997年に上海研究所を開設して，移動体通信に関する研究開発を進めた。固定電話を対象とした局用デジタル交換機の製造販売と平行して，次代の新技術の研究開発を始めていたことで，ファーウェイが研究開発を重視していたことが理解できよう[21]。

２．若手技術者の経営参加

　次に，ファーウェイの経営主体がいかに形成されたかを詳しく見ていく。ファーウェイの経営主体の第一人者は，言うまでもなく創業者の任正非であるが，研究開発体制の構築で積極的な役割を果たしたのは，技術分野出身の青年達である。文化大革命という社会的混乱期を生き延びて社会経験は豊富だが通信技術の知識はゼロに近い創業者と，高い科学技術知識を備えた青年達によって構成された経営主体によって，ソフトウェア生産に適応した革新的研究開発体制の構築が領導された。

　ファーウェイの経営主体の中核を担っていた者は，創業期における局用デジタル交換機の自主開発に携わった者たちであった。このことは第1に，劉［2009］の以下の記載から分かる。

　　「ファーウェイの大部分の副総裁，鄭宝用，毛生江，聶国良，李一男，楊漢超，姜明武，鄭樹生，洪天峰，徐直軍，費敏，陳会栄，李暁涛，黄耀旭，劉平は，この製品（筆者注：局用デジタル交換機のこと）の開発者である。中央研究部の歴代の責任者は，すべてこの製品の開発者の鄭宝用，黎鍵，楊漢超，李一男，李暁涛，洪天峰，費敏である。各部門の管理者に至っては，枚挙にいとまがない。」

　第2に2011年に初めて公表されたファーウェイの取締役会役員の経歴からも，経営主体の性格が分かる。図表3-3は2010年のファーウェイの取締役会役員の経歴を示す。株式を一般公開していないので，ファーウェイの経営主体について公式に知ることは難しかった。しかし海外からの批判に応えるかたちで，2011年に初めて取締役会役員とその経歴を，「2010年度（中文）アニュアル・レポート」で公表した。それによれば取締役会は，取締役会会長1名，取締役会副会長4名，常務取締役4名，取締役4名の計13名で構成されていることが明らかになった。「2010年度（中文）アニュアル・レポー

67

ト」に基づいて，役員それぞれの経歴を出身大学，研究開発，製造・販売に関連する事項に分けて図表3-3に示す。

　図表3-3から，ファーウェイの経営主体における局用デジタル交換機の元開発者の重要性が分かる。すなわち4名の取締役会副会長で任正非を除いた，郭平，徐直軍，胡厚昆は局用デジタル交換機の元開発者である。彼らが1993年から17年以上経ても，経営幹部として存在し続けていることから考えて，局用デジタル交換機開発が成功した直後の1990年代中葉から2000年代にわたっての経営主体における，局用デジタル交換機の元開発者の影響力の強さが推察できよう。[22]また出身大学から見て，開発プロジェクト・マネージャを歴任していない孟晩舟と陳黎芳を除いて，他の者は理工系出身者と思われる。このことから局用デジタル交換機の元開発者らがファーウェイを離れて，新世代が経営主体を構成するようになってきていても，技術分野出身者がファーウェイの経営に強い影響力を持っていることが理解できよう。

　以上見てきたように，1993年に局用デジタル交換機開発に成功して，本格的な販売活動が開始された時，開発に携わった者たちは製造部門や販売部門に配属され，各部門の中心となり，その後のファーウェイの経営主体を構成するようになった。彼らは局用デジタル交換機の開発過程で「市場で買って貰えなければ，会社の存立はなく，自分達の給料も出ない」ことを，身を以て経験した者たちで，「研究開発と市場の対話」の重要性を深く理解している者たちである。このような者たちによって，その後のファーウェイの企業活動は展開され，市場の動向に迅速に対応できる製・販融合型研究開発体制へと進化させる原動力となったと考えられる。

　またこの時期，ファーウェイはジョブ・ローテション制を設けた。管理者を長期間特定の役職に留めて置くのではなく，2年置きに変えていく制度で，経営主体の1人である李一男の発案で作られた。[23]第4章第2節で詳しく説明するように，この制度では2種類のジョブ・ローテションがあって，1つは職能を変えるもので，例えば研究開発人材には中央研究所，中央試験部（検査部），製造・販売，サービスを歴任させて各職能部門を経験させるコースと，もう1つは職位を変えるもので，例えば中高位階層の幹部に下位階層の職務を担当させるコースである。ジョブ・ローテション制については，図表3-3

第3章 ファーウェイの発展史―輸入代理店から多国籍企業へ―

図表3-3　ファーウェイの取締役会役員の経歴

位階	氏名	出身大学	研究開発	製造	販売
取締役会会長	孫亜芳	成都電訊工程学院		購買部総裁	市場部エンジニア・市場部総裁
取締役会副会長	郭平	華中理工大学	開発プロジェクト・マネージャ	サプライ・チェーン総経理・フローIT管理部総裁	
	徐直軍	南京理工大学	開発プロジェクト・マネージャ	無線製品ライン総裁	戦略マーケティング総裁
	胡厚昆	華中理工大学	開発プロジェクト・マネージャ		中国市場部総裁・ラテンアメリカ地区部総裁・グローバル販売部総裁・販売サービス総裁・戦略マーケティング総裁
	任正非	重慶建築工程学院	本報告書には記載されていないが，創業者であるので3部門の管理は経験している。		
常務取締役	徐文偉	東南大学	開発プロジェクト・マネージャ		国際製品マーケティング総裁・欧州地区総裁・戦略マーケティング総裁・販売サービス総裁
	李烈	西安交通大学	開発プロジェクト・マネージャ		地区部総裁・グローバル技術サービス部総裁
	丁耘	東南大学	開発プロジェクト・マネージャ	製品ライン総裁	グローバル販売部総裁・グローバルマーケティング総裁
	孟晩舟	華中理工大学			販売資金管理部総裁
取締役	陳黎芳	西北大学			国際マーケティング副総裁・国内マーケティング管理室副主任
	万颿	中国科学技術大学	開発プロジェクト・マネージャ	UMTS製品ライン総裁・無線製品ライン総裁	
	張平安	浙江大学	開発プロジェクト・マネージャ	製品ライン総裁	戦略マーケティング総裁・地区部副総裁・グローバル技術サービス部副総裁
	余承東	清華大学	開発プロジェクト・マネージャ	無線製品ライン総裁	欧州地区総裁・戦略マーケティング総裁

出所：「2010年度（中文）アニュアル・レポート」に基づいて著者作成。

に示した取締役会役員の経歴からも理解できよう。図表3-3から明らかなように，ファーウェイの経営主体を構成する多くの者は，理工科系大学の出身者であるが，研究開発部門だけではなく販売部門も経験している。理工科系出身者であっても，販売部門の経験がないと役員になれる可能性が低いことが推測できる。このようなジョブ・ローテション制が研究開発・製造・販売の３部門統合体制を発展させて製・販融合型研究開発体制を構築する下地になったと言えよう。

　次にファーウェイの経営主体の中核を担った代表的な局用デジタル交換機の元開発者を通して，研究開発体制の構築と経営主体との関係について検討する。将来の製・販融合型研究開発体制の始原と思われる「研究開発と市場との対話」の原生組織が創業期の経営主体に存在したことは既に述べた。創業期の経営の中心にいたのは，任正非，郭平，鄭宝用の３人と考えられる。

　郭平と鄭宝用は1987年の創業時のメンバーではないが，通信機器産業における技術形成の重要性から経営主体に取り込まれたものと考えられる。すなわちファーウェイは通信機器製造業を目指して設立されたのではなく，偶然に紹介された構内用交換機の輸入販売を切っ掛けにこの産業に参入した。このことからも分かるように，任正非及び他の創業者たちは，販売の知識はあっても通信技術の知識は皆無であった[24]。1987年に貿易代理業を始めてから１年足らずで構内用交換機の自社製造を開始して，技術形成の重要性を痛感した。それで高い科学技術知識を持った若い人材を雇用することに努力し，1991年に郭平と鄭宝用を雇い入れた。彼らはファーウェイが初めて雇い入れた研究開発人材であった。

　郭平は既述の通り，華中科技大学を卒業したばかりの青年で，そこで教師をしていたが任正非に口説かれて，ファーウェイの開発技術者になり，その後華中科技大学の優秀な人材をファーウェイに雇い入れるための斡旋人の役割を果たした。郭平は現在においても現役の経営幹部（取締役会副会長）である[25]。

　鄭宝用は清華大学の博士取得を諦めて，ファーウェイで勤務することを決断した。鄭宝用は局用デジタル交換機開発の資金源となった構内用交換機（HJD04）を開発し，ファーウェイが飛躍的に成長する礎を築き，その後も

研究開発の中心にいた。鄭宝用は病気療養のために，2000年頃にファーウェイから離れた。健康であれば郭平と同じように，ファーウェイの現在の経営幹部に残っていた人物である。

創業期の技術形成における彼らの存在は極めて重要であった。通信機器製造業でファーウェイを成長させることを選択した任正非にとって，技術形成は最重要課題であり，技術知識のない任正非にとって，郭平と鄭宝用の経営主体への取り込みは必然的なものであったと言えよう。この取り込みによって，販売の任正非と開発の郭平・鄭宝用の結合が誕生したと考えられる。

その取り込みがどのような方法で行われたかについて明確な資料がないが，①ファーウェイの持株制度が，彼らがファーウェイに入ってきた1990年前後に創設された点，②当時郭平や鄭宝用以上に重要な人物はファーウェイにはいなかった点から考えて，郭平と鄭宝用には株式を与えて経営主体への取り込みが行われたと考えるのが合理的であろう。任正非と郭平との関係は，郭平が任正非と同じように現在も経営幹部に残っている点から見て終始安定的な関係であったと思われる。また鄭宝用も内紛等の理由ではなく病気療養のためにファーウェイを離れた点や，ファーウェイを離れるまで経営の中心にいたことから考えて，任正非と鄭宝用との関係も安定的なものであったと考えられる。

郭平や鄭宝用の局用デジタル交換機開発に対する直接的な文章がないが，劉［2009］に鄭宝用の考えを知ることができる内容が記載されている。それは部下の開発者が，既に開発に成功した構内用交換機で十分ではないかと言ったことに対して，鄭宝用が答えたものである。この内容から，鄭宝用は開発だけでなく販売においても，責任を担っていたことが分かる。創業期においては，開発と販売は1人の人物に融合していたと言えよう。

「多くの開発者は，ファーウェイの販売地域は農村だから2,000回線で十分であり，万回線交換機の開発は不要であるという考えを持っていた。これに対して万回線交換機の開発の必要性について会議を開いて議論した。開発責任者の鄭宝用は「あなた達は開発に尽力しなさい，開発できれば私が10台売ることを保証する」と言って開発者を激励した。」

次に創業者の任正非を含めた局用デジタル交換機開発に携わった者たちの

「企業家精神」が注目される。「企業家」や「企業家精神」についてはシュンペーターの「新結合を遂行する者」を始めとして多くの定義が出されているが，一応ここでは①先見の明（経済合理性）を持って，②不確実性下での危険を負担して，③革新的行為で，④経済的成果を生み出そうとすることを「企業家精神」とするならば，局用デジタル交換機開発に携わった者たちに，「企業家精神」を見ることができる[26]。

　局用デジタル交換機開発の選択は，ファーウェイの経営史において最も重要な選択であった。開発に失敗したら，ファーウェイは間違いなく消滅するということを，想定しての不退転の決断であった。任正非は総裁として，鄭宝用は最高開発責任者として，彼らの下で開発に携わった他の者も高い危険負担を承知しながら不退転の決意で，この自主開発活動に取り組んだ。そして彼らにそのような「企業家精神」があったので，革新的な新組織の導入を合理的に推進できたと考えられる。

　任正非は局用デジタル交換機開発について多くの文章を残しているが，その基本的な考えは1998年発行の社内報『華為人』71期に載った以下の内容に集約できよう。

　「深圳は2度バブル経済を経験した。1つは不動産，もう1つは株である。ファーウェイは2つのどちらにも巻き込まれなかった。いかなる汚いものにも染まっていない。我々は終始技術を磨いてきた。不動産や株が上がった時は我々にも機会があった。しかし我々は知っていた，未来の世界は知識の世界で，このようなバブルの世界ではない，だからそのようなものには動じなかった。」

　C氏は任正非の選択について，次のように証言している。

　C氏の証言3：「社長は最初から，これを自分の事業として力を入れてきた。社長の話によれば，自分の儲けた分はもう一生使い切れない。ただ自分の事業を持ちたいと言っていた。」

　以上のことから，任正非は製造業を正業と考え，不動産投資や株投資に対して否定的な考えを持って，この自主開発を意思決定したことが分かる[27]。そして「自分の事業を持ちたい」という夢が，任正非を高い危険負担の経営に駆り立てたことが分かる。

第3章 ファーウェイの発展史―輸入代理店から多国籍企業へ―

　郭平や鄭宝用，さらにその後にファーウェイに入って局用デジタル交換機開発に携わった研究開発人材は，将来が見えない弱小企業になぜ入ってきたのか。それについて，劉［2009］で当事者（劉平）の心境を次のように述べている。

　　「私は上海交通大学本科，修士を卒業し，指導教官と一緒に交通大学コンピュータ・ネットワーク研究所を開設した。我々は国内で最初にコンピュータ・ネットワークの研究をした者であった。当時国家重点プロジェクト「軍用データ・ネットワーク」の研究と上海市公共データ・ネットワークの建設に参加していた。私の未来は既に見ることができた。副教授，教授，コンピュータ・ネットワークの専門家，教員を退職した後はネットワーク研究所の所長である。交通大学で8年教師をしてきて，突然飽きが来た。鉄のお椀（親方日の丸）を棄て，破産しそうなファーウェイに入った。
　　『深圳特区報』でファーウェイの求人広告を見て直接ファーウェイに行った。鄭宝用が面接で「我々の会社は何の後ろ盾もない，一切すべて自分の奮闘による。ここでの仕事では，お世辞もコネも必要ない。あなたが頑張れば，会社はきっとあなたに報いる」と言った言葉が印象に残った。その後，私が面接を担当した時も，いつもこの言葉を応募者に言った。」

　劉［2009］から，ファーウェイに入ってきた優秀な青年達の考えの一端を知ることができる。青年達はお金以上に遣り甲斐のようなものを求めていたことが，自分の面接で聞いた鄭宝用の言葉を，その後自分が担当する面接では常に言ったということからも理解できよう。すなわち鄭宝用の言葉は，他の青年達にも通用するという考えがあったから，自分が担当する面接で繰り返し言ったのであろう。言い換えれば，鄭宝用の言葉はファーウェイに応募してきた優秀な人材に対して，それなりの普遍性があったということであろう。「お金以上に遣り甲斐のようなものを求める」精神は「企業家精神」に通底するものである。

　当時従業員への給料は十分に支払われておらず，ファーウェイを辞めていく開発者も多数いた。その出来事について，劉［2009］は次のように述べている。

　　「最大の問題は人心の不穏である。給料は低くなかったが，手にするのは半分で，

73

残りの半分は何時入るか分からなかった。今月の給料は出たが，来月の給料はどうなるか分からなかった。多くの従業員の話題は，会社が破産して，もう半分の帳簿上の給料が貰えないのではないかであった。会社が年末のボーナスを出した時，多くの人が辞めていった。その人たちが財務部門の入り口に列をつくって，帳簿上に記載されていた給料を受け取った。資金は尽きていたが，ファーウェイは辞めていく人の給料は支払った。辞めていく人の何人かに尋ねた。答えは，手にしたお金は想像していたより多かったのである。このことが人心を落ち着かせるのに大きな効果があった。」

資金不足のために実際に支払われた給料は半分で，残りの半分は帳簿に記されるだけという状況に耐えられない従業員が辞めていった。その辞めていく人間に「残りの半分は支払われたか」を確認して，予想以上に支払われたことを聞いて，辞めなかった人間が安心する。創業者は資金が尽きる瀬戸際で，残った人間を安心させるために帳簿以上の給料を支払った。このエピソードから，創業者も従業員もそれぞれ高い危険を負担した厳しい選択をしていたことが分かる。このような状況で，ファーウェイに残った開発者たちの精神は，「企業家精神」に通底しているように見える。

以上研究開発人材が経営に参加する過程を通して，ファーウェイの経営主体の性格を検討してきた。創業当初の研究開発人材は，創業期の苦しい時期を創業者と共に乗り越え，ハイテク企業に必要な長期的な技術的専門的知見を経営主体として提供した。このような技術的専門的知見の提供は，経営者と従業員の関係では，利害関係が対立して大きくは期待できないが，経営主体ともなれば，企業の長期的成長を目指した自発的創造性が期待できよう。実際に鄭宝用の活躍を見れば，その期待に十分に応えていることが理解できる。さらに「企業家精神」に富んだ研究開発人材が，経営に加わったことによって，研究開発人材に対する管理方式が定まったと考えられる。すなわち若手の研究開発人材の意識を最もよく知る同年代の研究開発人材が，経営層に加わったことによって，若手技術者に対して，①成果還元型給料制度，②従業員持株制度，③裁量労働制，④開放的内部昇進制のような刺激的な人事制度を提示して，彼らの自発的な創造性を引き出すことに成功したと考えられる。[28)]

第3章 ファーウェイの発展史—輸入代理店から多国籍企業へ—

▌3-3 飛躍期

1．製品多角化—ルーター市場へ—

　飛躍期は製品多角化と国際市場への進出を本格的に開始した時期であった。製品多角化はいわゆる関連多角化で，従来のデジタル交換機にルーターが加えられた。ルーターは現在のファーウェイの発展を支える中核製品である。第1章で述べたように，パケット交換方式が通信方式の主流になってくるトレンドで，パケット交換方式の代表であるルーターをこの時期に製品化したことは，ファーウェイの経営層に「先見の明」があったと言えよう。ファーウェイが通信機器メーカーとして確立することができたのは，回線交換方式を支えるデジタル交換機であった。ルーターはそのデジタル交換機を否定する製品である。クリステンセンの「イノベーションのジレンマ」仮説に従えば，一企業内で「デジタル交換機」から「ルーター」への転換は容易なことではない。実際に伝統的通信機器メーカーのルーセントはルーターへの転換が遅れて衰退した。しかしファーウェイは念願の局用デジタル交換機の自主開発に成功し，交換機市場での厳しい競争を展開している中で，データ通信の研究拠点を北京に設立した。このようなことができたのは，ファーウェイが後発者（追随者）で，将来の技術動向が見えやすかったことと，企業としての歴史が浅かったため，方向転換のエネルギーが少なくて済んだことがその要因として挙げられる。さらに生産技術としては，デジタル交換機の登場から電話通信システムにおいても，ソフトウェアが主要技術になっていたことが，ソフトウェア技術者をルーターの生産に異動させることが難しくなかったことも要因として挙げられる。

　図表3-4は「2004年度（中文）アニュアル・レポート」に記載されているファーウェイの取扱商品とサービスの一覧である。1998～2003年の飛躍期の企業活動の成果と言えよう。各事業部門の売上比率は公表されていないので不明であるが，後述の図表3-9に示す2013～2015年度（拡張期）の事業部門別売上高から見ても，主力は「通信事業者向けネットワーク設備」事業で，「サービス」や「携帯端末機」事業の売上高は大きくなかったであろう。

　しかし確立期においては，交換機だけが主要製品であったことに比べると，

75

図表3-4　ファーウェイの製品・サービス群（2004年）

ネットワーク設備				付加価値 サービス	携帯端末機
移動体 通信網	固定線 通信網	光 通信網	データ 通信網		
UMTS cdma2000 TD-SCDMA GSM/GPRS EDGE WiMax	NGN xDSL 交換機 加入者線機器 遠隔会議機器	LH/ULH DWDM Metro WDM OCS NG-SDH NG-SONET FSO	ルーター LANスイッチ IP電話	ネットワーク の展開と統合 顧客サポート 管理サービス 技術サービス トレーニング	MTS用端末機 CDMA用端末機 データ端末機

出所：「2004年度（中文）アニュアル・レポート」に基づいて著者作成。

飛躍期において製品多角化が進んでいたことが分かる。特にデータ通信網に関して，1990年代中葉シスコが中国ルーター市場で80％のシェアー取っていたが，2002年にはファーウェイが12％のシェアーをとりシスコが69％に減少し，2004年にはファーウェイが31％でシスコが56％に減少していることから，飛躍期にファーウェイがルーター市場でも成長したことが分かる。[29]

シスコとの関係では，2003年1月に起こった知的財産侵害事件を検討しておく必要がある。これによって，当時のファーウェイとシスコの技術力や位置関係が見えるからである。シスコはファーウェイの急成長に脅威を感じ，2003年1月米国テキサス州で「ファーウェイがシスコの知的財産（著作権，特許権）を侵害している」として訴訟を提起した。[30]訴状の内容は，ファーウェイが，①シスコのルーターのIOSソフトウェア（ソース・コード）を違法に複製して不正流用したこと，②シスコの技術文書をファーウェイのルーター（Quidway）のユーザ・マニュアルに違法に使用したこと，③シスコのルーターのコマンド・ライン・インタフェース（CLI）とヘルプ画面を違法にコピーしたこと，④シスコの特許を侵害したことを主な争点にして，製造販売の停止と損害賠償を求めた。違法性の実証では，ファーウェイのソースコードにシスコのソースコードと同一の誤り（バグ）があったことを指摘して，このような現象（同一バグ）は盗用しない限り起こらないとシスコは主張した。この争いは，ファーウェイが訴えられた製品の製造販売中止とソースコードの書き直しを条件に，1年後に和解が成立して解決した。

第3章 ファーウェイの発展史―輸入代理店から多国籍企業へ―

　この争いから次の点が指摘できる。第1に，ファーウェイの開発手法は，リバース・エンジニアリングが大きなウエイトを占めていたことが明らかになった。ソースコードにおける同一バグの存在は，そのことを示している。リバース・エンジニアリングは先行者の技術を理解するもので，製品開発の手法として有益で多くの製造企業が用いており，それ自体は違法ではない。しかし先行者の技術は特許権や著作権等で保護されている可能性が高く，そのまま使用することは違法と訴えられる可能性があって，事業上危険である。リバース・エンジニアリングで肝心なことは，先行者の技術を超える技術を開発することであるが，ファーウェイは安易に先行者の技術を使った。2003年段階では，ファーウェイはまだ「追随者の域」を脱し切れていなかったと言える。

　第2に，シスコがファーウェイの成長に強い脅威を感じていたことが明らかになった。それは，シスコがこの訴訟で勝っても得るものはそれほど大きくなく，ファーウェイがこの訴訟で負けても失うものはそれほど大きくないからである。すなわち訴訟が提起されたところはアメリカであるが，2003年当時ファーウェイはアメリカに本格的に進出できていなかった。侵害が実証できたとしても，ファーウェイがシスコに与えた損害額は大きなものではなかった。この点はシスコも理解していたと考えられるが，それでも訴訟を提起した目的は，将来に対する牽制であったと考えられる。データ通信分野でファーウェイが大きく成長してくる前に叩いておく必要をシスコが感じたのであろう。ファーウェイの急成長はシスコにそのような脅威を与えるものであった。

　図表3-4で最も注目すべき点は携帯端末機が含まれていることである。2003年7月にファーウェイは「手機業務部（携帯端末機事業部）」を設立し，翌年の2004年に初めて展示会に３G端末機を展示し，本格的に携帯端末機市場への進出を開始した。創業期から飛躍期まで，ファーウェイの取引相手は通信事業者であったが，2003年の携帯端末機事業部の立ち上げから，一般消費者が取引対象に加わることになった。創業期からの「BtoB」に新たに「BtoC」が加わったのである。これによる変化が後述の拡張期の企業活動の特徴となる。携帯端末機については，ファーウェイは1998年から製造

77

図表3-5　移動体通信の発展段階

世代	開始時期	通信方式	通信速度／サービス
第1	1980年代〜	アナログ	音声のみ
第2	1993年〜	GSM（欧州） cdmaOne（米国） PDC（日本）	数キロ・バイト／秒 メール／インターネット
第3	2001年〜	W-CDMA（日本＋欧州） cdma2000（米国） TD-CDMA（中国）	384キロ〜100メガ・バイト／秒 音楽／ゲーム／映像
第4	2015年〜	LTE-Advanced（共同プロジェクト）	1ギガ・バイト／秒 動画

出所：著者作成。

していた。ただし，一般消費者にではなく通信設備を納入した通信事業者に試験用に提供していたのが実態であった。[32] 携帯端末機に関しては，飛躍期に入ってもあまり熱心ではなかった。その理由として，第1に移動体通信の技術進歩が急速で，通信設備だけでなく端末機まで事業を拡張することが難しかったことが挙げられよう。移動体通信は通信方式に基づいて，図表3-5に示すような世代分けをすることができる。各世代の通信速度（バイト／秒，ただし第1世代はアナログ通信のためバイト／秒表示はできない）を比較すれば，各世代間での技術進歩がいかに急速であったかが分かる。通信方式の標準化競争で優位に立つために，各国・地域間で激しい研究開発競争が展開された。中国も第3世代で優位に立つために，2000年代「TD-CDMA」という独自の通信方式を提案し，政府を中心にして研究開発が進められた。このように移動体通信の技術革新が急速に進む環境下で，通信設備メーカーのファーウェイが端末機まで事業を拡張することは難しかったのであろう。

　第2に，ファーウェイの顧客である通信事業者の再編が，2000年代以降「移動体通信発展政策」の観点から頻繁に実施されたことが挙げられる。頻繁に実施された再編のため，ファーウェイが移動体通信に関する取引先の動向を十分に把握できず，ファーウェイの経営者が端末機事業に十分な投資をすることを躊躇したように思われる。中国政府は移動体通信を広く普及させるために，移動体通信事業体の再編を次のような順序で行った。

第1段階（2000年）：

　1995年より移動体通信を独占的に行っていた中国電信（China Telecom）を，固定通信事業だけを行う（新）中国電信（China Telecom）と移動体通信事業だけを行う中国移動通信（China Mobile）の2社に分割し，さらに中国聯合通信（China Unicom）に移動体通信事業を認めた。

第2段階（2002年）：

　固定電話事業だけを行う（新）中国電信（China Telecom）を，さらに南北2社に分割して，（新・新）中国電信（China Telecom）と中国網絡通信（China Netcom）を設立。これら2社には移動体通信の1種であるPHS（中国では「小霊通」と呼ばれる）を使用した事業だけが認められた[33]。

　この再編過程でファーウェイは苦い経験をしている。具体的には，（新・新）中国電信と中国網絡通信に移動体通信事業が認められ，第3世代の通信方式が採用される，とファーウェイは予想していた。そのため，第3世代の通信方式に研究開発資源を集中していた。しかし（新・新）中国電信と中国網絡通信に移動体通信事業は認められず，両社はPHSを採用することになった。この時，ライバルのZTEはGSMとCDMAだけでなくPHSもカバーし，PHS対応の携帯端末機も製造していた。それによってZTEはPHS採用の先行機会を得て高い収益を得ることができた。ファーウェイはPHSにおいて，ZTEに先行されることになった。このような経験から，ファーウェイは携帯端末機事業に対しては慎重になったように思われる[34]。しかし飛躍期後期（2003年）に，「手機業務部（携帯端末機事業部）」を設立して，本格的に端末機事業に乗り出した。

　国際市場進出については，2段階に分けることができる。第1段階は，中東，アフリカ，南アメリカ等の開発途上国への進出であり，第2段階は，欧州，北アメリカ，日本等の先進国への進出である。具体的には，1996年香港のハチソン・テレコミュニケーションズ（長江実業経営）への交換機納入に始まり，1997年にロシアで合弁企業を設立し，2000年にタイ，マレーシア等の東南アジア，中東，アフリカへ進出した。そして2001年に海外事業を統括する管理部を設けて，先進国への進出を開始した。先進国進出の最初は，

ドイツの代理店を介しての光通信ネットワーク機器であった。その後，交換機やルーター等の中核機器を先進国の通信事業者に販売することに成功した。しかし2003年には，世界最大の市場であるアメリカ市場でシスコから知的財産権侵害で訴えられて退却することも経験した。アメリカ市場進出は現在においても計画通りには進展していない。国際市場でのファーウェイの存在感は，「拡張期」において急速に増大する。従って，国際市場への進出については，第4節の「拡張期」で詳しく検討する。

２．企業体制改革

　飛躍期は製品多角化と国際市場への進出が本格的に進められた時期であるが，企業体制の面から見ると，確立期から次の拡張期へと向かう改革期ということができる。この時期に3つの大きな企業体制改革が行われた。1つ目は「IPD（Integrated Product Development：統合型製品開発）」を核とした「製・販融合型研究開発体制（以下，「IPD体制」と略す）」が確立されたことである。2つ目はサプライ・チェーンの改革で「ISC（Integrated Supply Chain：統合型サプライ・チェーン）」体制が確立されたことである。3つ目は従業員持株制度に使用されていた「株式」を「ファントム・ストック（虚似受限股）」と呼ばれる「疑似株式」に変更したことである。

　IPDは1993年にIBMが創出した研究開発管理手法で，市場の動向に対応した研究開発を迅速に実行できるようにするために考え出された。IBMが創業以来初の赤字を出して，1993年にRJRナビスコ社の会長兼CEOのルイス・ガースナーを迎え入れた。その頃の経営改革の1つとして，この研究開発管理手法が創出された。事業部別，国別に存在する多くの製品開発プロセスを統合するために考え出された。当時IBMが直面していた製品開発上の問題は，①売上に対する開発費の比率が高いこと，②最終的に製品化できない開発の率が高いこと，③開発期間が長いことであった。これらの問題を解決するために，市場開拓プロセスと製品開発プロセスを連携させる組織づくりが推進された。具体的には，開発部門だけでなく，品質管理部門，製造部門，サービス部門，営業部門，経理部門などから人員が選抜されて組織横断的なチームが編成され，開発の初期段階からそのチームによって開発が進められるよ

第3章 ファーウェイの発展史―輸入代理店から多国籍企業へ―

うにして，市場のニーズに対応した製品開発を効率的に行うようにしたものであった。組織形態としては，従来の職能別組織構造に，特定の権限が与えられたプロジェクト・チームが組み入れられた。この組織形態では，プロジェクト・マネージャが重要な役割を担うようになった。

ファーウェイはIPD体制確立のために，1998～2003年まで5年間の歳月と，毎年1,000万米ドルの指導料をIBMに支払った。IPD体制が確立された背景には，上述の中央研究所体制では，研究開発が中央研究所主導で進み販売部門等の他部門の意見が反映され難くなっていたことに対する創業者の危機意識があった。言い換えれば，創業期の「研究開発・製造・販売の一体性」を維持したいと考えていた創業者にとって，中央研究所に所属する研究開発者は彼らの関心だけで研究開発を進めていると見えたのである。

中央研究所体制においても，製・販融合型研究開発の努力はなされていた。例えば，毎年研究開発担当者の5％を販売部門に異動させ，同じ比率の販売担当者を研究開発部門に異動させるような人事異動が行われ，研究開発者が市場の動向や顧客の要望に対応した研究開発を行うことが進められていた。[35]その一例として，次のような逸話が知られている。[36]

　「1997年，ファーウェイの創業者が天津電話局の担当者から，「学生が校内の電話で不便を感じている」ということを聞いて，「これはゴールデン・ポイントである，即座に対応するように」と開発担当者に指示し，開発担当者が2か月で，校内電話の不便を解消する新しい電話カードを市場に出したところ，その電話カードが短期間で全国的ヒットになった。新しい電話カードは，既存の電話交換機に簡単な機能を1つ付加しただけで使用できるようにしたものであった。既に多くの機能が実行可能な従来の電話交換機に簡単な機能を1つ加えるだけという小さな改良であったが，この改良によって，ファーウェイの電話交換機市場でのシェアーを大きく高めるという効果があった。」

この種の逸話が社内報『華為人』に頻繁に掲載され，製・販融合型研究開発の重要性を従業員に啓蒙していた。しかし実際には中央研究所体制では製・販融合型研究開発は難しかったようである。このような状況は，IPDを創出した当時のIBMの状況と似ていた。創業者はIPD体制の導入を，「削足適履（足を削って履物に合わせる）」という成語にならって「ファーウェイの足を削って，

81

IBMが作ったアメリカ靴に合わせる」ごとくに，研究開発体制の改革が強力に進められた。確立期，中央研究所は強い勢力を有し，干渉が比較的少なかった。IPD体制への改革は，研究開発人材に大きな衝撃を与え，多くの研究開発人材がファーウェイから離れていった。

IPD体制の導入は，1997年12月にIBMを訪問した任正非によって決定された。[37] IPD体制の導入に関して，当時基礎研究管理部部長であった何庭波は次のように述べている。[38]

　「任正非はIPD体制の導入を「削足適履（足を削って履物に合わせる）」と言って，ファーウェイの足を削ってIBMが作ったアメリカ靴に合わせるように組織の改革を命じた。これによって，独立分散的であった研究開発部門が市場主導下の一環節になった。

　1998年にIBMよりIPDに関するシステムを購入して，1998～2003年まで毎年1,000万ドルをIBMに支払った。2万人の企業の組織フローを変革することは大変難しく，成功したのは奇跡であった。勢力があって拘束が比較的少ない研究開発部門は最大の衝撃を受け，自分が所属していたチップ研究開発部門は30％が流出した。出ていった人は，土槍は土槍でどうしたって洋砲には適わないと考えていた。

　IPD体制の導入でマーケティング・エンジニアリング部が創設された。この部門は，技術専門家を本来の技術部門から切り離し，同時に海外から招いた市場の専門家と従来の市場部で「技術感覚」のある者たちも加わって，強い権限を与えられて結成された。マーケティング・エンジニアリング部は市場部に属し，将来の研究開発の方向を決めるだけでなく，現在のプロジェクト・チームの査定もした。」

以上の証言からIPD体制の導入はファーウェイにとって，毎年1000万ドルを費やし大量の離職者が出ても遂行すべき重要課題であった。任正非に「削足適履（足を削って履物に合わせる）」と言わしめた程の従来の組織体制と異なった組織体制に変更するものであった。そしてこの証言から，IPD体制の導入には，研究開発部門の影響力が強くなってきたことに対する改革の意味もあった。局用デジタル交換機の自主技術開発は，ファーウェイが大きく成長する切っ掛けとなり，それによって設立された中央研究所を中心とする研究開発体制は，その後のファーウェイの企業活動に大きな影響力を発揮し

てきた。しかし1990年代後半には，その研究開発体制を改革する必要性を創業者が感じたようである。

IPD体制では，市場の動向に即応できるように，中央研究所よりは市場部に属するマーケティング・エンジニアリング部に強い権限が付与され，中央研究所の影響力が相対的に低下した。中央研究所を中心とする研究開発体制の改革について，劉［2009］は次のようなことを述べている。

　「ファーウェイは部門主管を一般的には２年毎に変えていた。この制度はファーウェイが持続的に成長できた原因の１つである。任正非を除いて，どのような幹部も変えることができた。1998年李一男は中央研究所所長になって２年が経過し，３代目の指導者を選ぶことが始まった。李一男の後に洪天峰が配属されることが決まった時，多くの人は意外な感じを持った。
　洪天峰には鄭宝用や李一男のような権威がなかった。任正非はそのような英雄を必要としていなかった。中央研究所の３代目の指導者は集団指導であった。洪天峰が所長をして管理に責任を持ち，徐文偉が研究計画部長で技術に責任を持ち，黄耀旭が製品部長で製品開発に責任を持つ，中央研究所は「三頭立」時代に入った。３人が会議に出てそれぞれ意見を言う。多くのことは決まらない，中央研究所の管理は益々規範的になり，決定は益々遅れる，そういう段階に入った。」

劉［2009］は，洪天峰は調整型の人物で鄭宝用や李一男のような強力なリーダーシップはないと述べている。このような人物の選定は旧来の研究開発部門（中央研究所）の影響力を弱めることを狙ったものであった。ファーウェイの「創業神話」につながる中央研究所を否定するようなダイナミックな組織革新を実行できたのは，経営主体における創業者の力が創業時よりも強くなったためと考えられる。すなわち高い専門知識については，創業時のように特定の限られた者に頼らなくとも，大量に雇い入れた優秀な人材から制度を通して取り込むことができるようになった。それによって，「創業時の英雄たち」の力が相対的に弱くなった。

IPD体制が確立された1990年代後半から2000年代初頭にかけて，経営主体を構成していた李一男や劉平を始めてとして多くの「創業時の英雄たち」がファーウェイを退職した。[39]この点から見ても，IPD体制の確立は，ファーウェイの経営主体を変えるような大きな組織革新であったことが推察できよう。

83

創業者にとって，IPD体制は，このような大きな犠牲を払ってでも確立しなければならなかったものであった。ファーウェイはIPD体制の確立によって，製・販融合型研究開発が制度的に支持され，その後の大発展へと進んでいった。IPD体制については，第4章で改めて詳しく検討する。

　2つ目の「ISC（Integrated Supply Chain：統合型サプライ・チェーン）」体制は，IPD体制の確立過程でIBMの顧問より指摘を受け，サプライ・チェーンの見直しが行われた結果である。この改革で最も大きな変化は，業務を核心業務と非核心業務に分け，核心業務は内部化し非核心業務を外部化（外注）したことである。核心業務は研究開発やマーケティングであり，非核心業務は製造，組立，包装，出荷，物流等である。言い換えれば，スマイル・カーブの両端部が核心業務で中央部が非核心業務と位置づけられた。

　非核心業務については，関連部署の責任人材に「内部創業」という名の独立を勧めて外注化が進められた。具体的には，「内部創業」する人材は関連部署の元中間管理者であり，財政支援や取引上の優遇政策を受けることができた。「内部創業」制度で形成された外注企業は，ファーウェイのサプライ・チェーン管理部の管理下に置かれたが，会計的にはファーウェイに対して独立していた。ファーウェイの従業員身分は「内部創業」と共に消滅するが，「内部創業」者は外注企業の株主，経営者になることができたので，大きな抵抗を受けずに，「内部創業」制度による外注化が展開された。これによって，ファーウェイの在庫回転率や注文－納入周期が向上し，サプライ・チェーン効率が高まった。[40]「内部創業」は2000年前後に実施され，外注企業は大小合わせて，深圳市で100社以上設立された。

　ソフトウェア生産に関しても，プログラム作成等の下流業務が外注化された。経験3年以上の外注技術者に毎月約8,000～1万元の給与が支払われた。しかし改革前，初級技術者には平均で年間20万元が支払われていた。単純計算では20万元/12月で毎月約1万7,000元となり，外注技術者と比べて約7,000元高い。2005年の外注技術者数は約2万人に昇っているので，ファーウェイは外注化によって，約1.4億元（21億円）のコスト・カット（人件費削減）を達成できたことになる。[41]

　「内部創業」の最も象徴的な例は，李一男の港湾網絡公司であろう。李一

男は局用デジタル交換機開発の中心人物で，当時創業者の後を継ぐ人物と目されていた。その彼が「内部創業」制度を利用して，新しい会社を2000年末に創立した。このことはファーウェイ内部だけでなく同業者にも驚きであった。当初はファーウェイのルーター等のデータ通信機器を代理販売する企業であったが，急速に成長し，李一男は自分の製品を製造，販売するようになった。港湾網絡公司には，ファーウェイの国内マーケティング部副総裁やデータ通信部部長等の元幹部や，ファーウェイの元研究開発担当者が加わっていた。李一男はデータ通信の将来性を高くかっていて，この分野に資源を集中し，創業して1年足らずで自社のルーターと交換機を開発して販売した。この分野で急速に成長した李一男の会社は，ファーウェイの強力なライバルになった。ファーウェイは港湾網絡公司の成長を多方面から全力で妨害し，最終的に2006年港湾網絡公司を吸収合併した。

　もう1つの制度改革は，従業員持株制度の改革である。この改革は従業員数が1万人を超えるようになった時点で行われた。改革の趣旨は，「ファントム・ストック（虚似受限股）」と呼ばれる疑似株式が，本来の「株式」に代わって使用されるようになった点にある。「ファントム・ストック」はアメリカで開発されたもので，その名前が示す通り「真の株式」ではない。通常の株式と異なり，議決権や譲渡権等の通常の株主が有している権利がない。「ファントム・ストック」を幾ら増やしても，株主構成や株式価値の希釈化は生じない。経営側は，持株制度を従業員の動機付けとして使用してきたが，従業員数の増大と共に，通常の株式を動機付けに使用することに限界が見えてきたので，この制度改革が実行された。ファーウェイが従来行ってきた，株式を動機付けに使用することについては，種々の問題が指摘されている。しかしその解決方法はまだ見出されていない。「ファントム・ストック」を使用した従業員持株制度の問題点については，第4章第2節で詳しく検討する。

　上述の改革と合わせて，確立期に形成したコアー・コンピタンスのソフトウェア技術を中心にして製品の多角化が実行された。確立期から進められてきたデータ通信の研究開発は，1998年に市場に出されたアクセス・サーバ（QuidwayA8040）に結実した。この製品は2000年には中国市場の80%のシェアーを取るという猛烈な伸びを示した。[42]その後も次々にハイエンドのルーター

を出して，世界市場においてもその存在感を示すようになった。1990年代後半，ルーターは中国市場においても一番手企業のシスコが独占的な位置にあった。ルーターはインターネットにとって必須の装置であるが，インターネットが一般に普及しだしたのは1995年以降であり，それまではほとんど知られておらず現在のような状態を想像することは，限られた専門家を除いて誰もできなかったであろう。しかしファーウェイは社運を賭けて開発した局用デジタル交換機の販路拡大を一方で行いながら，当時のファーウェイにとって極めてリスクが高いデータ通信の研究開発を行っていた。

　この時期，ファーウェイは研究開発要員として大量の大学新卒者を採用した。具体的には，1998年に800人，1999年に2,000人，2000年に4,000人，2001年に5,000人であった。[43]当時の理工系大学卒業者数は，22万2,000人（1998年）から28万3,000人（2001年）であった。[44]またソフトウェア技術者数は4万人（1998年）から8万人（2001年）であった。[45]これらの人材供給側の数値と比較すると，ファーウェイの人材誘致の積極性が理解できよう。

　人材誘致に用いられた方法は，高い報酬であった。賃金については，2002年ファーウェイが大学新卒者の募集時に提示した額は「月給4,500元以上」で，実際の月給は，大学新卒者で7,150元（10万7,250円），修士で8,800元（13万2,000円），博士で10万元（15万円）であった。これらの額は当時の深圳の一般企業より15〜20％高かった。[46]しかしファーウェイの報酬制度で注意すべき点は，さらに10万元（150万円）〜16万元（240万円）の株の配当があったことである。ファーウェイの従業員持株制度については第4章第2節で詳しく検討するが，当時の大学新卒者にとって，比較的高い月給に破格の配当金が付与されるファーウェイの報酬制度は極めて魅力的であったに違いない。しかし先進国企業の給料と比べると，その額は明らかに低い。当時のアメリカのコンピュータ・プログラマー（ソフトウェア技術者）の平均給料は1時間当たり約40米ドル（4,800円）であった。[47]1日8時間，月20日労働した月給は6,400米ドル（76万8,000円）となり，年間報酬額（年収）では7万6,800米ドル（921万6,000円）となる。ファーウェイの博士研究員が240万円の株式配当を受けたとしても，年間報酬額（年収）は年間給料の180万円と配当金240万円の合計420万円となる。米国の平均的なコンピュータ・プログラマー

とファーウェイの高級人材との年間報酬の差は倍以上である。米国は世界で最も高い給料を支払っているにしても，２倍近い年間報酬額の差は，ファーウェイに国際市場における賃金コスト面での比較優位を提供したことが容易に理解できよう。

3-4 拡張期

１．先進国市場への進出

拡張期は飛躍期の国際市場と消費者市場への進出を深化拡大させ，ファーウェイがグローバル企業に成長した時期と言える。それは現在も進行中である。発展途上国だけでなく先進国にも近年本格的に進出し，現地の研究開発者を大量に招致して現地生産を展開してきている。製品においては，ローエンドからハイエンドへ，言い換えれば，発展途上国から先進国へと製品セグメントを高めていた。最も注目すべき点は，携帯端末機に見られるように，先進国市場から中国国内市場へと，従来と逆コースのマーケティングをしたことである。これはファーウェイがグローバル企業であることを示すものと言えよう。

まず国際市場進出の経緯を見ていこう。国際市場進出に関しては，図表3-6に示されているように，総売上高は年を追う毎に急速に増大している。2005年以降は中国国内より海外の売上高の方が高い。拡張期における国際市場での活動が，ファーウェイの成長を大きく支えていることが理解できよう。

図表3-7は2013〜2015年度の地域別売上高の推移を示している。欧州・中東・アフリカ地域の売上高が中国国内に次いで高いのに対して，通信機器の世界最大の市場であるアメリカ市場を含む南北アメリカ地域がアジア・太平洋地域より低い。このことから，ファーウェイはアメリカ市場ではまだ少ししか進出できていないことが推察できる。

アフリカ進出に関しては，中国政府の開発国援助に助けられていることが指摘できる。2003年エチオピアと2,000万米ドルの契約，2005年にナイジェリアと２億米ドルの契約，2006年にガーナ，モロッコ，コンゴ，ケニアと

図表3-6　ファーウェイの海外売上高の推移

年	1997	1998	1999	2000	2001	2002	2003
総売上高 （億元）	41	89	120	220	255	221	317
海外売上高 （億元）	－	－	4.4	10.6	27.2	45.7	86.9
海外売上高 比率（%）	－	－	3.67	4.82	10.7	20.7	27.4

年	2004	2005	2006	2008	2012	2013
総売上高 （億元）	462	483	664	1,252	2,202	2,390
海外売上高 （億元）	189	280	432	939	1,453	1,550
海外売上高 比率（%）	40.9	58.0	65.0	75.0	66.0	64.8

出所：ファーウェイの「アニュアル・レポート」に基づいて著者作成。

図表3-7　地域別売上高の推移（単位：百万人民元）

地域	2015年	2014年	2013年
中国	167,690 （42.5%）	108,674 （37.7%）	84,017 （35.2%）
欧州・中東・アフリカ	128,016 （32.4%）	100,674 （34.9%）	84,655 （35.4%）
アジア・太平洋	50,527 （12.8%）	42,409 （14.7%）	38,925 （16.3%）
南北アメリカ	38,976 （10.0%）	30,844 （10.8%）	31,428 （13.1%）
その他	9,800 （2.3%）	5,596 （1.9%）	N
計	395,009	288,197	239,025

出所：ファーウェイの「2013, 2014, 2015年度（中文）アニュアル・レポート」に基づいて著者作成。

契約を交わしたが，これらの契約前の2000年11月に創業者は当時の副総理呉邦国と共にアフリカに行って各国の政府要人と会っている。これらの活動が，契約成立に有利に作用したことは推測できる。[48] 2000年以降西欧，アメリカ，

日本等の先進国にも進出を果たした。売上高で見ると，1996～1998年には海外での売上高が見られないが，その後売上高を順調に伸ばしている。

　図表3-7は地域分けの範囲が広く，先進地域と発展途上国地域の売上高の違いが見えない。それで比較的情報が入手しやすい欧州に絞って，先進地域への進出がどの程度達成されているかを見てみよう。2014年6月10日にファーウェイの常務取締役徐文偉が『21世紀経済報道』の記者に，「2013年の欧州の売上高は52.3億米ドルである」と述べた。[49] 52.3億米ドルは2013年の平均為替レート（1米ドルが6.1932人民元）で計算すると，約324億元となる。欧州・中東・アフリカ地域全体の売上高が約847億元であるから，そのうちの約38％は欧州が占めることになり，またファーウェイの総売上高の約14％を欧州が占めることになる。欧州はファーウェイにとって極めて重要な先進地域になっていることが分かる。

　創業者は，2014年5月2日『ウォール・ストリート・ジャーナル』のインタビューを受け，欧州進出について次のように語っている。[50]

(1) 欧州での研究開発投資を増やす。

(2) ハイ・パフォーマーを招致・保持するため，非中国人従業員にも，インセンティブ制度を広げる。

　従来創業者はマス・メディアのインタビューを避けてきた。その創業者が，米国メディアのインタビューを受け，その理由を「インタビューを断れば，ファーウェイが神秘的な会社と見られるから」と答えている。これは創業者にとって大きな変化であり，欧州，米国での「受け」を強く意識するようになってきたと推察できる。ファーウェイは，2012年10月アメリカ議会でスパイの疑いをかけられ，同年12月欧州委員会からダンピングの疑いをかけられ，両先進国市場で牽制されていた。今回のインタビューは，それに対するファーウェイの対処策の1つと考えられる。

　しかしその後のファーウェイの欧州に対する投資を見れば，ファーウェイが「欧州の会社になる」ことを目指しているようにも思われる。例えば，2015年5月7日のベルギーでのプレスリリースで，新しく設立された「欧州研究所」について，ファーウェイ取締役会副会長郭平が次のように述べている。[51]

(1) 欧州研究所は，ファーウェイの欧州における研究，イノベーションの管理をし，欧州の産業界，学術界との協力を強化する役割を担う。

(2) 欧州研究所は，欧州連合の複数の第5世代（5G）研究プロジェクトの一員としてパートナー各社と協力し，技術研究におけるブレークスルーを目指す。

(3) 欧州研究所は，ファーウェイの欧州における研究開発や標準化，技術協力の取り組みを統括してきた周紅博士が所長を，欧州電気通信標準化機構の前事務局長であったヴァルター・ヴァイゲル（Walter Weigel）博士が副所長を務める。

(4) 欧州研究所の設立は，ファーウェイの欧州における投資計画遂行へのコミットメントを示すものでもある。

最近のファーウェイの欧州への投資の増大は，他にも多くの面で確認することができる。ファーウェイが「欧州の会社」になって，アメリカ市場に進出することを考えているとの見解が，他の方からも上がっている。[52] ファーウェイが「欧州の会社」になれば，ファーウェイのグローバル化は新たな次元を迎えることになろう。

２．携帯端末機市場への進出

ファーウェイは2003年7月に携帯端末機業務部を設立して，携帯端末機市場への参入を開始した。飛躍期に，ルーターだけでなく携帯端末機まで製造販売するようになった。拡張期においてはさらに多角化が進められた。図表3-8は，2013年のファーウェイの製品・サービス群を表しているが，販売ターゲットの区分が必要なほど製品の種類が増えたことが分かる。

また図表3-9は2013〜2015年度の事業別売上高の推移を示しているが，この図表から，コンシューマー向け端末機事業の売上高が総売上高の3分の1近くを占めるまで増大したことが分かる。これは，端末機事業が拡張期において順調に成長したことを意味している。

拡張期における「BtoB」から「BtoC」への展開は容易なことではなかったことが推察できる。「BtoB」の場合，主な販売先は通信事業者で，対象となる企業の数は限られていて，比較的安定した取引関係を結ぶことができた

第3章 ファーウェイの発展史―輸入代理店から多国籍企業へ―

図表3-8　ファーウェイの製品・サービス群（2013年）

通信事業者向け	一般法人向け	コンシューマー向け
製品 無線アクセス コアー・ネットワーク トランスポート・ネットワーク データ通信	製品 ネットワーキング＆セキュリティ クラウド・コンピューティン グ＆データ・センター ネットワーキング＆セキュリティ	製品 携帯電話 タブレット モバイル・ブロード・バンド ホーム・メディア・ディバイス
ソリューション コスト・ダウン 売上アップ		
サービス マネジメント トレーニング・サービス ナレッジ・センター ソフトウェア・センター フォーラム トレーニング		

出所：ファーウェイ・ジャパンのサイト（http://www.huawei.com/jp/，2016年3月18日　確認）
に基づいて著者作成。

図表3-9　事業別売上高の推移（単位：百万人民元）

事業名	2015年	2014年	2013年
通信事業者向け ネットワーク事業	232,307 (58.8%)	191,381 (66.4%)	166,512 (69.7%)
法人向けICT ソリューション事業	27,609 (7.0%)	19,201 (6.7%)	15,263 (6.4%)
コンシューマー向け 端末機事業	129,128 (32.7%)	74,688 (25.9%)	56,986 (23.8%)
その他	5,965 (1.5%)	2,927 (1.0%)	264 (0.1%)
計	395,009	288,197	239,025

出所：ファーウェイの「2013，2014，2015年度（中文）アニュアル・レポート」に基づいて著者作成。

であろうが，「BtoC」の場合，購買者は移り気な一般消費者で，その性格も
多種多様である。従来の「BtoB」の取引方法が，「BtoC」では通用しないこ
とは多々存在したであろう。しかし図表3-9の「コンシューマー向け端末機
事業」の売上高を見れば，ファーウェイは2003年から「BtoC」の取引方法

を着実に取得して，現在の成果に至っていることが分かる。ファーウェイは，中国企業でよく見られる一括買収，すなわち携帯端末機の製造・販売で実績のある既存企業を一括して買収して，多角化事業を一気に展開する方式を採っていない。ファーウェイは経験のある分野と関連する事業を新たに展開する方式で多角化を進めている。図表3-9は，そのようなファーウェイの堅実な成長方式（関連多角化）を示していると言えよう。

　以上のように，ファーウェイは研究開発・製造・販売の統合を強固に維持しながら，市場の動向に迅速に対応できる体制を築いてきた。中国に伝統的にあった研究開発人材の身分的特権を排し，製造現場のワーカーや販売員と同等に扱うことによって，製・販融合型研究開発体制を成長させてきた。この製・販融合型研究開発体制が，国内市場だけなく国際市場においても，ファーウェイが競争優位を保持できた重要な要因にもなっていた。次章では，製・販融合型研究開発体制が，どのようなプロセスで確立され，どのように運用されてきたかを詳しく検討する。

〈注〉

1）　拡張期において，IBMが先行しているソリューション・サービスへ参入している。これらの変化はファーウェイの成長過程の画期となるものであるが，これらの変化については詳しくは検討しないで，主要製品に基づいた区分で発展史を説明する。

2）　Ahrens［2013］p.21参照。

3）　ファーウェイは1987年9月に深圳市工商局に「民間科学技術企業」として登録され，1988年より営業を開始した。このような事情から，ファーウェイの創業開始年を1988年とする文献が散見されるが，本書では企業登録年の1987年を創業年とした。また創業時の資本金についても，研究者によって，2万1,000元と2万4,000元と異なる額が提示されているが，2万1,000元が程・劉［2004］始め多くの文献で示されている。さらに創業時850万米ドルの資金提供を国有銀行から受けたとの説がある（Gilley, Bruce［2000］"Huawei's fixed line to Beijing", *Far Eastern Ecomonic Review*, Dec. 28）。しかし本節で詳しく説明するように，ファーウェイは創業時，研究開発のための資金に苦しんでいた。従って，この説は簡単には受け入れ難い。Ahrens［2013］p.3も著者と同様の見解を述べている。

4）　張［2009］5頁参照。

5）　同上書，第4節を参照。

第3章 ファーウェイの発展史—輸入代理店から多国籍企業へ—

6) 同上書，9頁参照。

7) C氏は華為技術有限公司の創業者の1人である。C氏の証言は，2006年3月1日深圳市で，著者と他の3名の研究者で行ったC氏との面談調査の際に得たものである。

8) 程・劉［2004］29頁参照。

9) 同上書，79頁参照。

10) 同上書，79頁で，張建国という人物を紹介している。彼は中国人民大学を卒業して1年後の1990年にファーウェイに入社し，1年余り研究開発の仕事をした後，福建省の市場開拓に派遣された。水道もシャワーもない不便なところで，秘書と自動車運転手と彼の3人だけで市場開拓を行い，2年後に販売額数百万元を達成した。彼は，その後営業部から人的資源管理部の責任者になり，人事評価制度の確立に携わった。

11) 張［2009］14頁参照。

12) 同上書，14頁参照。

13) 同上書，14頁参照。

14) 同上書，14頁参照。

15) ファーウェイの株はいまだ一般公開されていないので，株価の上昇による利得を受けることはない。1990年よりこの制度は設けられていて，後述するように，その後のファーウェイの従業員に対して大きなインセンティブを与えるようになった。

16) 程・劉［2004］32-34頁参照。

17) ファーウェイの技術者の賃金は，当時欧米の技術者の1/5～1/4で，低コストの開発が可能であった。ファーウェイの進出によって，欧州の多国籍メーカーの利益率を，45～50％から30～35％に低下させたと言われている（Ahrens［2013］参照）。

18) 程・劉［2004］67-68頁参照。

19) 張［2009］133頁参照。

20) 同上書，77-78頁参照。

21) ファーウェイが単一製品大量製造販売ではなく製品多角化を初期の頃から展開したことは，単一製品大量製造販売で急成長した19世紀末の米国の大企業の成長方式と比べると，注目に値する。米国と同様に広大な市場を有する中国で，他の中国企業がやったように，単一製品大量製造販売の成長方式も可能であったと思われるが，製品多角化を早期に取り入れた背景には，ソフトウェア技術が有する汎用性が，その要因の1つと考えられる。

22) ただし2003年の「IPD体制」の確立は，中央研究所を中心とした「創業時の英雄たち（局用デジタル交換機の元開発者)」の影響力を相対的に低下させた。これについては，本章第3節で検討する。

23) 張・文［2010］22頁参照。

24) C氏の証言2「創業にかかわった者は皆，誰も通信の専門家ではなかった」を参照。

25) ファーウェイ「2010年度（英文）アニュアル・レポート」を参照。

26) ヘバート/リンク［1984］196頁参照。

27) 同上書，117頁参照。ファーウェイが株式を一般公開しない要因の1つとして，任正

93

非の株式公開に対する否定的な考えがあることを挙げている。

28) 中国は後発国としてキャッチ・アップを急ぐ観点から，工業化にとって貴重な存在である研究開発技術者を報酬だけでなく身分的にも優遇してきた。大躍進運動（1958～1960年）や文化大革命（1966～1976年）の時期は，研究開発技術者のような高級人材の存在は否定されたが，研究開発技術者の希少性という歴然とした事実があった以上，研究開発技術者に対する「特別な扱い」は底流としてあった。そのため，研究開発技術者にも身分的特権意識が存在した。しかしファーウェイは身分ではなく，成果で研究開発技術者を管理することを徹底し，目覚ましい成果があれば経営層に加われるようにした。成果がなければ一般工員として製造現場で働くこともあった（張・文［2010］第3章を参照）。ファーウェイの研究開発技術者は，研究開発にだけ専念することは許されず，販売部門や製造部門でも成果が求められた（程・劉［2004］第3章を参照）。

29) Harwit［2008］132-133頁参照。

30) シスコの訴状は，シスコのサイト（https://newsroom.cisco.com/dlls/filing.pdf）で，またシスコの仮差止命令の申立てに対する裁判官の判断がJustia US Lawのサイト（http://law.justia.com/cases/federal/district-courts/FSupp2/266/551/2516657/）で入手することができる。

31) 余［2013］215頁参照。

32) 同上書，215頁参照。

33) 「PHS」は1990年代初期に日本で開発された通信技術で，コードレス電話の親機と子機の関係を拡張したもので，固定電話の延長線上にある。この点で，固定電話事業に限られていた（新新）中国電信（China Telecom）と中国網絡通信（China Netcom）に，「PHS」による移動体通信事業が認められるものと考えられる。中国では2008年に，さらに再編が行われ，中国網絡通信（China Netcom）が中国聯合通信（China Unicom）に吸収され，（新・新）中国電信（China Telecom）に移動体通信事業が認められ，中国移動通信（China Mobile），（新）中国聯合通信（China Unicom），（新・新・新）中国電信（China Telecom）の3社が移動体通信事業を行えるようにした。

34) この経験から，ファーウェイは中央政府（情報産業部）の政策に対する探知が弱かったという反省がファーウェイ内部であった。ZTEは半国有半民間であるので，政府とのつながりがファーウェイより優位にあったとも考えられた。これらの点から見ると，本書「序章」で言及した米国議会の調査レポートは，中国企業の実態を単純化しているように見える。中国企業を真に理解するには，政府との関係においても中国企業間で激しい競争が展開されていることを理解しておく必要があるだろう。

35) 程・劉［2004］49頁参照。

36) 同上書，50頁参照。

37) 同上書，148頁参照。

38) 「華為IPD実施全記録」新浪科技（http://tech.sina.com.cn/s/2009-08-10/18501020836.shtml，2009年8月10日確認）。

第3章 ファーウェイの発展史—輸入代理店から多国籍企業へ—

39) これは「何庭波の証言（自分が所属していたチップ研究開発部門は30％が退職した）」とも重なっている。

40) 孔［2008］80頁参照。サプライ・チェーン改革が行われる前は，ファーウェイの在庫回転率は3.6回／年（国際的な平均比率は9.4回／年）で，注文－納入周期は20〜25日（国際的な平均周期は10日）であったが，この改革によって国際レベルを超えることができた。

41) 同上書，82頁参照。

42) 『人民郵電報』［2003］「技術創新走向成功—中国数据産業進入快速成長期（技術イノベーションが成功に向かって進む—中国データ産業が快速成長期に入る）」を参照。

43) 程・劉［2004］84頁参照。

44) 田島・古谷［2008］88頁参照。

45) 同上書，78頁参照。

46) 程・劉［2004］86頁参照。

47) U. S. Department of Labor, Bureau of Labor Statistics［2001］*National compensation survey: Occupational wages in the United States*, 2000（全米報酬調査，合衆国における職業別賃金2000年），表3-3を参照。

48) Kuo, Kaiser［2006］*China pursues Africa deals*, redherring.com（https://www.siemens.be/cmc/newsletters/index.aspx?id=13-621-17892, 2016年3月18日確認）にファーウェイのアフリカ進出が説明されている。そこでファーウェイと中国政府との結びつきが指摘されている。しかし「ファーウェイは中国政府によって作られた」というような結論に至ることは慎まなければならない。中国企業にとって，政府（党）と無関係に成長することは難しい。しかし政府（党）と深くかかわることも企業の成長にとって危険である。もし深くかかわった人物が政治的な争いで失脚するようなことがあれば，企業の存立が危うくなる可能性は否定できない。中国企業，特に，ファーウェイを含めた民間企業の経営者であれば，この点はよく理解していることであろう。企業と政府（党）との微妙なバランスのとり方が，中国の企業経営者が苦労していることの1つである。しかしこの面が明らかになることは基本的にはなく，想像の域を出ることはない。本書においては，ファーウェイと中国政府との関係については，「中国の企業経営者の苦労」を頭の片隅において検討した。

49) 網易財経（http://money.163.com/14/0612/02/9UGMR2LO00253B0H.html/, 2016年4月30日確認）。

50) この記事は*The Wall Street Journal*の技術分野（Tech）の欄で公開されている（http://www.wsj.com/articles/SB10001424052702303678404579537603276498142, 2016年5月2日確認）。ファーウェイの創業者が欧米の記者のインタビューを受けることは極めて稀である。この記事は，そのインタビューを簡単にまとめたものである。

51) 2014年6月11日付けの*Bloomberg Technology*では，現在欧州における1,700名の研究開発者を，今後5年間でさらに5,500名に増やす，とファーウェイ幹部が明言したと伝えている。ファーウェイの欧州の全従業員数は，2014年で約9,900名，2013年は

95

7,000名であった。この増加率から見て，5年で5,500名の研究開発者の増加は現実的な数字と言えよう。

52）上述の *The Wall Street Journal* の記事の題名は，"Huawei founder: Company aims to be viewed as 'European'"（ファーウェイの創業者：欧州の会社と見られることを目指して）と刺激的なタイトルがつけられている。

第4章
製・販融合型研究開発体制の確立

4-1 経営管理機構の再編

　ファーウェイは，第3章で説明したように，創業期から「自主技術形成」を選択し研究開発を重視した企業活動を展開してきた。また顧客の要望に迅速に対応できる研究開発が目指されてきた。それは製造部門の人材と販売部門の人材が緊密に情報を共有して研究開発活動を行うことを目指したものであった。規模の小さい創業期であれば，このようなことは小さな努力でできるが，規模が大きくなり職能領域が明確になってくると，製造部門と販売部門は対立的になることが，多くの製造企業で見られる。ファーウェイは製・販融合型研究開発体制を構築して，この課題に取り組んだ。製・販融合型研究開発体制は，ファーウェイが発展する大きな原動力となったものである。

　製・販融合型研究開発体制は，IBMが1990年代初期に創出したIPDが核になっている。序章でも述べたように，1980年以降多くの産業で多品種少量生産方式が支配的になり，またグローバル化の進展と共に市場競争が激化し，市場の動向に迅速に対応することが各メーカーに求められるようになった。そのためにIPDを創出したIBMを始めとして，多くのメーカーが市場の動向に迅速に対応できる柔軟性の高い組織体制への改革を試みた。長期雇用，年功序列，企業別組合がセットされた「日本的経営」が多くの研究者から注目されたのもこの時期であった。

97

ファーウェイは1990年代中葉から，先進国企業の経営に注目し，ファーウェイの経営者が好ましいと思うものは貪欲に導入を図り，そして試行し，合わないものは破棄し，時間の経過と共に独自の社内体制を築いてきた。製・販融合型研究開発体制もその1つであった。

まずは，ファーウェイの組織革新を，研究開発体制を支えた経営管理機構の再編を通して見ていく。既述のように，ファーウェイの研究開発体制の改革は，2003年に創設されたIPD体制に結実するが，それまでに研究開発体制を支えた多くの経営管理機構が作られた。IPD体制に至るまでの代表的な経営管理機構を，発展段階に従って見ていくことにしよう。

ファーウェイの経営管理機構は，成長と共に進化してきた。その進化の中で注目すべき点は，研究開発と販売の連携関係の変化である。「中央研究所」が設立された頃（1995年）は，念願の局用デジタル交換機を開発した研究開発人材が創業者と共に経営の中心にいて，営業も含めて企業活動全体をリードする体制であった。その後「研究開発系統」や「市場系統」等と大括りの職能を設けると共に，これらの部門を接合する横断的な組織が形成され，研究開発と販売の一体化が組織的に進められた。その過程を組織図の変化に従って説明する。

図表4-1は，局用デジタル交換機の自主開発前の，ローエンドの構内用交換機を製造販売していた1992年頃の経営管理機構を示す。この経営管理機構では，任正非総裁の下に会社総務，市場部，製造部，総工務の4部門があって，製造部は工程及び製品毎に小グループに分けられていた。この時期は研究開発を専門に行う部門は設けられていなかった。

図表4-2は局用デジタル交換機を開発するために，鄭宝用が製造部から人員を抜擢して新たにデジタル部が設けられた1993年の経営管理機構である。

デジタル部の中で製品毎にプロジェクト・チームが作られて，局用デジタル交換機の開発が進められた。局用デジタル交換機の自主開発が成功した1993年にデジタル部は100人余りで構成され，50ぐらいのプロジェクト・チームが作られ，それぞれのチームに2～3人の研究開発人材が配置されていた[1]。このデジタル部が1995年に中央研究所と名を変え，それ以降ファーウェイの研究開発体制の中心組織になっていった。

98

第4章 製・販融合型研究開発体制の確立

図表4-1　1992年の経営管理機構

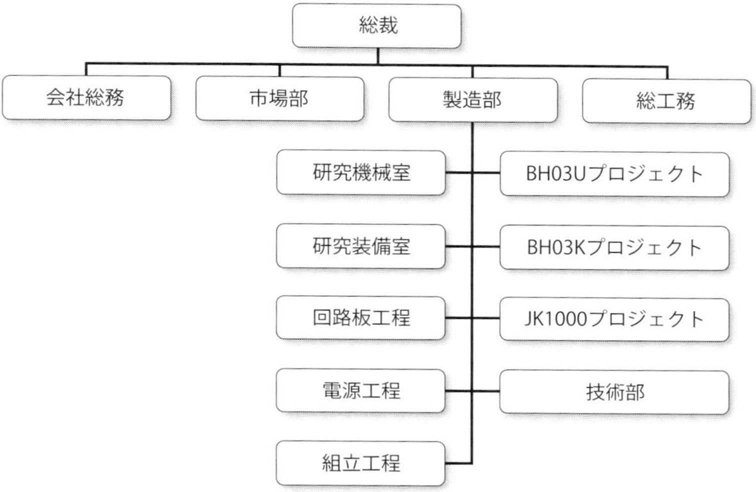

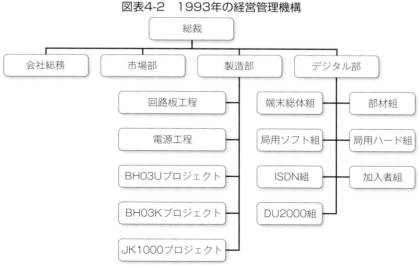

出所：張利華［2009］119頁より転載。

図表4-2　1993年の経営管理機構

出所：張利華［2009］120頁より転載。

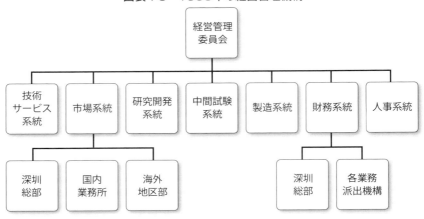

図表4-3　1999年の経営管理機構

出所：華為研修用資料［2005］に基づいて著者作成。

ここで注目すべきことは，デジタル部が会社総務，市場部，製造部と並ぶ地位に置かれていたことである。当時のファーウェイにとって局用デジタル交換機の自主開発は社運を賭けた開発であったことが，このデジタル部の位置づけからも推測できよう。また「デジタル部」という名からも類推できるように，ファーウェイの研究開発部門は主にデジタル交換機開発から発展してきたことが分かる。

図表4-3は，基本法で規定された「基本組織政策」に従って作られた経営管理機構を示す。この経営管理機構では，市場系統，研究開発系統，製造系統，財務系統，人事系統と並んで技術サービス系統と中間試験系統が設けられた。技術サービス系統は交換機等の通信機器が設置された現場（通信局）で，購入者側の技術者に使用法や維持・管理法を教示して支援する部門である。交換機等の通信設備機器はハイテク製品で，購入者側の技術者もその使用に習熟するには時間が掛かる。通信機器メーカーにとって，このようなアフター・サービスは極めて重要で，このようなサービスを欠いては，競争優位を獲得することは難しかった。ファーウェイは本社敷地に「ファーウェイ大学」という名の研修施設を作り，ファーウェイの製品を購入した通信局等の担当者を「ファーウェイ大学」に招き，その後の通信機器の使用法等につ

100

第4章 製・販融合型研究開発体制の確立

いて教育するサービスを，この頃から行っていた。「ファーウェイ大学」は，現在も活発に運営されている。

　中間試験系統は開発された製品の検査や試験をして，量産化等の判断をする部門であった。また購入者（使用者）側で発見されたバグ（欠陥）等に対処する役割もあった。開発者と使用者の間に位置する部門であり，両方の知識が求められた。通常のハードウェア生産では，検査部門に研究開発人材が配置されるケースは多くはないが，ファーウェイはこの部門に修士や博士の資格を持つ高級人材を配置していた[2]。それは，開発されたソフトウェアのバグ（欠陥）等を発見する役割があったためで，このような業務はソフトウェアを開発した研究開発人材でないと難しいからであった。中間試験系統は研究開発部門から分かれた組織であったが，図表4-3の経営管理機構では，中間試験系統は研究開発系統と同レベルに置かれていた。この点からも，ファーウェイがソフトウェアの品質管理及び使用者からの情報収集に力を入れていたことが分かる。

　図表4-4は2003年に確立されたIPD体制を示す。すなわち製・販融合型研究開発体制の本格的な始まりである。この経営管理機構では，研究開発部門が支援サービス等を担当する業務単位組織や販売等を担当する市場単位組織と並んで配置され，これら3部門を支援職能組織や戦略・マーケティング部門がサポートする形態になっていた。この経営管理機構で，研究開発部門と販売部門の統合が進んだ。

　IPD体制確立の背景については，第3章第3節の「飛躍期」において説明したが，ファーウェイにとって，IPD体制の導入がいかに重要であり，難しいものであったか，また内部でどのように進められたかが，2000年にファーウェイに入社した基層の研究開発人材のIPD体制に関する感想から知ることができる。この感想はインターネット上に公開されており，その投稿者（開発者）の名は匿名であるが，ファーウェイにおけるIPD体制の重要性が推測できるので，ここに採り上げた[3]。

　「IPD体制は社内でよく聞いた。新人教育から管理幹部の会議に至るまで，各研修資料に記載されていた。その頃PDT（製品開発チーム）の雛形が作られたが，この頃のIPD体制はファーウェイ内部の概念であった。この頃IPDプロジェク

101

図表4-4　2003年の経営管理機構

出所：各種資料に基づいて著者作成。

トの人間以外，IPD体制について正確に話せる者はいなかった。模索は2001年まで続いた。2001年よりファーウェイの30％の製品（100種類以上の製品がある）はIPD体制のフローに従わなければならなくなった。2002年にはその年の末までに100％の製品をIPD体制に従って進めなければならなくなった。IPD体制を推進する人事制度，財務制度，査定制度が確立された。2002年には，高位階層の管理層から低位階層の製品開発者までIPD体制に流れる思想を理解するようになった。

　しかし社員の中には，IBMとファーウェイの製品は類似しているが，ファーウェイは所詮中国企業で，中国とアメリカとでは文化の差は大きい，IPD体制はIBMには適合したかもしれないが，ファーウェイには適合しない，と考える者がかなりいた。これについて任正非は，下の者は理解できなくてもよい，管理者が理解できないのは問題であると強調した。ファーウェイがすべきことは国際企業になることであり，中高層管理職の研修が大量に行われた。」

第4章 製・販融合型研究開発体制の確立

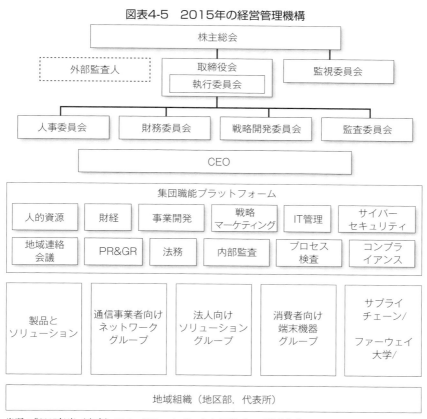

図表4-5　2015年の経営管理機構

出所：「2015年度（中文）アニュアル・レポート」に基づいて著者作成。

　図表4-4から，支援職能組織と戦略・マーケティング部門に挟まれた，研究開発部門，業務単位組織，市場単位組織が，「プロフィット（利益）センター」として中央に位置づけられ，利益創出のために共同で責任を負うという基本法（第5章で詳説される）の考えが体現されていることが分かる。

　図表4-5は「2015年度（中文）アニュアル・レポート」に記載されている経営管理機構を示す。図表4-4の管理機構と比較すると，①株主と経営者のガバナンス関係が付加された点，②通信事業者向け，法人向け，消費者向け事業と事業分野が明確化された点が大きな違いである。しかし2003年の管

103

理機構の「戦略・マーケティング部門」と「供給サポート部門」が「集団職能プラットフォーム」に包含され，横断的組織として維持されている点で，マトリックス型の基本構造は維持されており，2015年の管理機構は2003年の管理機構を発展させたもの，すなわち製・販融合型研究開発体制を発展させたものと言えよう。

　事業分野の表示は，拡張期の消費者向け事業（携帯電話，スマート・フォンの製造・販売）等の事業多角化の結果であり，2003年の管理機構では，「業務単位組織」として記載されていた事業が，通信事業者向けだけでなく，一般法人向け，消費者向け事業がこの間に発展したことを示している。

　2003年の管理機構で一部門として存在していた「研究開発」が，2015年の管理機構では見られない。それは，研究開発部門と販売部門との統合がさらに進んだためと考えられる。具体的には2015年の管理機構の「製品とソリューション」部門がそれを示している。「2015年度（中文）アニュアル・レポート」は，「製品とソリューション」部門を次のように説明している。[4]

　　「「製品とソリューション」部門は，通信事業者，法人，産業顧客に統合されたICTソリューションを提供する組織である。製品計画，開発，提供に加えて，より良い使用体験を提供し，事業の成功をサポートするため，製品競争力の開発に，この組織は責任を持つ。」

　上述の説明によれば，ファーウェイが顧客である通信事業者や産業顧客に代わって，彼らに必要な競争力のある製品，ソリューションを，ファーウェイの方から提供しようというもので，製・販融合型研究開発体制をより高度化した内容になっていることが理解できよう。これは，第1章第1節で説明した，産業構造の転換で通信機器メーカーが上流の方に進出しようとしている形態の1つと考えてよいだろう。

▌4-2 二元的分配システム

　本節では，製・販融合型研究開発体制をサポートする報酬制度について検討する。ファーウェイは急速な成長と共に，優秀な人材の確保と安定した人

材育成という人事労務管理上の大きな課題に直面した。この課題を解決するために，先進国企業の人事労務管理を積極的に取り入れて独自の報酬制度を確立した。ソフトウェア技術者を含めた研究開発人材は，未知のものを創り出す者であり，独創的なものを生み出す才能を最大限に発揮することが期待されている。また製・販融合型研究開発体制では，異なる分野の専門家がプロジェクト・チームを作って共同で研究開発を行う。このようなプロジェクト・チーム方式を組み入れた研究開発体制では，個性の強い研究開発人材をチームとしてまとめ，それぞれの役割を存分に発揮させることが求められる。

ファーウェイは成長の過程で，研究開発人材という自立心の強い人材を管理する独自の報酬制度を作り上げてきた。その中で，特に注目されるのが分配面における独自システムである。すなわち賃金制度と従業員持株制度を組み合わせた二元的分配システムを確立したことである。基本法で「能力主義的職能給制度」と名付けられた賃金制度は，日本企業で実施されてきた「職能資格制度に基づく職能給制度」と関連し，「従業員持株制度」はアメリカのIT企業で多用されているストック・オプション制度と関連する。これらの性質の異なる制度を組み合わせた二元的分配システムがどのように創られ，どのような問題を孕んでいるかを検討する。

研究開発体制の改革で最も大きな改革は，本章第1節で述べたように，1998～2003年まで5年の歳月をかけて進められたIPD体制の導入であった。IPD体制では，プロジェクト・チームが重要な役割を担う。プロジェクト・チームは，研究開発部門だけでなく，製造部門や販売・サービス部門等の他部門からも参加した人員で構成される。研究開発のテーマ毎に，各部門出身者で構成されたマトリックス型研究開発組織（プロジェクト・チーム）が結成される。チーム自体は期限が定められた一時的な性格を有している。チームを構成する人材は，チームの結成と解散の度に配置転換する必要がある。またチーム方式の研究開発組織においては，チームの中心に位置するプロジェクト・マネージャが最も重要な役割を担う。プロジェクト・マネージャに能力と責任感がなければ，そのプロジェクトが失敗する可能性が高い。従って，プロジェクトを指導するマネージャには，高い技術専門知識だけでなく，管理者能力とリスクを負って目的を達成する強い意志が求められる。

しかしチームを構成する人材はマネージャだけではない。ルーチン的な仕事を担う人材も必要である。このような人材は，創造性はそれ程高くないが，マネージャの指示に忠実に従い，チームが求める能力向上に継続的に努力する人材である。さらに企業全体から見た場合，プロジェクト・チーム向けの人材だけでなく，生産部門の現場作業者やスタッフ部門の人材が存在する。IPD体制を企業内で効率的に運営していくには，これらの性格の異なる人材を有機的に統合して活動させていく必要がある。そのための人事制度には，①高い開発意欲と責任感を持った人材の有効活用，②自発的な能力形成への取り組み，③配置転換の円滑化が重要な管理項目としてある。

　人事制度の改革は，IPD体制が導入される1年程前（1997年）から始まっていた。この改革において「能力主義的職能給制度」と名付けられた賃金制度と「従業員持株制度」とを組み合わせた二元的分配システムが導入された。この分配システムは，上述のプロジェクト・チーム方式を組み入れた研究開発体制が有効に機能するのに有利であった。またその後のファーウェイの報酬制度の性格を決定づけるものとなった。[5]

1．能力主義的職能給制度

　ファーウェイの報酬制度の主要部は，基本給，奨励金，株式付与の3種類で構成されている。[6] 以下の分析では，基本給と株式付与に焦点を合わせて，経営側がこれらの報酬を研究開発人材の人事労務管理にいかに用いてきたかを分析する。[7] 特に注目する項目は，基本給に対する株式付与比率である。この項目に注目した理由は，基本給に対する株式付与の比率が高まると，基本給で支えられている「能力主義的職能給制度」が形骸化すると考えられるからである。すなわち基本給は賃金制度の根幹で「能力主義的職能給制度」を支える基礎である。給付額は人材育成の目標に沿って決定される。しかし，株式付与は従業員の役割とその成果によって定まり，基本給とは異なった報酬額になる。従って，基本給に対して株式付与の比率が高くなると，報酬制度に占める基本給の重要性が低下し，それによって支えられている「能力主義的職能給制度」が有効に機能しないことが予見される。

　基本法に規定された「能力主義的職能給制度」は，日本において1960～

第4章 製・販融合型研究開発体制の確立

70年代にかけて普及した「能力主義管理」との関連が深い。日本の「能力主義管理」は，経験（学歴）に依拠した従来の「年功的人事制度」による組織の硬直性を打破し，従業員の能力開発を推進するために1960年代後半より導入され，その後多くの日本企業に普及していた。[8] 日本の「能力主義管理」は，①雇用を安定的に維持して，②職務遂行能力を長期的に査定し，③それを基本給で裏付けることによって，④従業員自らが能力形成に努め，⑤企業に対する従業員の最大限の貢献を引き出すことを目指した人事制度である。欧米や中国の多くの企業で取り入れられている「職務」を基準にした職務給制度では，職務が固定されていることが前提になっている。そのため外部労働市場との人材転換は比較的容易に行えるが，企業内での配置転換は容易ではない。一方「能力主義管理」を基礎とした「職能給」制度では，仕事をする「人の能力」を基準にしているので，職務の固定はなく，外部労働市場との人材転換は容易ではないが，企業内の配置転換は円滑にできる。従って，「能力主義的職能給制度」はIPD体制に必要な「自発的な能力形成」や「配置転換の円滑性」に有利であり，また「企業の安定化」にも有益であると考えられる。「能力主義的職能給制度」は評価の基準を「能力，責任，貢献，及び仕事の態度」に定めている点で，日本の「能力主義管理」に類似していて，職務（仕事）を基準にした職務給制度とは本質的に異なると言えよう。

　まず「能力主義的職能給制度」の基礎となる資格等級制度であるが，図表4-6はファーウェイの研究開発人材についての資格等級と職位の関係を示す。[9] 資料によれば，資格等級は多くの企業と同様に数字で表記されている。最高位は「22」である。各等級はさらにA，B，Cと3段階の号俸に分けられ，生産ラインの作業者には「12」以下の等級が付与される。研究開発人材のキャリア形成開始点と見なされている4年制大学の新卒者には，「13C」の等級が付与される。定期的に実施される人事考課の結果に基づいて昇格があり，下位等級では，1年毎に平均2号俸の昇格がある。さらに上位の等級への昇格についても，図表4-6に示すように，勤続年数が重要な因子になっている。昇格の面で見る限り，日本企業と同様に勤続年数が重要な因子になっていることに注目しておこう。

　ただし，定期的（6か月毎）に行われる人事考課は厳格で，以下のような

107

５段階の相対評価が行われている。すなわち「最上位」，「中上位」，「中位」，「下位」，「最下位」の５段階のグループに分け，被評価者同士を相対的に評価して，評価順に５つのグループに振り分けられる。「最上位」グループには被評価者の25％，「中上位」グループには30％，「中位」グループには35％，「下位」グループには８％，「最下位」グループには２％が振り分けられる。「最下位」グループはマイナスの評価点が付けられ，「下位」グループはゼロの評価点が付けられる。評価点によって，昇格できなくなったり，研修所で特別の研修を受けることになったりする。さらに悪い場合は，退職勧奨を受けることになる。

　資格等級の最高位の「22A」等級は創業者の任正非と取締役会会長の孫亜芳の２名だけが格付けされている。創業者までが資格等級に格付けされているのは，後述するように，現在ファーウェイが，「華為投資控股有限公司工会」という従業員だけで構成された組織によって所有（98.82％）され，創業者も取締役会会長も従業員の一員であるためである。

　上述のように，ファーウェイは図表4-6に示すような全社的に統一した資格等級制度を確立した。ファーウェイは「能力主義的職能給制度」を賃金制度の中核にしようとしていることが，この資格等級制度からも理解できよう。

　資格等級制度には，従業員を格付するための資格要件表が必要であるが，その一例を図表4-7に示す。図表4-7は研究開発人材の専門職ルートの資格要件表である（孔［2009］32頁）。図表4-6で示された「職位」と図表4-7で示された「職位」で互いの関連性が理解できよう。

　各等級の要件の定義は，広い解釈ができるように，一般的な表現がされている。広い解釈を認めることによって，格付けの幅が広がり，異なった才能を有する多様な人材を同一の等級に格付けしやすくして，「配置転換の円滑化」を図っていることが推察できる。

　一方，資格等級制度を賃金から支える基本給体系は，図表4-8に示すように，等級間の差は大きい。[10]図表4-8の基本給体系において，研究開発体制の末端を構成する補助技術者領域の「13C」等級（大学新卒者）と「17A」等級（大卒後10年経験者）との格差が約５倍である。日本の一般的な企業では，基本給20万円の新卒者が，10年後に100万円の基本給を受け取れるという

108

第4章 製・販融合型研究開発体制の確立

図表4-6　研究開発人材の資格等級と役職・職位との関係

資格等級		到達年数	役職	職位
12以下		生産ラインの作業者等		
13	C	大学新卒		補助技術者
	B			
	A			
14	C	大卒2年後，修士卒業，実務経験5年の社会人		
	B			
	A			
15	C	大卒5年後，実務経験6年の社会人		
	B			
	A			普通技術者B
16	C	大卒8年後，実務経験8年の社会人		
	B			
	A			
17	C	大卒10年後，部門マネージャ経験10年の社会人		普通技術者A
	B			
	A			
18	C	業界有名企業の部門マネージャ2年以上，または実務経験10年以上の専門家	開発チーム主・副リーダー	高位階層技術者B
	B			
	A			
19	C	シスコ，エリクソン，ルーセントの部門責任者だった者	プロジェクト・マネージャ小代表所代表地域会社職能部門主管	
	B			高位階層技術者Aまたは技術専門家
	A			
20	C		大代表所代表各部門総監	
	B			
	A			
21	C			不明
	B			
	A		製品事業部総裁，地域会社総裁，子会社代表	
22	C			高位階層専門家（技術部門の最高）
	B			
	A		創業者任非正と取締役会会長孫亜芳の2名のみ	

出所：楊［2010］に基づいて著者作成。

109

図表4-7　研究開発人材の資格要件表

資格等級	職位	要件
技術1等級	補助技術者	当該専門分野の基本知識または単一領域の特定の知識を備え，適当な指導の下に，単一または局部的な業務ができる。
技術2等級	普通技術者B	当該専門分野の基礎的かつ必要知識，技能を備え，それらの知識及び技能が既に業務で何度も実践され，適当な指導の下で，複数の複雑な業務を完成でき，例外的な状況下でも，自律的に動ける。
技術3等級	普通技術者A	当該専門分野の特定領域の全面的な知識と技能を備え，特定方面に精通して，自律して達成でき，当該領域の1つの系統の業務を要領よく行え，他の者の業務を指導できる。
技術4等級	高位階層技術者B	当該専門分野の特定領域の知識と技能に精通し，他の領域の知識も備え，当該領域内の特定の系統を指導して有効に運用でき，その系統の複雑で重大な問題に対して，現用の手順，方法を改革して解決でき，他の系統の運用も熟知している。
技術5等級	高位階層技術者A	当該専門分野の複数の領域の知識と技能に精通し，当該領域の発展状態を把握して，全体の体系の有効運用を指導でき，当該領域の重大で複雑な問題の解決を指導できる。
技術6等級	高位階層専門家	当該領域の発展方向を洞察して，戦略的な指導思想を提起できる。

出所：孔［2009］に基づいて著者作成。

ことは考え難い。このことから見ても，ファーウェイの昇給ピッチは大きいと言えよう。基本給体系において昇給ピッチを大きくすることは，昇格の価値を従業員に理解させやすいという効果がある。このことから，ファーウェイが昇給ピッチの大きい基本給体系を使って，「能力主義的職能給制度」を強力に推進しようとしていることが見える。

　「能力主義的職能給制度」の推進は，ファーウェイが行ってきた「ジョブ・ローテション（輪番）制度」にも見ることができる。「能力主義管理」は自社内でのキャリア形成を大きな目標にしている。「能力主義管理」を行っている多くの企業は，安定的雇用を維持して，入社時の職務にとらわれることなく，経営側の意図に従って，従業員に異なる職務を経験させて能力を高めるジョブ・ローテション制度を設けている。上述のプロジェクト・マネージャを育

第4章 製・販融合型研究開発体制の確立

図表4-8　基本給体系

等級	基本給（元）			レンジ	ピッチ
	C	B	A		
13等級	5,500	6,500	7,500	2,000	1,000
14等級	7,500	9,000	10,500	3,000	1,500
15等級	10,500	12,500	14,500	4,000	2,000
16等級	14,500	17,000	19,500	5,000	2,500
17等級	19,500	22,500	25,500	6,000	3,000
18等級	25,500	29,000	32,500	7,000	3,500
19等級	32,500	36,500	40,500	8,000	4,000
20等級	40,500	45,000	49,500	9,000	4,500
21等級	49,500	54,500	59,500	10,000	5,000
22等級	59,500				

出所：楊［2010］に基づいて著者作成。

成する観点からも，ジョブ・ローテション（輪番）制度は有益である。ファーウェイは2種類のジョブ・ローテション・コースを実施している。

1つは職能を変えるもので，例えば研究開発人材を中央研究所，中央試験部（検査部），製造・販売，サービスと歴任させて各職能部門を経験させる方式である。この方式は多くの日本企業でも見られるものである。第3章第2節で述べたようにファーウェイの現在の取締役会役員の経歴から，このことが理解できた。取締役会を構成する役員の多くは理工科系大学出身者であるが，研究開発部門だけではなく販売部門も経験していた。理工科系出身者であっても販売部門の経験がないと役員になれる可能性が低いことが推察できた。

もう1つのジョブ・ローテションは，ファーウェイ特有のものと思われる。このジョブ・ローテションは職位を変えるもので，例えば人事部の課長をしていた者を，営業部の末端営業員に配置転換するような，中高位階層の幹部に低職位の職務を担当させるようなジョブ・ローテションである。「上に立つ者は下の経験が必要である」という創業者の考えが反映されたものである。このように上位の職位に居た者が下位の職位を担当するということはキャリ

図表4-9　職位（等級）と報酬との関係（％）

職位（等級）	基本給	奨励金	株式付与
補助技術者	90	10	
普通技術者	60	25	15
高位階層技術者	50	30	20
高位階層専門家	40	20	40

出所：孔［2009］に基づいて著者作成。

ア形成の一環であるとしても，下位の職位を担当しても賃金が下がらないことを保証する制度がなければ，実施することは困難であろう。このようなジョブ・ローテションが行えるのは，「能力主義的職能給制度」を設けることによって可能になっていると考えられる。

　なお賃金として基本給以外に，奨励金が大きな比率で給付されている。図表4-9は，図表4-7の資格要件表に基づいて格付けされた職位（等級）と報酬との関係を示す。奨励金は個人及び個人が属するグループを，年間の業績に基づいて評価して給付している。図表4-9から分かるように，基本給は職位が上がるに従って全報酬に対する給付比率は下がるが，奨励金は職位が上がるに従って全報酬に対する給付比率は上がるように設定されている。

　また図表4-9では，後述する従業員持株制度による株式付与の全報酬に対する比率を合わせて示している。このような異なった性格を持った報酬と職位の組み合わせにおいて，次の点が注目される。すなわち最上位の高位階層専門家の奨励金の割合が，普通技術者や高位階層技術者より低いのに対して，株式付与の割合が高いことである。これは高位階層専門家に対しては，リスクを取ることを推奨しているためと考えられる。結果が簡単に予見できないプロジェクトを自らの責任で引き受けて，プロジェクト成功のために最大限の努力をするように高級人材を動機付けるには，株式付与が適していると考えているからであろう。

　そして中位にいる普通技術者や高位階層技術者に対しては，奨励金の割合が高い。これは，リスクを取る必要はないが，成果は努力して出すことを求めているためであろう。

第4章 製・販融合型研究開発体制の確立

図表4-10 従業員数と資本金の推移

年	1988	1995	1997	2002	2007	2015
従業員数（名）	14	800	5,600	22,000	84,000	170,000
資本金（千元）	20	70,000	280,000	3,200,000	21,000,000	119,069,000
資本金/員数（千元）	1.5	88	50	146	250	700

出所：各種資料に基づいて著者作成。

２．従業員持株制度

「従業員持株制度」は，「共同体意識」と「企業家精神」の発揚を目標としていることが，後述の基本法の分析から分かる。このような目標設定には，創業期の自主技術形成とその事業的成功が大きく影響していると考えられる。創業期，創業者だけでなく従業員も崖っぷちに立たされた気持ちで働いて，成長の切っ掛けを掴んだ。従業員の経営者的な行動を制度として確立しようとしたのが，「従業員持株制度」と見ることができる。従って，「従業員持株制度」については，創業期からの変遷を辿りながら検討する必要がある。「従業員持株制度」は，次の３つの段階を経て現在に至っている。

第１期（資金蓄積期）　1990〜1997年

第２期（利益還元期）　1998〜2001年

第３期（成果給期）　　2002年〜現在

ファーウェイの急速な企業規模の拡大を見るために，創業から現在までの従業員数，資本金，及び従業員１人当たりの資本金の推移を図表4-10に示す。図表4-10から分かるように，従業員数も資本金も急激に増大している。従業員１人当たりの資本金も大きく変化している。このような背景から「従業員持株制度」の性格も企業の成長と共に変化してきた。特に，従業員数が創業期の1,000倍を超えた2002年，「従業員持株制度」は大きな変化を遂げた。

第１期（1990〜1997年）はファーウェイの「従業員持株制度」の原点である。1990年にこの制度が設立された。当初の動機は，創業（1987年）間もない弱小民間企業の資金繰りのために，従業員から資金を集めるためであった。当時は，このような制度について国が定めた法律はなく，創業者が編み出し

113

た資金繰りのための窮余の策で設けられた制度であった。一般の従業員にとって，株式を保有できるというよりも，創業者から半強制的に購入させられた面が強かった。株式を購入したい従業員は，どのような職位の者であっても株式を購入することができた。創業期の苦難を乗り越えて事業が成功し，利益が出るようになったのは，第1期の後半から（1994年以降）である。第1期においては，利益の大半は蓄積に向けられていたと考えられる。そのため株式付与（配当）が動機付けとして大きな役割を果たすことはなかったであろう。この時期の株式付与は，資金の調達と，創業者と従業員の共同体意識の確認の役割が大きかった。

　第2期（1998～2001年）は「従業員持株制度」が従業員への動機付け機能を果たすようになった時期である。事業の成功によって，株式保有が利益の分配を受けられる権利として実質的に機能するようになった。配当は株式購入価格（1株1元）の70～90％に達する高いものであった。そのため株式保有は従業員にとって大きな刺激となり，経営者は株式付与を従業員に対する動機付けとして使うようになった。

　「従業員持株制度」は法的裏付けを得るために，1997年に深圳市が出した「深圳市国有企業内部従業員持株試行規定」に基づいて改正された。この改正における最も大きな変更は，株式の保有主体を従業員から工会（以下では，「従業員組合」という）に変えられたことである[11]。従業員組合への変更は次のように行われた。改正前は，資本金7,005万元（10億500万円）がファーウェイの従業員と華為新技術股份公司という別会社（以下，「別会社」と略す）の従業員で100％保有されていた。改正後は，資本金を2万7,606万元（41億4,000万円）に増資され，それらをファーウェイの従業員組合（持ち分61.90％）と別会社の従業員組合（持ち分33.05％）がそれぞれの持ち分を受託管理し，残りの5.05％を別会社自身が保有するようにされた。別会社は株保有のために設立された「ペーパー・カンパニー」と見られる。また従業員組合が従業員の議決権を代行することが当時の株主総会で決定された。しかし①従業員組合と従業員個人との権利関係，②具体的な株主とその株式保有数等は明らかにされずに改正が行われた。また株式価格は1株1元とされ，企業業績に関係なく固定的に維持されることが決定された。さらに株式購入

権について制限が加えられ，研究開発人材に対しては勤続１年を経過すると株式の購入が認められたが，一般の事務スタッフや生産ラインの作業員には株式購入権は基本的に認められなくなった。改正は従業員に十分な説明を行うことなく実施された。改正が従業員から何の異議も出ずに実施できたのは，第１に配当金が高く，従業員にとって不満を言う必要がなかったこと，第２に当時「株式」に対する一般従業員の知識が低く，問題点を指摘できる者がいなかったためと考えられる[12]。

　この時期の株式保有の割合は，40％の株式が高位階層従業員，30％が中位階層従業員，10〜20％が一般従業員（事務スタッフ，作業員は除かれている）で保有されていた[13]。また1997年までに入社した一般従業員は５万株，中位階層従業員が10万株を保有し，200万の株式を保有する従業員が1,000人もいた[14]。株式保有が制限されるようになったこの時期においても，従業員の80〜90％が株式を保有していた。また毎年の配当率が70〜90％と高く，５万株を保有する一般従業員でも，3.5万元（１元×５万株×70％）の配当を受けることができた。少なくとも基本給の３分の１相当の株式配当を受けていたと考えられる[15]。格差が大きい基本給に加えて，株式付与という刺激性の強い報酬が，「リスクを負う高い志」を持った人材の誘致と育成に役立つことになる。

　しかし高い配当はファーウェイの「従業員持株制度」が宿していた「資本的性格」と「賃金的性格」の矛盾を露見させることにもなった。上述のように経営者は株式付与を成果給のように用いてきた。しかし株主を無限に拡げることは，経営支配の観点からできることではない。一方従業員の中には，企業の成長と共に多くの株式を保有するようになり，高い配当によって「働かずに収入が得られる」ことを経験して，「従業員持株制度」が本来目標としていた「企業家精神」の発揚から逸脱する者が現れてきた。また一般従業員にとって，株式保有で基本給に相当するような報酬を得られるようになり，「基本給」の「基本」が揺らぐことになった。その結果，「基本給」に支えられた「能力主義的職能給制度」が形骸化する恐れが出てきた。

　さらに高い成長を経験した従業員は，「企業資産」と「株式価値」との関係に不信を抱くようになってきた。この不信を象徴する事件が，2003年に起こっ

ている。ファーウェイの1990年代の発展に大きく貢献し執行副総裁にまで
昇進した元経営幹部（劉平）が，2002年にファーウェイを退社して2003年
に従業員持株問題で裁判所に訴訟を起こした。訴訟の内容は，「企業資産」
と「株式の実勢価格」との関係が不合理であるというものであった。ファーウェ
イの株式は公開されていないので，その価値（実勢価格）は市場の決定を受
けず，1株1元と固定されていた。ファーウェイの驚異的な発展による企業
資産の増大と株式の実勢価格が対応していないことを問題にした訴訟であっ
た。裁判の結果は元経営幹部の敗訴に終わったが，ファーウェイの従業員持
株制度における「企業資産」と「株式の価値」の矛盾が公になり，後述する
「ファントム・ストック（虚似受限股）」を採り入れる要因のひとつとなった。

　第3期（2002年～現在）は，株式付与の「成果給」的機能を確立した時
期である。そして第2期の後半から現れてきた上述の矛盾をさらに深めるこ
とになった。株式付与を「成果給」として確立するために，経営者は従来の
「株式」を「ファントム・ストック（虚似受限股)」と呼ばれる株式に似たも
のに転換した。ファーウェイは「ファントム・ストック」を2002年より導
入した。「ファントム・ストック」はアメリカで開発されたもので，現実の
株式価格と連動して価値が定まる「疑似株式」を従業員に付与し，規定期間
経過後に会社が内定した価格で会社に売却するなり，経過後も保有して配当
相当額を受け取ることができる制度である。通常の株式と異なる点は，議決
権や譲渡権等の通常の株主が有している権利がないことである。「ファントム・
ストック」を幾ら増やしても，株主構成や株式価値の希釈化は生じない。

　経営者は従来の「株式」を「ファントム・ストック」に転換するために，
株式の価格を「1株1元」と固定していたものを，年毎の「純資産」に基づ
いて定めるようにした。[16] 導入当初の2002年は「1株2.64元」と定めて，従
来の「株式」を保有する従業員が「ファントム・ストック」に転換すること
を促した。その後のファーウェイが内定した株式価格の推移を図表4-11に
示す。

　図表4-11から分かるように，企業業績の増大と共に内定株式価格が上昇
している。この間「ファントム・ストック」を付与された従業員の資産は，
大きく増大してきたことが推測できよう。なおファーウェイの「ファントム・

第4章 製・販融合型研究開発体制の確立

図表4-11　内定株式価格の推移

年	2001	2002	2003	2006	2008
株式価格（元）	2.64	2.62	2.74	3.94	4.04

出所：各種資料に基づいて著者作成。

ストック」の規定期間は4年である[17]。

　ファーウェイの「2015年度（中文）アニュアル・レポート」によると，ファーウェイの最大の株主は，ホールディング・カンパニーの「華為投資控股有限公司」（以下，「華為投資」と略す）で全株式の98.82％を保有し，残りの株式（1.18％）を創業者の任正非が保有している[18]。「華為投資」は，ファーウェイの従業員組合を中心にした投資会社として2003年に設立された。このことから，ファーウェイは法律的には従業員組合と創業者によって所有されていることになる[19]。しかし「華為投資（すなわち従業員組合）」内の株主構成や意思決定方式についての詳しい説明は公にされていない。ちなみに「華為投資」の代表者は，ファーウェイの取締役会会長の孫亜芳である。

　ファーウェイの本来の株式と「ファントム・ストック」との関係は，次の増資の事例からその一部を見ることができる[20]。ファーウェイは2004～2011年に63.74億株（275.447億元／4,131億円）の増資をした。2011年だけでも17.35億株の増資をした。それに対して，2つの株主（華為投資と任正非）は94.037億元（1,410億円）の出資をした。「華為投資」は出資に相当する「ファントム・ストック」を従業員に割り当てた。2004年から現在までに，従業員が購入した「ファントム・ストック」は260億元（3,900億円）であった。この事例から，株式の増資があった場合，本来の株式は「華為投資」と任正非が保有し，増資分に当たるものを従業員が「ファントム・ストック」として購入していることが理解できる。

　ファーウェイは「アニュアル・レポート」等で「従業員持株会社」と喧伝しているが，その「従業員持株」には「ファントム・ストック」が含まれていることに注意しておく必要がある。このことは，ファーウェイCEOの徐直軍が中文版『フォーブス』（2012年12月3日発行）で行った，次の説明からも明らかである。「従業員持株を，我々はファントム・ストック（虚似受

117

図表4-12　株式保有従業員の割合

年	2009	2010	2011	2012
全従業員数	9.5万	11万	14万	15万
株保有従業員数	6.1万	6.5万	6.6万	7.4万
株保有従業員割合（%）	64	59	47	49

出所：各「アニュアル・レポート」に基づいて著者作成。

限股）と称している。従って，6万以上の従業員株主は厳密な意味での株主ではない」。

　図表4-12は2009～2012年の株式保有従業員割合の推移を示す。この株式保有従業員には，「ファントム・ストック」を購入した従業員が含まれていることは，上述の通りである。

　図表4-12からも分かるように，最近4年間の株式保有従業員割合は従業員数の増大と共に低下傾向にある。しかし全従業員の50%前後が株式を保有していることは，株式付与による動機付けを重視していることを示すものと言える。株式保有従業員割合は，第1期では100%，第2期でも80～90%，第3期でも約50%と非常に高い。そして大学新卒者でも1年後には株式を保有することができる。そして株式保有によって受ける報酬は，基本給に相当するような高額である。もし高い株式価格で買い戻してもらうと，下位階層の従業員でも多額の利益を得ることができる。ファーウェイの「従業員持株制度」は，従業員の持株比率と配当の高さから見て，日本の多くの企業で行われている「従業員持株制度」と異質であることが理解できよう。

　第3期，経営者は「ファントム・ストック」の導入によって，「従業員持株制度」の「成果給」的側面を強化した。「株式付与」が「成果給」に変質することによって，基本法で謳われていた「株式付与」による「共同体意識」と「企業家精神」の発揚は難しくなり，基本給に支えられた「能力主義的職能給制度」も形骸化を進めることになった。

　さらに「従業員持株制度」には次のような問題点が指摘できる。ファーウェイが属する通信機器産業は，既述のように，技術革新が最も急速に進展している産業である。そのために研究開発費は膨大になってきている。しかしファー

ウェイは株式市場に上場していないので，株式市場から資金を調達すること
はできない。そのため内部から調達することが選択された。それは「ファン
トム・ストック」を使って従業員から調達する方法であった。上述の増資の
事例では，2011年だけで94.037億元（1,410億円）の資金を集めようとした。
これからもこのような大きな資金調達のために「ファントム・ストック」が
利用されることになれば，「株式（ファントム・ストック）付与」と人事制
度との関係が大きく変わる可能性がある。

　以上，二元的分配システムに焦点を合わせて，ファーウェイの人材育成と
報酬制度の関係を検討してきた。「能力主義的職能給制度」で，①雇用を安
定的に維持して，②職務遂行能力を長期的に査定し，③それを基本給で裏付
けることによって，④従業員自らが能力形成に努め，⑤企業に対する従業員
の最大限の貢献を引き出すと共に，「従業員持株制度」で，①「利益運命共
同体」の形成と②「責任感と才能を備えた企業幹部層」を育成することによっ
て，一般従業員と幹部の人材育成が進められてきた。「ドッグ・イヤー」に
例えられるような急速な技術革新に遅れることなく，ファーウェイは事業の
規模を拡大してきた。この点から見て，二元的分配システムを報酬制度の柱
にした人事制度は，経営者の期待通りに機能してきたように見える。

　しかしファーウェイの人事制度の有効性について，現時点で結論を出すこ
とは慎まなければならない。それは，ファーウェイはいまだ本格的な調整期
を経験していないからである。ファーウェイの成長は，中国が先進国へのキャッ
チ・アップを開始した1978年の経済改革以降の高度経済成長と同調している。
経済改革直後の手つかずの巨大な市場の存在や，政府の保護育成政策によって，
中国のローカル企業が右肩上りに急速に成長できた経済環境が存在し，小さ
な成長が次の大きな成長を生むという「正のスパイラル」が生じやすかった。
二元的分配システム，特に「従業員持株制度」による「株式付与」は，この
「正のスパイラル」において最もその効力を発揮できたと考えられる。一方，
企業成長が停滞または下降するような調整期を迎えた時に，「株式付与」が
状況打開に寄与するのか，状況悪化に作用するのか，現在の資料で予想する
ことは難しい。「株式付与」を「賃金（成果給）」と見なしていた従業員が，
企業業績の悪化のために，それが出ないと知れば，モラル（やる気）を低下

させて業績をさらに悪化させるか，創業期のように株式を保有する従業員が
「企業家精神」を発揮して長期的視野を持って株式価値の低下（成果給の低下）
に耐え苦境打開の活動を積極的に行うか，現時点で確定的な予想をすること
は難しい。ただ，現在のファーウェイは創業期の小さな企業でない以上，創
業期の従業員と同じようなことを期待することは難しいであろう。

4-3 研究開発活動の比較分析

　ファーウェイは自主技術形成を重視し，製・販融合型研究開発体制を構築
した。本節ではファーウェイの研究開発活動を特許出願データに基づいて検
討する。研究開発は技術形成の一環であり，研究開発で形成した独自技術を
保護するために，特許出願するのが製造企業の一般的な傾向である。従って
特許出願データは企業の研究開発活動を示す指標とも言える。本節では特許
出願データに基づいて，ファーウェイの技術重視型経営の特徴を，他の地場
企業の研究開発活動と比較して検討する。特許出願データは，ファーウェ
イの確立期から飛躍期（1994～2003年）を含む1985～2005年に絞っている。
この期間に絞った理由は，最近（2000年代後半以降）の中国の特許出願件
数が年間100万件を超えるような膨大な数に達しており，最近のデータを含
めると，ファーウェイが台頭してきた1990～2000年代初期の傾向が見え難
くなることを避けるためである。

　まず中国の特許出願の一般的特徴を説明する。中国で近代特許制度が設立
されたのは，経済改革がある程度定着した1985年であった。[21]日本では1885
年に特許制度が設立されており，中国は日本より100年遅れて特許制度を設
立したことになる。特許制度は，発明を完成させた発明者に一定期間その発
明を独占的に実施できる権利を認めて，新しい技術の創出を促す制度である。
特許権は排他性の強い私有権で，「技術を公共財」と考えてきた社会主義国
家中国にとって，そのような権利は認め難いものであった。しかし先進諸国
から先進技術を導入するには特許制度を設ける必要があると認識した指導部
は，まだ私有権に関して確定的な方針が出されていなかった1985年に特許

第4章 製・販融合型研究開発体制の確立

制度を設立した。

　中国の特許法は，発明，実用新案，意匠の3種類の工業的創作の保護を規定している。発明はプロダクト（物）またはプロセス（方法）に関する高度な創作を，実用新案はプロダクト（物）に関する小さな創作を，意匠は工業製品の外観に関する創作を言う。日本では，発明，実用新案，意匠は，それぞれ個別の法律で保護されているが，中国はこれら3種類の工業的創作を1つの法律で保護している。[22]権利取得の難易度は，特許（発明）が最も高く，その後に実用新案，意匠と続く。権利範囲は特許（発明），実用新案，意匠の順で狭くなる。権利期間は特許（発明）が最も長く，出願日から20年，実用新案，意匠は出願日から10年である。

　特許制度設立当初の1985年の中国人（台湾を除く）の出願件数は，特許（発明）4,064件，実用新案5,077件，意匠269件，計9,410件であったが，2005年の中国人（台湾を除く）の出願件数は，特許（発明）8万4,403件，実用新案12万8,974件，意匠14万9,898件，計36万3,275件で，約39倍に増えている。出願件数のこのような増加率は他の新興工業国では見られないことである。

　図表4-13は1985～2005年までの，外国人出願を除いた，中国人によるすべての出願の特許（発明），実用新案，意匠の出願件数の推移を示す。出願には企業，大学，政府機関等の組織の出願及び非職務出願が含まれている。図表4-13から，特許（発明）出願が少なく実用新案と意匠出願が多いことが分かる。このような傾向が生じた要因として，第1に，この時期の中国の技術水準が総体的にはキャッチ・アップ段階にあったことが挙げられる。すなわち基本技術は先進国企業が特許（発明）として権利化していて，それを超えるような発明を完成させるには長い時間が必要だが，改良技術であれば短時間で完成することができ，高い創作性が求められない実用新案または意匠でその開発成果を権利化する方が，自己の知的財産を確保する上で効率的であると考えたためである。このような傾向は日本の1950～1980年代の特許出願状況と似ている。

　第2に，販売促進の1つの方法として消費者に新しい商品であることを訴求するには，その商品が「特許商品」であると表示するのが効果的であると考えて，無審査で登録できる実用新案や意匠を出願していたことが要因とし

121

図表4-13　中国人出願人の特許（発明），実用新案，意匠の出願件数の推移

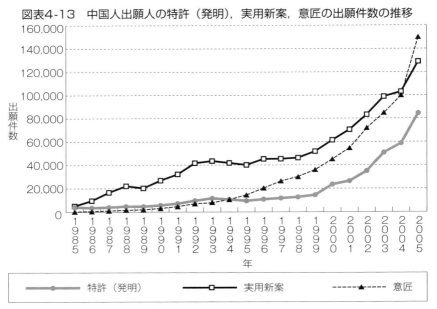

出所：中国特許庁データベースに基づいて著者作成。

て挙げられる。実用新案や意匠は名目的な権利が欲しい者にとって気軽に権利化できるものであった。[23]

　図表4-14はファーウェイの特許（発明），実用新案，意匠の出願件数の推移を示す。図表4-14から明らかなように，ファーウェイの場合，特許（発明）出願の件数が圧倒的に高い。また特許（発明）と実用新案や意匠の出願件数の開きが，年が進むに従って大きくなっている。この傾向は，上述の一般的特徴と著しく異なる点である。

　ファーウェイの特許（発明）出願件数が高い理由として，第1にファーウェイが取り扱っている製品はソフトウェア技術が絡むので，ソフトウェア技術を保護の対象としていない実用新案はファーウェイの技術に馴染まなかったこと，第2に製品が一般消費者向けでないので意匠出願するメリットがなかったことが考えられるが，それ以上に基本技術において独自技術を形成することを目指していたことが，ファーウェイの特許（発明）出願件数が高い理由として大きいのではないかと考えられる。すなわち技術競争においては，製

図表4-14 ファーウェイの特許（発明），実用新案，意匠の出願件数の推移

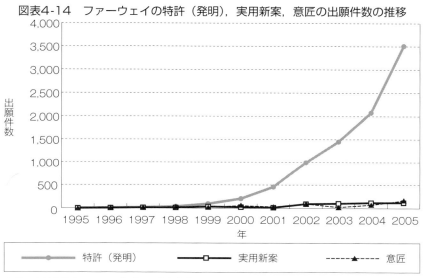

出所：中国特許庁データに基づいて著者作成。

品の核心にかかわる基本技術を保持していることが重要であるが，ファーウェイはその点を強く認識して，基本技術分野で独自技術を形成することを目指していたことが，このような結果になっていると考えられる。

　また先進国企業と対等に競争するために特許（発明）を多数保持する必要があったことが大きな理由と考えられる。通信機器のような多くの部品からなる製品は多数の特許がかかわっている。それらの特許が異なる企業によって所有され権利者が互いに権利を主張した場合，その製品は製造販売できないことになる。そのような事態を防ぐために，権利者が互いの権利をクロス・ライセンスすることが行われている。その時の交渉では特許の数が多い方が優位に立つことができる。言い換えれば，特許を多数持っていないと市場に参加できないことになる。実用新案は特許（発明）に比べると評価は低いので，どうしても特許（発明）を多数出願することになる。この点から，ファーウェイは製品の基幹分野で特許（すなわち自主技術）を得て，先進国企業と基本技術で互角に競争しようとしていたことが分かる。

　図表4-15は中国電子産業に属する大手企業の1985〜2005年までの特許（発

図表4-15　中国電子産業大手企業の累積特許出願件数（1985〜2005年）

企業名	特許（発明）	実用新案	意匠
ファーウェイ	8,859	548	521
ZTE	3,155	403	548
聯想	987	596	484
ハイアール	594	1,601	2,314
海信	232	558	698
TCL	183	332	762
北大方正	122	58	129
美的集団	51	532	1,187
上海広電	117	87	109
熊猫電子	34	96	107
普天信息	51	2	0
康佳	114	229	174
長城計算機	19	19	20

出所：中国特許庁データに基づいて著者作成。

明），実用新案，意匠の累積出願件数を示している。

　ファーウェイは実用新案や意匠の出願件数に比べて特許（発明）の出願件数が圧倒的に高い。一方ハイアールは特許（発明）の出願件数に比べて実用新案，意匠の出願件数が高い。両社とも知的財産を重視した経営をしていると喧伝していたが，知的財産の内容は大きく異なる。ハイアールは基本技術については先進国企業の既存技術を利用し，外観等の容易に創作しやすくかつ消費者に独自性をアピールしやすいものに対して，権利化の容易な実用新案や意匠で保護しようとしていたことが特許出願データから分かる。一方，ファーウェイは他社が簡単に追随できない独自技術を専有するため，権利範囲が広く長期間権利が保持できる特許（発明）出願に力を入れていたことが分かる。

　図表4-16は1990年代にデジタル交換機の自主開発に成功した主要地場企業5社（ファーウェイ，ZTE，大唐，巨龍，金鵬の5社；第6章で詳しく

第4章 製・販融合型研究開発体制の確立

図表4-16 主要5社の特許（発明）出願件数の推移

年	1995	1996	1997	1998	1999	2000
華為	5	11	19	36	96	206
中興	0	0	0	5	76	141
大唐	0	0	0	0	1	3
巨龍	0	0	0	0	0	0
金鵬	0	0	0	0	0	0

年	2001	2002	2003	2004	2005
華為	458	993	1,450	2,077	3,508
中興	273	300	566	728	1,066
大唐	5	5	11	22	12
巨龍	5	0	0	0	0
金鵬	0	0	1	0	0

出所：中国特許庁データに基づいて著者作成。

説明する）の特許（発明）出願件数の推移を示す。ファーウェイとZTEを除いた3社はほとんど特許（発明）出願をしていない。特許（発明）出願を持続的に行っているのはファーウェイとZTEで，大唐，巨龍，金鵬は特許（発明）出願をほとんど行っていない。

　技術革新が急速に進行している通信機器産業に属していても，すべての地場企業が特許（発明）出願を積極的に行っていたわけではないことが，図表4-16から分かる。言い換えれば，研究開発の取り組みは産業上の特質ではなく，各企業の経営戦略によって異なることが理解できるだろう。図表4-16の出願件数の相違を上述のクロス・ライセンスの観点から見ると，ファーウェイやZTEは先進国企業と対等に競争することを目指し，そのために知的財産権を積極的に形成するという強い意欲を持っていたが，他の主要企業はそのような意欲が低くかったと解釈できよう[24]。

　またファーウェイは売上高の変化に関係なく，特許（発明）出願を持続的に増大させてきた。それは自主技術形成を企業方針として一貫して維持してきたことを示すものである。このような一貫性が維持できた背景として，第

125

1に，ファーウェイが民間企業で政府からの影響力が小さく，創業者を中心とした経営主体が一貫して経営の主導権を握れたこと，第2に，株式が一般公開されず株主に影響されることなく，創業者を中心とした経営主体が強いリーダシップを発揮できたことが挙げられる。ハイアールやTCLは公企業か国有企業であったので，1980〜90年代半ばに政府との関係において利潤経営請負制が実行され，留保利潤の最大化が企業経営の目標であった。[25] 1990年代後半から株式化が進み，証券市場の時価総額の変動が企業の経営方針を左右する要素となった。[26] そのため経営者は懐妊期間が長い研究開発投資に取り組むことが難しく，短期間で成果が出せるブランド戦略や量的成長及び販売とアフター・サービスのシステムに投資する傾向が強かった。このような経営主体の相違が特許出願データにも表れていると考えられる。

〈注〉

1) 張［2009］120頁参照。
2) 同上書，191頁参照。
3) 「我所了解的華為IPD（私が理解するファーウェイのIPD）」（http://www.mwtee.com/thread-35147-1-1.html，2003年5月13日確認）。
4) 「2015年度（中文）アニュアル・レポート」，89頁。
5) ファーウェイは今まで人事制度について，自ら積極的に公開してこなかった。取締役会のメンバーを具体的に公開したのは「2011年度（中文）アニュアル・レポート」からである。そのためファーウェイが提供する情報だけで深い検討をすることは難しい。しかしインターネット上にはファーウェイの情報は大量に存在する。インターネット情報の特質として，ファーウェイに関する情報も玉石混合であるが，丹念に比較検討して調べていくことによって，貴重な情報を把握することができる。本書においても，そのような手法で得た情報を用いた。
6) ファーウェイの報酬制度については，ファーウェイ自らが公開した具体的情報は極めて少ない。それは，①ファーウェイが株式市場の上場企業でないこと，②企業情報を積極的に公開する企業でなかったことに由来する。しかし最近（2010年頃から）ファーウェイも企業情報を公開するようになってきた。その大きな理由は，①ファーウェイがグローバル企業になったことによって，米国を含めた先進国規準を満たす必要があったことと，②ビジネスがBtoCになって，一般消費者の印象が重要になってきたからである。なお退職年金や医療保障等は，これら3つの報酬に比べると，従業員の大半を占める若い従業員にとって，それらの重要性は低いので，本章では検討し

第4章 製・販融合型研究開発体制の確立

なかった。

7）本書では「報酬制度」を，基本給や賞与等の賃金制度と株式付与による経済的利得を包含した概念として使用する。

8）この部分の見方については，津田真澂［1968］『年功的労使関係論』ミネルヴァ書房277-279頁が参考になろう。

9）この表は，中国通信産業ウォッチャーの楊祖江が2010年11月2日に自身のブログ（http://www.yzjbj.com）で公開した「ファーウェイ内部の賃金と待遇の解説（華為内部工資和待遇詳説）」を中心に，他の情報も合わせて著者が作成したものである。

10）このデータはファーウェイ自身が公開したものではなく，ファーウェイを退職した「前華為人」達が互いの情報をインターネット上で交換し合っているデータに基づいて作成されたものである。同一のデータが，黄［2016］18頁にも記載されている。

11）中国語の「工会」は一般従業員だけでなく経営者も参加している組織であり，通常の労働組合とは異なる。従って，本書では「従業員組合」と訳して使用する。「従業員組合」と「労働組合」の比較については，本書第5章第2節で詳しく検討している。

12）後述する老幹部（劉平）の訴訟事件が，この状況を公にしている。

13）程・劉［2004］109-110頁参照。

14）黄・程［2010］117頁参照。

15）別の情報によれば，当時の報酬構造は，給料，賞与，株式配当が1：1：1の関係であったと言われている。

16）ファーウェイは株式市場に上場していないので，株式価格はファーウェイ自身で定めることになる。ファーウェイは会計事務所の会計報告に基づいて決定していると説明しているが，具体的な決定方法は公開していない。

17）黄・程［2010］108頁参照。

18）ファーウェイは株主構成や株式の種類にかかわる情報を提供してこなかったが，2009年以降，アニュアル・レポートで株式構成を若干明らかにするようになった。

19）ファーウェイの「2012年度（英文）アニュアル・レポート」，84頁参照。

20）明他［2012］参照。

21）中華人民共和国が成立してまもない1950年に，「発明権と特許権の保護についての暫定条例」が公布されたが，1957年に施行が停止され，1963年に廃止された。この条例は，発明権者には奨励金を受け取る権利を，特許権者には権利を譲渡，使用許諾，遺産とする権利を認めていたが，通常の特許権の特徴とされている独占権は認められていなかった。1950～1957年に認められた発明権は6件，特許権は4件であった。

22）「特許」という用語には，発明のみを保護の対象とする狭い意味と，発明，実用新案，意匠の3つをまとめて保護の対象とする広い意味がある。中国の特許制度を説明する関係上，「特許」という用語を発明，実用新案，意匠を保護の対象とする広い意味で使用し，日本で通常使用されている狭い意味の「特許」に当たるものについては「特許（発明）」という用語で表す。

23）無審査で登録されるが，権利行使で権利の有効性が争われた時は，無効審判という準

127

裁判手続きで判断される。

24) 2005年4月15日に上海で開催された「第1回日中企業連携・知財フォーラム」の報告書で、ファーウェイの知的財産部部長の宋柳平氏が以下のような報告をした。「①1995年に知的財産権部門を設置した。②2004年までの累計で、約6000件の出願をした。③国際出願を2004年までに約500件した。④会社のグローバル経営の安全を保障するために特許出願は必要である。⑤主な製品領域において製品と知的財産権を結びつけて、国際標準の中でファーウェイの特許が運用されるように努力している。ファーウェイは、海外にも積極的に特許出願をして、国際市場で先進国企業とクロス・ライセンスが結べるようにしようとしている。国際標準にも加わろうとしている。」

25) ハイアールは集団所有制企業（中国では公企業のひとつ）であり、主管は山東省青島市政府で、TCLは地方国有企業であり、主管は広東省恵州市政府である。80年代から90年代半ばにかけて、国有企業または集団所有制企業では、企業経営者と政府主管との間に利潤経営請負制が実行された。請負期間は3～5年であり、利潤総額から一定額の上納利潤を差し引いて、残りは留保利潤とした。上納利潤の額は予め固定されていたので、利潤総額が大きいほど留保も大きくなった。

26) TCLはグループ構成企業を、90年代後半から相次いで深圳証券市場、香港証券市場に上場した。ハイアールは傘下の中心企業を上海証券市場に上場させた。

第**5**章
経営理念と人事労務管理

5-1 ファーウェイ基本法

　本章では，ファーウェイの経営理念と人事労務管理について検討する。ファーウェイの経営理念はファーウェイ基本法に示されている。基本法は，局用デジタル交換機の自主開発で交換機のハイエンド市場への新規参入を果たした1年後の1995年から取り組まれ，1998年3月に全従業員に公表された。公表まで何度も全社的な議論を経て制定された。基本法の作成過程では，後述のように中国人民大学の経営学者のアドバイスを受けているが，基本的には創業者であり現在においてもファーウェイの第一人者である任正非の経営思想が体現されたものと考えるのが適切であろう[1]。また基本法は，製・販融合型研究開発体制への組織再編が着手される前に制定，公表された。基本法には，製・販融合型研究開発体制の確立にかかわる理念も含まれていると考えられる[2]。基本法を検討することによって，ファーウェイにとって大きな費用と犠牲を払った経営管理機構の再編，特に製・販融合型研究開発体制の確立の理念を知ることができよう。従って，ファーウェイの経営を理解するには，基本法の検討は必須である。

　ただし，基本法を具体的な経営方針を演繹的に導き出す基礎条文と捉えることは慎まなければならない。基本法は付録IIに示されているように，整然とまとめられている。そのため，基本法の各条文から下位レベルの規則が演

129

図表5-1　創業者（任正非）の講話回数

年	1991	1992	1993	1994	1995	1996	1997	1998	1999	2000	2001	2002	2003	2004	2005	2006	2007	2008	2009	2010	2011	2012	2013
回数	1	1	2	11	8	39	52	28	26	29	13	10	2	6	9	10	12	10	11	10	13	7	6

出所：呉［2014］のリストに基づき著者作成。

繹的に制定され，個々の具体的状況に対して体系的に対処しているように見えるが，実際はそうではない。まず注意しておくべきことは，基本法は公表後一度も改正されていないということである。公表された1998年と比べると，現在のファーウェイの企業規模，市場構造，取扱商品等は大きく変わったが，現在まで一度も基本法は改正されていない[3]。また創業者が「基本法は完成した時に，その使命は終えた，抽斗に入れて置いてもよい」と言ったと伝えられている。しかし基本法が破棄されたとか，基本法に代わる新たな理念集が制定されたとかの発表はない[4]。これらの点を総合すると，基本法は「体系的ルールの基礎条文」というよりも，実際は，日本企業でよく見られる「経営理念の箇条書き」程度のものと捉えた方が実際の運用に近いように思われる。従って，基本法を条文解釈のように厳密に検討するよりは，その中心思想を探る方向で検討する方が有益である。

　従って，以下の検討では，基本法の中心思想を探る方向で進める。この場合に注目すべきことは，創業者任正非が頻繁に社内講話や社内報で，自分の考えを公表していることである。この創業者の社内講話が，基本法の条文解釈機能を果たしているように見える。創業者は創業期から現在まで，企業経営，技術革新，人事労務管理等のテーマについて，主に従業員を対象に多くのことを語ってきた。入社式での新入社員向けの講話のような定例的なものから，経営環境が大きく変わった時に出される新政策まで，創業者の考えが社内講話で直接従業員に提示されてきた。講話は，社内報の『華為人』，『管理優化』，『華為文摘』等に載せられている。呉［2014］は，創業者の1991〜2013年までの講話のタイトルを列記している[5]。列記されている講話の回数を年毎に集計すると，図表5-1に示すような推移になる。

図表5-2　ファーウェイ基本法の基本構成

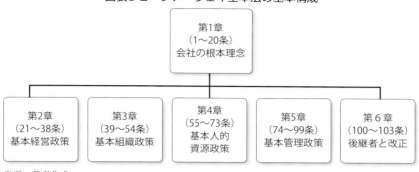

出所：著者作成。

　1997年が最も多く1年に52回の講話をしている。前年の1996年が39回，後年の1998年が29回である。基本法は1998年3月に公表されたが，その3年前から基本法制定の全社的な活動が展開されていたので，公表前年の1997年に数多くの講話がなされたことは，創業者が基本法に込めていた熱意の大きさを反映していると考えられる。基本法が制定されてからは，講話の回数が急激に低下しているが，その講話の中には，基本法にかかわる事項も話しており，講話自体が条文解釈の実質的な役割を担っていたと判断しても大きな誤りではないだろう。この点で，創業者の講話は基本法の検討に有益であり，以下の基本法の検討では，基本法に関連する創業者の講話を参照しながら進める。

　基本法は付録Ⅱに示す通り，6章103条から構成され，その基本構成は図表5-2に示す通りである。第6章を除く各章には節が設けられ，各節に2から9の条文が配置されている。

　本書では，人事労務管理にかかわる条文，特に製・販融合型研究開発体制の運営にかかわる下記の項目に関係する条文を中心に検討する。

(1) 自主技術形成：

　　ファーウェイは「自主技術形成」を重視してきた。製・販融合型研究開発体制はその考えを反映したものである。基本法において，「自主技術形成」が，どのように位置づけられているかを検討する。

(2) 従業員観：

　製・販融合型研究開発体制の根幹は研究開発（ソフトウェア）技術者の管理である。このような高級人材を経営者はどのように観てきたか，その従業員観を検討する。

(3) 報酬制度：

　製・販融合型研究開発体制の運営において，独自の報酬制度が大きく貢献したことを第4章第2節で確認した。独自の報酬制度が基本法において，どのように位置づけられているかを検討する。

1．自主技術形成

　基本法は，自主技術形成の重要性を，その中心に当たる第1章（会社の根本理念）で明確に規定している。第1条で，「ファーウェイの望みは，電子情報領域で顧客の夢を実現することであり」，「世界一流の設備サプライヤーになるために，情報サービス業には永久に参入しない」と規定し，「ものづくり」に徹することを宣言している[6]。さらに基本法は第13条で技術の重要性を会社の成長と関連づけて規定している。「機会，人材，技術，及び製品が，会社の成長の主要な牽引力である」と規定し，「機会は人材を牽引し，人材は技術を牽引し，技術は製品を牽引し，製品はさらに大きな機会を牽引する」と述べている。この規定からも，「技術」はファーウェイの成長にとって欠かせないものであるという認識を持っていることが分かる。

　研究開発政策を規定した第26条で，「売上高の10％を研究開発費に支出し，必要かつ可能な時は支出比率を増やす」と明記している。「研究開発費10％」政策は，基本法が公表されてから毎年実行されてきた。その具体的数値を現在入手できるデータ（2001～2005年までの期間の推移を，図表5-3に示す）で見てみると，研究開発費の対売上高比率は常に10％を超えている。ちなみに2005年度の電子産業系日本企業の研究開発費の売上高比率は4～8％である。この点から，ファーウェイの「10％」は相当に高いと言えよう。

　以上のことから，ファーウェイは理念においても実践においても，自主技術形成を重視してきたことが理解できる。その自主技術形成について，基本法は第3条で，「自主独立の基礎のうえに先進的基本技術体系を，開放的な

第5章 経営理念と人事労務管理

図表5-3 ファーウェイの売上高・研究開発費の推移（単位：億元，％）

年	2001	2002	2003	2004	2005
売上高	162.3	172.1	216.7	315.2	469.7
利益	26.5	12.5	38.1	50.2	51.5
研究開発費	30.5	30.6	31.8	39.7	47.5
利益/売上高	16.3	7.4	17.6	15.9	11.0
研発/売上高	18.8	17.8	14.7	12.6	10.1

出所：橋田［2008］129頁より抜粋。

協力関係で発展させて，我々の卓越した製品によって，世界の通信列強の中に立つ」と，「自主技術形成」を目指すことを規定し，第10条で，「我々の目標は，自らの知的財産権を有し世界をリードする電子情報技術体系を開発することである」と規定し，さらに第26条で「製品開発は，自主開発を基礎にした広汎で開放的な協力を原則としたものであり，その原則を遵守する」と，「自主技術形成」を宣言している。[7]

「自主技術形成」は，既にキャッチ・アップを成し遂げた現在の日本企業から見れば，それほど注目すべきことではないが，1990年代にキャッチ・アップに邁進していた当時の中国の民間企業（ファーウェイのような）にとっては，大きなリスクを伴ったものであった。通説的には，後発国企業における設備機械の技術形成（習得）は，①操作技術の習得，②設備機械の保守保全，③設備機械の一連の修理と小改良，④使用設備機械の模倣生産と部分的設計，⑤自主設計と国産化，と段階的に発展すると見られてきた。[8]すなわち自主技術形成はキャッチ・アップ期の最終段階と考えられていた。

キャッチ・アップの後は，フロント・ランナー型の技術形成であるが，基本法には，フロント・ランナーとしての技術形成の意識は薄い。基本法の主調は，あくまでキャッチ・アップ型の自主技術形成を規定している。第1条で，「…一歩一歩，ゆるがせにしない苦しい努力が，我々を世界的先進企業にする」と述べて，「世界的先進企業」と比べた場合の1990年代後半のファーウェイの地位を率直に認め，第3条で，「…最新の研究成果を広汎に吸収し，国内外の優秀な企業から虚心に学び，…世界の通信列強の中に立つ」と宣言し，第22条で，「日本製品の低コスト，ドイツ製品の安定性，アメリカ製品

133

の先進性は，我々が追い越そうとする基準である」と具体的な目標を定めていることからも，基本法におけるキャッチ・アップ（追随）型の技術形成の性格が分かる。

　ファーウェイは，市場の動向に対応した研究開発を重視してきた。[9] 基本法は第1条で，「市場の圧力を伝えて，内部機構を永遠に活性状態にする」と明記している。この規定は，技術形成だけに限ったものではなく，ファーウェイの他の職能分野でも適用されている。ファーウェイの最近のキャッチ・フレーズにしばしば登場する「顧客第1」にも通じる規定である。基本法は第26条で「顧客の価値観の変化傾向が，我々の製品の方向を導く」と規定して，製品開発が「顧客の価値観の変化傾向」に基づくとしている。さらに第30条で，「市場戦略の要点は競争優位を勝ち取り，市場の主導権となるキーを支配することである」として，「市場拡大は会社の全体活動であり」，「各従業員に切実な利益にかかわる市場圧力を伝え，会社全体の応答能力を不断に高めなければならない」と規定している。「市場を支配する」ことは，「会社の全体活動であり」，「各従業員（研究開発者が当然含まれる）に市場圧力を伝え」，「会社全体の応答能力を高める」ということで，第1条の「市場圧力による内部活性化」を改めて規定している。これらの規定は，製・販融合型研究開発体制を確立する基本思想となっていて，製造（研究開発）部門と販売（市場）部門の結合の重要性が，基本法で強く意識されていることが理解できる。

　このようなファーウェイの自主技術形成を象徴的に示している出来事が，第3章第3節で述べたシスコから提訴された知的財産権侵害訴訟である。このシスコの提訴は，ファーウェイ，特に創業者にとって衝撃的なことであった。ファーウェイは，シスコとの訴訟事件の経験を活かし，それ以降このようなことが生じないように知財戦略を高め，多くの国際標準化機関にも積極的に参加して，事業の国際化を推進するようになった。

　2000年代後半になると，ファーウェイの自主技術形成がフロント・ランナーに近づいてきていることを示す事例を散見できるようになった。その1つは，「LTE（Long Term Evolution）」に関する特許データで確認できる。「LTE」及び「LTE-Advanced」は，移動体通信の第4世代の通信プロトコルで2010年以降に商用サービスが開始された最新の通信プロトコルである。

134

第5章 経営理念と人事労務管理

図表5-4　ETSIにおける必須特許件数（2009年～2013年）

順位	通信機器メーカー	特許件数	比率（%）
1	クアルコム	655	11.1
2	サムスン	652	11.0
3	ファーウェイ	603	10.2
4	ノキア	505	8.5
5	インターデジタル	418	7.1
6	エリクソン	399	6.7
7	ZTE	368	6.2
8	LG	317	5.4

出所：サイバー創研［2013］『LTE関連特許のETSI必須宣言特許調査報告書第3.0版』。

通信プロトコルは，第2世代（1990年代後半）のGSMや第3世代（2000年代）のCDMA等，通信機器メーカーが市場での競争優位を確保する上で重要な技術規約である。この「LTE」に関する特許において，ファーウェイがトップを争う存在になっていることを示す調査報告がある。その調査報告は，ETSI（European Telecommunications Standards Institute：欧州電気通信標準化協会）に対して，「LTE」の実施に必要な特許として，他社へのライセンス（特許実施許諾）付与の意思があることを宣言したLTE関連必須特許を対象に調査，分析したものである[10]。その結果は，図表5-4に示す通りである。

　ETSIは欧州における電気通信の標準仕様を策定する標準化団体で，欧州委員会（EC）によって公式に認められた団体である。ETSIに対して標準化必須特許として宣言することは，他社から申請があれば有償ライセンスを付与するという表明によって，標準規格競争で優位に立とうする意思の表れと見てよい。言い換えれば，ETSIで標準化必須特許件数が多いことは，LTE分野で技術力が高いことを意味している。実質的な必須宣言特許件数は5,919件で，宣言企業は49社であった[11]。

　図表5-4の通り，ファーウェイは最新の通信プロトコルにおいて，クアルコム，サムスンに次いで第3位に位置している。第4世代の「LTE」においては，世界の通信機器メーカーをリードしていると判断することができる[12]。

135

ファーウェイは2003年のシスコによる知財訴訟事件から10年後には，最新技術の開発で世界的規模の通信機器メーカーの先頭を走るまでに成長したと見ることができよう[13]。これらのことは，基本法が目指していた目標にファーウェイが到達しつつあるように見え，「自主技術形成」に限れば，基本法は古くなったとも言えよう。

２．従業員観

　ファーウェイの創業者が思い描く従業員は，常に「奮闘者（奮闘する者）」である。この従業員観は創業当時から現在まで変わっていないように思われる。そして，この従業員観はファーウェイの経営理念を構成する基本要素と考えてもよい。

　「奮闘者」が現在においてもファーウェイの重要なコンセプトであることを示す事例がある。それはファーウェイの最新の中国語サイトから知ることができる[14]。ファーウェイの中国語サイトでは，経営理念（コアー・バリュー）として，次のように表示されている。

　　「公司堅持以客戸為中心，以奮闘者為本，持続改善公司治理架構，組織，流程和考核，使公司長期保持有効増長。（お客を中心に，奮闘者を根幹にして，コーポレート・ガバナンス構造，組織，プロセス，考課を持続的に改善することを堅持して，企業を長期に効果的に成長させる）」

　ファーウェイの日本語サイトでは，経営理念（コアー・バリュー）は，次のように表示されている[15]。

　　「ファーウェイはお客様を第一とし，お客様のニーズを成長の原動力としています。お客様のニーズにこたえることで長期的な価値を生み出し，その価値に基づいて自らの業績を評価します。お客様の成功なくして，ファーウェイの成功はありえないのです。」

　中国語サイトが従業員向けの内容になっているのに対して，日本語サイトは顧客向けの内容になっている。

　さらに英語サイト（アメリカ，欧州，イギリス）では，このような経営理念に当たるメッセージは見られない。ドイツ語サイトでは，「ビジョン」と「ミッション」という項目で，以下のようなメッセージ（英文）を載せている[16]。

「Vision: To enrich life through communication.

（ビジョン：通信を通じて生活を豊かにする）

Mission: To focus on our customers' market challenge and needs by providing excellent ICT solutions and services in order to consistently create maximum value for our customers.

（ミッション：我々の顧客に対して最大価値を一貫して創造するために，優れたICTソリューションとサービスを提供して，顧客の市場チャレンジとニーズに応える）」

　ドイツ語サイトは日本語サイトに近い内容である。これらのことから，ファーウェイは，経営理念のような基本的な内容を，言語（すなわち，その言語を母国語とする国民）に合わせて変えていることが分かる。その理由を説明したものを見ることはできないが，考えられることは，それぞれの国民（顧客）に馴染みやすい良い印象を与えることを目指して，このように国毎で異なった内容になったということであろう。言い換えれば，中国語サイトのメッセージでは，ドイツ人を始めとする欧米人には馴染まない，とファーウェイ自身が考えていると言えよう[17]。このことを逆に見れば，中国語サイトのメッセージは，中国人向けには重要であるとファーウェイが考えていると見ることができる。

　これらのサイトの比較で最も重要なフレーズは，中国語サイトの「奮闘者を根幹にして…企業を長期に成長させる」である。「お客様第１」や「お客様のニーズに応える」等のフレーズは，すべてのサイトに共通しているが，「奮闘者を根幹にして…企業を長期に成長させる」は，中国語サイトのみである。なぜ中国語サイトでこのメッセージが維持されているのか。その答えは，このメッセージこそが，創業者が従業員に求めている重要なことを表しているから，と考えられる。本社と主要な生産基地を置き，大半の従業員（中国人）が勤務する中国では，このメッセージが現在においても必要であり，価値があるとファーウェイは考えていると推察できる[18]。

　基本法は第２条で，従業員について以下のように規定している。従業員に関する規定を基本法第２条においていること自体が，従業員の重要性を強く意識していることの表れと見る必要がある。

第2条（従業員）

　　真面目に責任を負い有効に管理する従業員は，ファーウェイの最大の財産である。知識を尊重し，個性を尊重し，集団で奮闘し，そして迎合しないで成果を出す従業員は，我々の事業が持続的に成長できる内的要件である。

　この規定内容において，「個性を尊重し，集団で奮闘し，そして迎合しないで成果を出す」という点が重要である。この3つの要件を備えた人間は希少である。①個性を尊重しながら，②集団で奮闘し，そして③迎合しないで成果を出すことは，多くの人間にとって難しいことであろう。しかし創業者は従業員にこのような能力を備えることを強く期待している。創業者は，基本法制定の直後に出された社内報『華為人』71期に，「華為的紅旗到底能打多久（ファーウェイの先進的な業績はどれぐらい長く輝くか）」という講話文を載せている。そこで，基本法の中心的項目について説明している[19]。「従業員」については，次のようなことを言っている。

　　「ファーウェイは個人主義の存在を許容する。ただし，集団主義と融合しなければならない。優秀な従業員は誰か，私は永遠に知らない。それは茫漠とした荒野で，狼のリーダーを見つけ出すことができないのと同じである。企業は発展する狼の群れである。狼には3つの特性がある。1つは，敏感な嗅覚である。2つ目は，不撓不屈で，身を顧みずに攻める精神である。3つ目は，集団的奮闘である。企業が成長するには，この3要素は必須である。皆が努力して奮闘できる大きな環境であれば，新たな機会が現れた時，自然と一群のリーダーが出てきて，市場で機先を制するであろう。」

　この説明で，創業者は企業を「狼の群れ」に例え，従業員に「狼の3つの特性」を求めている[20]。「敏感な嗅覚」は第2条の「知識の尊重」に，「不撓不屈の精神」は，「迎合しないで成果を出す」に，「集団奮闘」は，「集団で奮闘する」に対応するだろう。そして狼のように群れを維持しながら一匹一匹が主体的に動けば，一群のリーダーが自然に現れるということで，「野球のチーム」よりは「サッカーのチーム」を，創業者は理想としているように見える。

　「奮闘者」を理解するには，さらに基本法第5条の次の規定が参考になろう。この条文では，「雷鋒」という人物を使って，利益分配の原則を規定している。

138

第5章 経営理念と人事労務管理

第5条（共益）

　ファーウェイは顧客，従業員，協力者で利益共同体を結成することを主張する。
努力して，生産要素に基づいた分配の内部推進メカニズムを探求する。我々は
決して雷鋒に損をさせない，貢献者は必ず合理的な報酬を得なければならない。

「雷鋒」は文化大革命期に国民的英雄として大きく取り上げられた人物で
ある。現在でも「雷鋒の日（3月4日）」が定められ，その日は「雷鋒に学ぶ」
をテーマにして，主に小・中学生に奉仕活動を行わせ，それを通して道徳教
育を普及する活動が中国全土で行われている。従って，「雷鋒」は中国では
子供の頃に教えられ，広く知られている人物である。「雷鋒」について，『平
凡社大百科事典』（1985年発行）は次のように説明している。

　「「雷鋒」1940-62：中国人民解放軍の兵士。湖南省の貧農の子。幼くして父
　母を亡くし，1958年鞍山製鋼所労働者となった。60年解放軍瀋陽部隊に入隊，
　自動車兵となり，62年8月風雨の中の事故で死亡。63年毛沢東が提唱して〈雷
　鋒同志に学べ〉運動が起こされ，生前人民に奉仕して行った数々の善行が宣伝され，
　毛沢東思想を体現した模範とされた。（宍戸寛著）」

「雷鋒」は人に知られることなく善行（奉仕活動）を続けていたが，生き
ている間はその活動が報われることはなかった。亡くなって，毛沢東の知る
ところとなり，国民的英雄に祭り上げられた。創業者は「雷鋒」のように陰
日向なく働く従業員には損をさせない利益分配制度を確立すると，この条文
でコミットメントしている。裏を返せば，創業者は「雷鋒」のような従業
員を求めていると解釈することができる。第5条の規定から，「奮闘する者」
とは具体的には「雷鋒」のような人物であることが想像できよう。

　以上3つの検討から，創業者は従業員に「無制限の労働と忠誠」を期待し
ているように見える。これは，日本企業の経営者が従業員に期待した「無制
限の労働と忠誠」と似ている。日本の場合，経営者は従業員個々人の生涯の
生活を配慮（終身雇用の保障）することによって，従業員から「無制限の労
働と忠誠」を期待した。[21] 一方，ファーウェイは従業員の「無制限の労働と忠誠」
に対して，生涯の生活の配慮よりは公平を重んじ，「従業員持株制度」でそ
れに応えようとしてきたように見える。

　さらに「奮闘者」には，経営者と一般従業員との対立関係を霧消し，協力

139

関係を促す概念的な機能が備わっている。それは以下の分析から見えてくる。この点は後述する「ドラッカー経営学」と基本法との比較においても重要な点である。

　まず確認しておかなければならないことは，ファーウェイには名目的には「労資（労働者と資本家の）関係」はないということである。それはファーウェイが従業員所有企業であるからである。ファーウェイは，「2015年度（中文）アニュアル・レポート」で，「従業員の全額出資による民間企業」と自らを定義している[22]。創業者の任正非だけが個人株主として，1.18％の株式を保有しているが，任正非自身もファーウェイの従業員として，従業員持株制度を通じてファーウェイに出資している[23]。従って，名目的にはファーウェイの所有者は従業員であると言えよう[24]。基本法が公表された1998年では，所有関係に関して，現在のような明確な説明はされていないが，基本法は，資本所有者と労働者との対立関係については一切言及しておらず，「創業者を含めてすべて，ファーウェイの従業員である」という考えを根底においている。

　しかし経営者と一般従業員の経済的な対立関係，すなわち労使（労働者と使用者の）関係は存在する。経営者にとって，「一般従業員」は「富を創り出す存在」であり，かつ「利益を侵食する存在」である。一方一般従業員にとって，「経営者」は自分たちと同じ「働く仲間」であり，かつ「成果を横取りする」敵でもある。経営者は「会社の成長」を第1に置き「蓄積」を優先し，一般従業員は「自己の生活」を第1に置き「消費」を優先する。経営者は「会社の成長」を第1に置かなければ，会社の維持は難しいであろうし，一般従業員は「自己の生活」を第1に置かなければ，「誰のための人生か」と溜め息が出てこよう。この点で，経営者と一般従業員とは対立関係にあって，その対立関係は存在論的であり，本質的には解消しないと考えられる。しかし対立ばかりしていると，会社が立ちいかなくなり，どちらもが倒れることになるので，協力が必要である。現実は，両者の妥協の上に成立していると考えられる。

　基本法では，このような労使の対立関係を念頭に置いた条文は存在しない。それは，先に引用した基本法第5条の「ファーウェイは顧客，従業員，協力者で利益共同体を結成することを主張する」ということで，利益共同体は，

140

顧客と，従業員と，協力者であると規定している。ここでいう「協力者」は部品供給者等の取引関係者を指している。[25] また基本法第102条（後継者の産出）で，「ファーウェイの後継者は，集団で奮闘する従業員と各階層の幹部の中から自然に生まれる指導者である」と，（経営の）後継者は従業員から現れると規定している。

　なお基本法第16条（価値創造）で，「労働，知識，企業家，及び資本が会社のすべての価値を創造していると，我々は考える」と規定して，「企業家」に言及している。しかしここでいう「企業家」は実体としての「企業家」ではなく，「企業家精神（アントレプレナーシップ）」を内包した観念的な意味の「企業家」と理解するのが適切であろう。[26] それは第21条（経営方針）の「計画外の小さなプロジェクトについては，我々は従業員の内部創業活動を奨励して，一定の資源を支出し」に規定されているように，「内部創業活動」を奨励して「企業家精神」を求めていることからも理解できる。

　「奮闘者」の意味を深めるために，その反対概念を基本法に探ると，「沈殿層」という用語を見つけることができる。この用語は基本法第61条（内部労働市場）で使用されている。第61条は「内部労働市場を確立して，人的資源管理に競争と選択のメカニズムを導入する」と述べる一方，「内部労働市場を外部労働市場に置換して，優秀な人材の輩出を促進し，人的資源の合理的配置と沈殿層の活性化を実現する。人を職務に適合させ，職務を人に適合させる」と規定している。創業者が最も恐れていることは，収入が豊かになり職務が安定してくると，追々惰性が生まれ，進取精神が後退し，知識が老化し，後から来る者の発展空間を狭めることである。そして「沈殿層」は，これらの否定的な事柄を内包した言葉になろう。創業者はこれらの問題が生じることを防ぐために，「終身雇用」ではなく「自由雇用」を，「垂直ローテーション制」，「外部招聘」等の制度を基本法に規定している。

　創業者の従業員観を最もよく表している事件がある。それは「集団辞職」事件である。ファーウェイでは過去に2回大きな「集団辞職」事件が起こっている。1回目は1996年1月で，市場部（販売部門）に所属する全従業員が自主退職し，その後条件に適った退職者が選抜されて新市場部に再編された事件である。自主退職者は1,000名余りであった。[27] 当時の全従業員数は2,400

141

名で，約半数の者が自主退職したことになる[28]。その時の自主退職者の先頭に立っていたのが，現在の取締役会会長の孫亜芳である。ローエンド製品（構内用小型交換機）の販売からハイエンド製品（局用大型交換機）の販売に市場部を再編するために実施されたと思われる。この時の自主退職者は，その後創業者より「英雄」とされ，「集団辞職」が社内で肯定的に伝承された。

2回目は2007年11月で，7,000名近い勤続8年以上の従業員が自主退職させられた。2回目の事件は，2008年1月1日より施行される「労働契約法」で規定されている「終身雇用」を回避するためと見なされ，中国の労働界や政府から強い非難を受けた[29]。具体的には，2007年10月に「勤続年数が8年を超える従業員は自主退職し，その後改めて再就職を申し出る」ことを求める通達が出され，11月中旬までに6,687名の従業員が自主退職し，その後6,581名が再就職し，残りの106名はファーウェイに再就職せずに他の道を選択した[30]。

ファーウェイはこの「集団辞職」事件について，「労働契約法」が施行される直前の2007年12月19日に，「関於近期人力資源変革的状況通告（最近の人的資源改革状況に関する通達）」と題する内部通達を出して，その背景理由を説明している[31]。この内部通達は，7,000人近い集団辞職に対する社会からの厳しい批判に関して，従業員の動揺を鎮めるために出されたもので，ファーウェイ経営者の従業員観を如実に示している。

内部通達の最初に，今後の国際市場における競争の厳しさを説明した後，人事制度改革の目的を，「競争力を高め，外部の圧力と挑戦に対応し，将来に向かって持続的に発展できる基礎を構築すること」であると述べている。その後，勤務評価，福利制度，報酬制度の改革を説明し，それらの改革は，以下の基本的な考えに基づいていると述べている[32]。

「前途は変化に満ち，先が見えず，非常に不確定である。企業は自身が長期に生存していくことを保証することができない。このため，従業員の一生涯を保障することを承諾することはできない。また懶人（怠け者）を容認することはできない。そのようなことは，奮闘者や貢献者に対して不公平であり，奮闘者や貢献者を激励するものでなく，抑制するものである。」

「従業員は安定した生活が保障されると，怠け者になる」という考えが，

創業者にはあるのであろう。これが創業者の基本的な「従業員観」と考えられる。この基本的な観方から，上述のような人事制度が構築されてきたと思われる。

さらに内部通達は，今後は「労働契約法」に従って従業員管理をしていくことを言明した上で，従来親会社と子会社の何れに所属しているか明確でなかった点を改め，労働契約書で明確に所属先を確定すると述べている。このことから，従来，「ファーウェイ社員」ということで，従業員を親会社と子会社の間を簡単に異動させていたことが分かる。さらに内部通達では，創業者であり当時最高経営責任者（CEO）であった任正非も，一従業員として集団辞職に参加していて，他の大勢の従業員と同様に復職したことを，わざわざ述べている。このことから，創業者も含めた幹部経営者も従業員の一員であることを，一般従業員たちに改めて強調したかったことが理解できよう。

基本法では労使の対立関係は意識されず，「奮闘者」と「沈殿層」が最も鮮明な対立関係に位置づけられている。ファーウェイにおいては，経営者も，幹部も，一般従業員もすべて従業員で，各自が企業目的（戦略目標）の達成に向かって，それぞれの持ち場で「責任」を持って「奮闘」しているかが，最も重要な評価基準になっていることが理解できよう。

以上の検討から，「奮闘者」が創業者の従業員観を示す重要な概念であることが理解できたであろう。そして創業者の従業員観を次のようにまとめることができる。①従業員はファーウェイを支える「最大の財産」である，②しかしその従業員は責任を持って成果を出す「奮闘者」でなければならない，③「怠け者」は「奮闘者」を貶める者で，ファーウェイが求める従業員ではない，④ファーウェイは「怠け者」の一生涯を保証することはできない。このような創業者の厳しい要求を支えているのは，「雷鋒に損をさせない」という理念の下に形成された報酬制度である。

３．報酬制度

「奮闘者」に求めた「無制限の労働と忠誠」に対する報酬制度，「雷鋒に損をさせない」公平な報酬制度は，どのように基本法で位置づけられているか。ここでは，この点に焦点を合わせて検討する。報酬制度すなわち分配方式に

関して，基本法は２種類の方式を規定している．１つは「労働に応じた分配」
であり，もう１つは「資本に応じた分配」である．「労働に応じた分配」には，
基本給，奨励金，退職年金等が含まれ，「資本に応じた分配」には，株式付
与やその配当が含まれる．しかし「労働に応じた分配」も「資本に応じた分
配」も分配の基準に大きな違いがなく，両者とも属人的要素を基準にしてい
る．この２種類の分配方式は，第４章第２節で述べた「二元的分配システム」
に対応するコンセプトである．

　まず報酬の原資ともなる企業価値について，基本法は第16条で，「労働，知識，
企業家，及び資本が会社のすべての価値を創造している」と規定している[33]．
価値創造に「知識」が含まれている点から，基本法がP.F.ドラッカーの「知
識社会」論の影響を受けていることが分かる．報酬制度との関連で注目すべ
き点は，「労働」と「企業家」が並べられていることである．「労働」は極め
て広い意味を持った用語であるが，「労働」は人間しかできないのであるから，
「労働」する人間が前提となっていることは間違いないであろう．「企業家」は，
上述のように，「企業家精神（アントレプレナーシップ）」を体現した人間と
理解できる[34]．

　このように創造された価値（利益）の分配形式について具体的に規定して
いるのが第18条で，「分配形式」には，「機会，職権，基本給，奨励金，退職
年金，医療保障，株式，配当，及びその他の人事待遇がある」と規定してい
る[35]．そして分配の基準について，第19条が，「労働に応じた分配」は「能力，
責任，貢献及び仕事の態度に依拠する」と規定し，「株式の分配」は「持続
的な貢献，突出した才能，人徳，及びリスク負担に依拠する」と規定してい
る[36]．両者とも，「リスク負担」を除けば，大きな違いはない．

　「労働に応じた分配」の基準に関しては，第69条でさらに詳しく次のよう
に規定している[37]．「基本給の分配」は「能力主義的職能給制度に基づいて行う」
と述べ，「奨励金の分配」は「部門と個人の成果の改善と関係」し，「退職
金等の福利の分配」は「仕事の態度の考課結果」により，「医療保障」は「貢
献の大きさ」によると規定している．第69条で規定された基準の内容をま
とめると，図表5-5のようになる．一方「株式の分配（付与）」の基準につ
いては，上述の「持続的な貢献，突出した才能，人徳及びリスク負担」より

144

第5章 経営理念と人事労務管理

図表5-5　ファーウェイの報酬形式

分配形式	依拠する要素
基本給	能力主義的職能給制度
奨励金	部門と個人の成果改善に連動
退職年金	仕事の態度
医療保障	貢献度

出所：著者作成。

詳しい規定は基本法にはない。

「能力主義的職能給制度」は，第4章第2節で述べたように，日本の「能力主義管理」に近いもので，従業員の「自発的な能力形成」や「配置転換の円滑化」に適している。欧米や中国の多くの企業で取り入れられている「職務」を基準にした職務給制度とは本質的に異なる。

「従業員持株制度」については，第17条が「我々は従業員持株制度を実施する」と述べ，その目標を「ファーウェイの模範従業員を特別に認定し，会社と従業員の利益運命共同体を結成し，責任感があって才能のある者が会社の中堅層に絶えず加わるようにする」と述べている。ファーウェイの「従業員持株制度」は，「企業と従業員との利益運命共同体」の形成と「責任感と才能を備えた企業幹部層」の育成という2つの目標を有していることが分かる。「利益運命共同体」は，従業員に「共同体意識」を植え付けるものである。「責任感と才能を備えた企業幹部層」は，「創意工夫とリスクを負う高い志」を備えた「企業家精神」に通底している。「共同体」と「企業家精神」は創業者の理想を表現したものと捉えることができる。

　ここまで基本法の規定内容に沿って，「能力主義的職能給制度」と「従業員持株制度」で構成された二元的分配システムを支える基本法の考え方を検討してきた。そして二元的分配システムは，「安定的でかつ活気に満ちた企業活動」という課題を達成するために設けられたことが分かった。この課題は，もう少し一般的な言葉で言えば，「雇用維持」と「活性維持」の両立である。多くの企業家や経営者たちが取り組んできた課題でもあるが，容易に達成できるものではなかった。ファーウェイのように，研究開発（ソフトウェ

145

ア）技術者という高級人材を対象にしている場合，その困難性はさらに高いと思われる。ファーウェイは報酬制度の実際の運用では，第4章第2節で検討したように，「従業員持株制度」が大きなウエイトを占めていた。従って，基本法で「能力主義的職能給制度」が二元的分配システムの一方に位置づけられているが，実際の運用では「従業員持株制度」による報酬が重視されているので，ファーウェイの報酬制度は「成果主義」的な性格が強いと言えよう。このことは，基本法の他の条項からも知ることができる。

次に二元的分配システムが抱えている政策的な問題点について，基本法の規定に基づいて検討する。まず「雇用制度」についてである。基本法は第60条で「雇用制度」について，「我々は終身雇用制を採らない，しかしこれはファーウェイで仕事を一生涯続けることができないことではない。我々は自由雇用制を主張する。ただし中国の現実から遊離しない」と両義的な規定をしている。ここで使用されている「自由雇用制」は，「従業員自らがファーウェイに留まるか否かを決定する」という意味である。[38] 言い換えれば「使用者が雇用に責任を持たない」という意味にもなる。これは既述の「奮闘者」及び「集団辞職」事件と通底している。「能力主義的職能給制度」は長期雇用を前提とした人事制度であり，長期雇用を保障していないファーウェイの雇用制度は，本質的には「能力主義的職能給制度」と矛盾しているように思われる。

第2に「労働市場（人材異動)」についてである。第61条は「内部労働市場」を確立して，「人的資源管理に競争と選択のメカニズムを導入する」と述べる一方，「内部労働市場を外部労働市場に置換して，優秀な人材の輩出を促進し，人的資源の合理的配置と沈殿層の活性化を実現する。人を職務に適合させ，職務を人に適合させる」と規定している。「内部労働市場」と「外部労働市場」について明確な定義がないので，その内容を正確に理解することは難しいが，一応「内部労働市場」を「企業内の労働市場（配置転換)」，「外部労働市場」を「企業外の労働市場」と理解するならば，この条項で言われている「内部労働市場と外部労働市場の置換」は，「能力主義的職能給制度」とは合致しないように思われる。「能力主義的職能給制度」の特徴は，企業内で人材を育成することを優先することであり，企業外から人材を導入することは，2次的なことである。この点からもファーウェイの「能力主義的職

146

第5章 経営理念と人事労務管理

能給制度」には一貫性が見られない。

　第3に，「従業員持株制度」が目指している「共同体意識」と「企業家精神」についてである。両者は互いに融合するよりは反発しあう傾向が強い関係にある。分配において両者は対立する。すなわち「共同体意識」を発揚するには，できるだけ多くの従業員に株式を付与する方がよい，一方「企業家精神」を発揚するには，「平均的報酬」ではなく「格別の報酬」を出す必要がある。「共同体意識」発揚のために，多くの従業員に株式を分配すると，「賃金給付」と齟齬が生じることが予見できる。すなわち「賃金給付」と「株式付与」の関係を，研究開発人材の人事労務管理の側面から見た場合，「賃金給付」はあくまで雇用－被雇用の関係の下で，雇用者の価値観に基づいた評価（査定）によって定まるものである。そのため被雇用者としての研究開発人材は雇用者の眼（価値感）を意識した受動的な立場で研究開発活動を行うことになる。一方「株式付与」は雇用－被雇用の関係ではなく，企業所有者として同等の立場になることである。株式付与された株式の数が少ないとしても，企業所有者として研究開発活動を主体的に行うことになろう。この相違を研究開発に対する創造的意欲の視点でみた場合，株式を保有する者にとって，研究開発成果は自身のものになり，創造的意欲は高くなることが予想できるが，「賃金給付」では，研究開発成果はあくまで雇用者のものであり，その創造的意欲は「株式付与」に比べて低くなることが予想できる。「企業家精神」の発揚という観点からみた場合，「株式付与」と「賃金給付」では本質的な違いがあることが理解できよう。

　以上のように，「自主技術形成」，「従業員観」，「報酬制度」の3点から基本法を検討してきた。そしてこれらが研究開発（ソフトウェア）技術者という高級専門職人材の管理に深くかかわっていることが分かった。「自主技術形成」の検討から，ファーウェイは自主技術を持つことを経営の最重要課題においてきたことが分かった。そのために，優秀な研究開発人材の誘致と維持が最優先課題とされた。「従業員観」の検討において，「奮闘者」に象徴される「責任を持って仕事をする」従業員が熱望され「雇用維持」よりは「活性維持」が重視されていることが分かった。このような特徴は，高級専門職人材の「人事労務」管理と親和性が高い。そして「報酬制度」の検討において，

147

二元的分配システムで「雇用維持」と「活性維持」の両立を目指していたが，実際の運用では「成果主義」的な報酬制度になっていたことが分かった。「成果主義」的報酬制度は，自立心が高い研究開発人材の動機付けに向いていると言えよう。

　基本法におけるこれらの特徴は，下述のように，「戦略的人的資源管理（strategic human resource management）」と関係が深い。ファーウェイもいろいろなところで，「戦略的人的資源管理」を人事労務管理の基礎にしていることを明言している。基本法を通してファーウェイの経営を理解しようとする場合，「戦略的人的資源管理」を検討することは，その理解を深めるであろう。従って，次節で「戦略的人的資源管理」について少し詳しく検討することにしよう。

5-2 戦略的人的資源管理論

1．戦略的人的資源管理と労使関係

　「戦略的人的資源管理」は最新の人事労務管理で，対象としている領域は多岐にわたる。本章では，それらのうち「経営者と従業員の関係」すなわち労使関係に絞って検討する。上述の基本法の検討からも，この領域がファーウェイの今後の課題を探る上で有益であると考えられるからである。

　まず用語の整理をしておこう。「戦略的人的資源管理」を含む「人的資源管理」という用語は，現在多くの意味が込められていて，その外延は曖昧である。「戦略的人的資源管理」を検討するには，用語の整理が必要である。この面では，長年「人的資源管理」を研究してきたGuest［1987］の指摘が役立つ。Guest［1987］は，「人的資源管理（human resource management）」という用語の使用法に関して，現在，次の３つのグループが存在していると述べている。

　第１は，「人的資源管理」を「伝統的人事労務管理」の単なる置き換えと考えているグループである。[39] ①長年発行されてきた人事労務管理の教科書が，内容を少し変更しただけで，タイトルを「人的資源管理」に変更した事例や，

第5章 経営理念と人事労務管理

図表5-6　人事労務管理の概念図

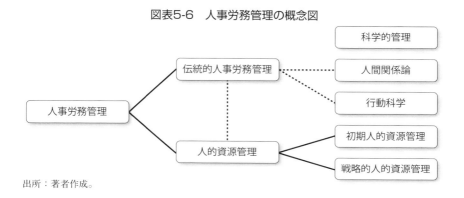

出所：著者作成。

②仕事の内容は実質的に変わっていないのに，部署の名称を「人事部」から「人的資源管理部」に変更した事例を，このグループの実例として挙げている。

　第2は，「人事労務管理」の役割を再概念化して，新しい用語として「人的資源管理」を用いているグループである。個々の管理行為を包括する総称的な用語として「人的資源管理」を用いている事例を，Guest［1987］は第2グループの代表例として挙げている。この場合，個々の管理行為の優先順位や重点の置き方で考え方の相違が生じることがあるが，その点は無視して総称的用語として「人的資源管理」を用いている。このグループは，第1のグループと反対に，従来のものと実質的内容で相違があるにもかかわらず，総称的用語として「人的資源管理」を用いていると言えよう。

　第3は，「人的資源管理」は「従業員個人を企業戦略に結びつける」という点で，「伝統的人事労務管理」と異なる新たな管理手法であると考えているグループである。本書も第3のグループと同様に，「人的資源管理」は「伝統的人事労務管理」と異なる管理手法であると考える。従って以下の「人的資源管理」の検討においては，「伝統的人事労務管理」と対比させる方法で，「人的資源管理」の理解を深めることにする。

　「人的資源管理」は「伝統的人事労務管理」と異なるという上述の認識に基づき，人事労務管理関係の用語を，本書においては図表5-6に示すような概念関係で使用する。

　すなわち「人事労務管理」を最上位概念に位置させ，「人的資源管理」は

図表5-7　人事労務管理に関する理論体系の変容

	（伝統的） 人事労務管理理論 （PM）	（初期） 人的資源管理理論 （HRM）	戦略的人的資源管理論 （SHRM）
時代	1960年代中葉まで	1980年代中葉まで	現在に至るまで
人を見る目	コスト	投資価値のある資源	持続的な 競争優位の源泉
焦点	集団管理	個別管理	個別管理
人材マネジメント モデル	コントロールモデル	コミットメントモデル	戦略モデル

出所：蔡［2002］31頁より抜粋。

「人事労務管理」の下位概念として使用する。[40]　また「人的資源管理」との対比で従来の「人事労務管理」を指す場合は，「伝統的人事労務管理」という。「戦略的人的資源管理」は「人的資源管理」の下位概念として使用し，「戦略的人的資源管理」との対比でそれ以前の「人的資源管理」を指す場合は，「初期人的資源管理」という。さらに「伝統的人事労務管理」を支える理論群として，「科学的管理」，「人間関係論」，「行動科学」を置く。[41]　「人間関係論」や「行動科学」は「人的資源管理」理論を形成する基礎になった理論でもある。従って，人的資源管理と「人間関係論」や「行動科学」とのつながりを示すために，「伝統的人事労務管理」と「人的資源管理」の間に連結線（破線）を施した。

　本書でこのように概念整理する理由は，「戦略的人的資源管理」は単独で現れたものではなく，人事労務管理理論の歴史的変容過程から生まれたものであり，「戦略的人的資源管理」の特徴を少しでも具体的に描くには，このような概念整理が必要であると考えたからである。そして「戦略的人的資源管理」を理解するには，「伝統的人事労務管理」から「戦略的人的資源管理」に至る変容過程を見ておく必要がある。人事労務管理に関する理論化は，1911年のF.W.テイラーの「科学的管理」の提唱から始まった。それ以来最近の「戦略的人的資源管理」に至るまでの変容過程を，蔡仁錫［2002］は図表5-7に示すように簡潔にまとめている。

　図表5-7において，左端列の「人を見る目」は「経営者の従業員観」を示し，「焦点」は「労使関係」に着目している。また同表の最上段の「人事労務管理論」

150

については，上述の概念整理に従って，「伝統的」という限定句を加え，「人的資源管理論」については「初期」という限定句を加えて読めば，蔡［2002］の趣旨と上記の概念関係が理解しやすいだろう。蔡［2002］では，人事労務管理に関する理論は，「伝統的人事労務管理」から「初期人的資源管理」，「戦略的人的資源管理」へと変容してきたと捉えている。[42]

「伝統的人事労務管理」と「人的資源管理」の相違について，蔡［2002］は以下のように指摘している。

①伝統的の理論では「従業員はコストであり，できるだけ効率的に安く使うべき対象」と見られていたところから，「人的資源管理」では「従業員は投資対象であり，競争優位を汲みだす対象」に，従業員観が変化した。

②労使関係が「集団管理（団体交渉）」から「個別管理（個別交渉）」に変わった。

③人材マネジメントモデルが，「支配（コントロール）」から「自発性尊重（コミットメント）」に変わった。

また「初期人的資源管理」と「戦略的人的資源管理」との相違については，岩出［2013］の指摘が有益である。岩出［2013］によれば，「初期人的資源管理」は，

①人的資本理論と行動科学を理論的基礎にして，人間は企業の経済的成功のために価値を生み出す能力を持つ重要な経済的資源であり，

②その能力を開発・活用するには，企業目的と個人目的の統合を原理とする人的資源施策の導入を促進し，

③評価は従業員個々の成果に基づいて行われる。

一方「戦略的人的資源管理」は，

①企業の外部環境を競争市場と捉え，市場での競争優位を達成するために，

②戦略実行に資する最適な人的資源制度ないし人的資源管理編成を追求し，

③人的資源管理の有効性は，競争戦略の有効性を問う戦略評価と同列にある全社レベルの企業業績（主として財務業績）で判断される。

以上の検討から，「伝統的人事労務管理」から「戦略的人的資源管理」へと変容してきた過程は，蔡［2002］が「焦点」としている労使関係の変化が重要であることが分かる。そして「集団管理」から「個別管理」への労使関係の変化は，「労働組合の弱体化」と言い換えることもできる。従って，以

151

下の検討においては「労働組合の弱体化」に注目する。また「人的資源管理」が最初に提唱された国はアメリカであり，またファーウェイはアメリカの人事労務管理に最も強い関心をよせているので，アメリカの事情を中心にして検討を進める。

まず確認しておくべきことは，1960年代中葉までの「伝統的人事労務管理」では「集団管理」が労使関係として示されているが，これは経営者が「集団管理」的労使関係を望んでいたのではなく，労働組合の力が強くて，「個別管理」ができなかったと考えた方が事実に近いということである。経営者は「集団管理」よりは「個別管理」を望む傾向が強い。「個別管理」を進めたいという考えは，「人的資源管理」だけではく，それ以前の「伝統的人事労務管理」にもあった。ジャコービィ［1999］が指摘しているように，それは1920年代から「ウェルフェア・キャピタリズム」を実践した経営者たちの根底にもあった。[43]「個別管理をしたい（願望）」と「個別管理ができた（達成）」との間には，労働組合という大きな障壁が存在した。しかし1960年代中葉以降，労働組合の力が弱体化してくると，「投資対象としての従業員」を標榜する「初期人的資源管理」が導入され，さらに1980年代中葉以降，企業戦略と結びつけた「戦略的人的資源管理」が導入されるようになったと考える。

他方，「人的資源管理」が1960年代中葉以降にアメリカで台頭してきた要因として，「労働組合潰し」を指摘する見方がある。「労働組合潰し」の根拠として，アメリカの労働組合の組織率が1980年代に入って急激に低下し始めたことが挙げられている。すなわちアメリカの組合組織率は，第2次大戦中に40％までに上昇し，その後低下したとはいえ，1940～50年代は33～38％を維持し，1960年代以降に徐々に低下した。しかし1980年おいてもいまだ23.0％を維持していたが，1985年には18.0％に，1990年には16.1％に，1995年には14.9％と低下してきた。[44]このような組合組織率の低下は「人的資源管理」が導入された結果であるという考え方である。

しかし1980年代（厳密には1960年代）以降，労働組合は組織率低下を止めることができずに弱体化した。従って，「労働組合弱体化」の要因は「人的資源管理」と別のところにあったと考えるべきであろう。労働組合の組織率低下は，労働組合が次のような状況変化に対応できなかったことが大きな

第5章 経営理念と人事労務管理

要因であったという説明が多数なされている。第1に，生産方式が少品種大量生産から多品種少量生産に転換したことである。生産方式の転換は，自動車等の耐久消費材が消費者に一巡し，2巡目以降は品質，デザイン等で多様化の需要が出てきたこと，コンピュータ技術の向上による生産システムの革新等が大きな要因と言えよう。第2に，市場競争の激化である。日本，ドイツ，そしてNICsの参入による競争企業の増大によって，市場競争が厳しくなった。第3に，1960年代にホワイトカラーの数がブルーカラーの数より多くなったことが挙げられている。ホワイトカラーはブルーカラーより，仕事の種類も多く，個々の仕事の専門性も高いので，集団的結びつきが弱くなりやすいことが指摘されている。このような経済・経営環境の変動が，アメリカ産業の競争力を低下させ，それと共に労働組合も弱体化したというのが，多くの説明の骨子である。ホワイトカラーの人事労務管理は，ファーウェイの研究開発（ソフトウェア）技術者の人事労務管理と関連する性質を持っている。

　1980年代，日本やドイツの台頭によって，アメリカの製造業はその競争優位を低下させた。商品の多品種化と製品ライフ・サイクルの短期化によって，商品市場は急速に変化するようになっていた。それに対して，生産方式を少品種多量生産から多品種少量生産に切り替える等，柔軟な企業内組織の改革が必要であったが，伝統的アメリカ大企業は対応できなかった。その背景には，「制限的労働慣行」を組織基盤とする労働組合の存在があった。長年維持されてきた「制限的労働慣行」を排除し，職務統合，職務拡大，職務転換を迅速に行いたい経営者と，「契約に基づいた安定した労働」を求める労働組合との対立が容易には解決できなかったのである。それによって企業業績が低迷し，そして労働組合も弱体化した。従って，「人的資源管理」が労働組合を弱体化したのではなく，労働組合自身が経済・経営環境の変動に対応できなかったと言った方が正確であろう。新たな経済・経営環境に対して，経営者は「人的資源管理」という管理手法の革新を行ったが，労働組合はまだ答えを出せていないように見える。

　以上の歴史的検討から，「人的資源管理」は，①技術革新による生産方式（少品種多量生産から多品種少量生産）の転換，②国際化による市場競争の激化，③高学歴（専門）人材の需要という経済・経営環境の大きな変化に対する，

153

経営側のイノベーションであったと言える。当時（1980年代）「日本的経営」が高い注目を受けた背景には，このような経済・経営環境の変化に対する一定の有効性，すなわち①生産方式の転換と②市場競争の激化に対して，戦後形成されてきた独自の経営手法（年功序列，長期雇用，企業別組合）が強みを発揮できたことが指摘されている。この点で，「人的資源管理」は「日本的経営」と重なる部分があるように思われる。しかし異なる部分もある。上述の３つの特徴点で言えば，③高学歴（専門）人材の管理に対しては，「日本的経営」は十分に応えていないように思われる[46]。それが国際市場における最近の日本企業の伸び悩みに連なっていると考えられる。

　次に「人的資源管理」と産業との関係について検討する。幾つかの先行研究で，「戦略的人的資源管理」と，ファーウェイが属する情報通信産業との親和性の強さが指摘されている。ここではKatz & Darbishire［2000］の研究を採り上げて，その関係を見ておこう。Katz & Darbishire［2000］は，「人的資源管理」を組合不在型労使関係における人事労務管理の１つとして捉えている。上述のように労働組合の低迷は世界的傾向であるが，その中で多様な雇用システムが形成されていることを指摘している[47]。Katz & Darbishire［2000］は，７か国（アメリカ，イギリス，オーストラリア，ドイツ，日本，スウェーデン，イタリア）の自動車産業と情報通信産業（通信事業と通信機器製造を含む）を対象にして，「労働組合の組織率低下傾向と弱体化」が進行している一方で，多様な雇用システムが形成されてきていることを，1990年代以降各国で現れてきた職場慣行に注目して分析を行っている。分析にあたって，次の７つの基本パターンを設定している。７つの基本パターンは，労使関係に基づいて２つのグループに分けられている。第１のグループには「組合不在型労使関係」の下で形成された４つの基本パターンを分類し，それぞれに「低賃金型」，「人的資源管理型」，「日本指向型」，「官僚型」の名称を付けている。第２のグループには，労働組合が存在する「組合存在型労使関係」の下で形成された３つの基本パターンを分類し，それぞれに「伝統的（ニューディール）型」，「対立型」，「共同チーム型」の名称を付けている[48]。それらのうち代表的な４つの基本パターンを，図表5-8のようにまとめている。なお最左列の各項目名は本書著者が，この表の理解を助けるために付加した。

第5章 経営理念と人事労務管理

図表5-8　台頭する職場慣行パターン

項目	低賃金型	人的資源管理型	日本指向型	共同チーム型
職場決定	非公式手続での管理者裁量	拡大交流で形成された企業文化	標準手続	共同意思決定
職場関係	階層的業務関係	被指令型チーム	課題解決型チーム	半自律的業務グループ
賃金	出来高払いに基づく低賃金	不確定支払いに基づく超平均賃金	年功による高給と勤務評定	知識給による高給
雇用維持	高い離職率	個人的キャリア形成	雇用安定	キャリア形成
労働組合との関係	強い反組合傾向	組合代替	会社組合	労働組合と従業員参加

出所：Katz & Darbishire［2000］p.10より抜粋（一部変更）。

　Katz & Darbishire［2000］によれば，「低賃金型」はテイラー主義的な「効率重視」を採り入れた経営下に見られる職場慣行パターン，「人的資源管理型」は「人的資源管理」を採り入れた経営下で見られる職場慣行パターン，「日本指向型」は「日本的経営」を採り入れた経営下に見られる職場慣行パターンを指し，これらの基本パターンは産業間に違いがあると指摘している。「低賃金型」は，臨時雇用や個人請負を主にした雇用形態で，従業員の長期的貢献が期待されていない小規模の企業でよく見られ，「人的資源管理型」は情報通信産業等の市場変化の急激なハイテク産業でよく見られ，「日本指向型」は自動車部品産業等の技能産業によく見られると指摘している。「共同チーム型」は，労働組合や従業員が広範囲の職場事項に参加できる職場慣行パターンで，アメリカの大規模製造企業に多いと指摘している。最下段の労働組合との関係においては，「人的資源管理型」の「組合代替」は「従業員代表制」を指し，「日本指向型」の「会社組合」と同様に，Katz & Darbishire［2000］では「労働組合」と見なされていない。「会社組合」と「労働組合」の違いは，「経営側と団体交渉できるか否か」にあって，「経営側と団体交渉できない」組合は，労働組合と見なされていない。

　「組合不在型労使関係」における3つの職場慣行パターンを比較して，次のことが指摘されている。①職場決定に関して，「低賃金型」は「管理者裁量」であるが，「人的資源管理型」と「日本指向型」は，「企業文化」や「標準手続」

155

に依拠することを勧めており，職場管理者の恣意性を防ごうとしている。②職場関係に関して，「低賃金型」は「階層的業務関係」であるのに対して，「人的資源管理型」も「日本指向型」も「チーム」を職場関係の基本にしている。③賃金に関しては，「低賃金型」は文字通り低賃金指向であるのに対して，「人的資源管理型」も「日本指向型」も，条件を満たせば高給を支払う制度を設けている。④雇用維持に関して，「人的資源管理型」も「日本指向型」も，「低賃金型」よりは雇用の安定を重視している。[49]

さらに「人的資源管理型」と「日本指向型」を比較して，次のことが指摘されている。①職場決定に関して，「人的資源管理型」は，「標準手続（マニュアル）」ではなく，「企業文化」という曖昧で幅の広いものに沿って決定し，状況変化に対して柔軟に主体的に判断することが求められている。その「企業文化」は職場を超えた拡大交流で形成され，企業全体の統合性を形成しようとしている。②チームに関して，「日本指向型」は，チーム・リーダーを中心にしてチーム内で課題を解決することが求められているのに対して，「人的資源管理型」は上部からの「指令」に基づいて行動することが求められている。これは「人的資源管理型」の方が，企業戦略との一体化要請が強いためと考えられる。③賃金に関して，「人的資源管理型」は「年功」ではなく「業績連動」であり，④雇用維持に関して，「人的資源管理型」は「キャリア形成（能力重視）」で，「日本指向型」に比べて，賃金と雇用は不安定である。

以上の比較を踏まえて，次のように評価している。「人的資源管理型」は，職場での判断が「企業文化」を考慮し，チームは「被指令型チーム」であることから，各職場の独立性は弱く企業全体の統合性が強い傾向がある。一方「日本指向型」は，職場での判断が「標準手続」という形式的なものであるため，上部からの職場への実質的介入が弱体化され，チームが「課題解決型チーム」で自立的に成りやすいことから，各職場の独立性は強く企業全体の統合性が弱い傾向にある。「人的資源管理型」は企業戦略と従業員個人とが直接的に関係していて，「個別管理」が強いが，「日本指向型」は従業員個人が職場（チーム）を介して企業全体と間接的に関係していて，「個別管理」は弱い。また賃金面から，「人的資源管理」は「業績連動」的賃金であるので，評価は短期的になりやすく，「日本指向型」は「年功」的賃金であるので，評価

第5章 経営理念と人事労務管理

は長期的になりやすい傾向がある。これらの特質は,「人的資源管理型」が情報通信産業等の市場変化の急激なハイテク産業でよく見られ,「日本指向型」が自動車部品産業等の技能産業によく見られる事実と合っている。

以上のKatz & Darbishire [2000] の研究から,「戦略的人的資源管理」が通信機器産業と親和性が高いことが示された。これによって,ファーウェイの「戦略的人的資源管理」の取り組みと成長との関連性が,産業レベルで確認できた。

このようにファーウェイにとって,「戦略的人的資源管理」の取り組みはグローバル企業への重要な礎であった。しかし今後のグローバル展開において,「戦略的人的資源管理」に関連する課題が存在する。それは「労働組合」の問題である。「戦略的人的資源管理」は,上述のように,「個別管理」が中心的要件であり,「組合不在型労使関係」の下で推進しやすいことが分かった。この点から,労働組合の問題は,ファーウェイの今後の課題を見ていく上で重要である。第4章第2節の「従業員持株制度」のところで,ファーウェイの「工会」は「労働組合」ではなく「従業員組合」であると述べた。すなわちファーウェイには「労働組合」は存在しないことを指摘した。ここで改めて,ファーウェイの人事労務管理における「労働組合」の位置づけを検討しておく。

日本の労働組合法は第2条で,以下の事項に該当する組織は,法で保護すべき「労働組合」として認めないと規定している。

(1) 役員,雇入解雇昇進または異動に関して直接の権限を持つ監督的地位にある労働者,使用者の労働関係についての計画と方針とに関する機密の事項に接し,そのためにその職務上の義務と責任とが当該労働組合の組合員としての誠意と責任とに直接に抵触する監督的地位にある労働者その他使用者の利益を代表する者の参加を許すもの。

(2) 団体の運営のための経費の支出につき使用者の経理上の援助を受けるもの。ただし,労働者が労働時間中に時間または賃金を失うことなく使用者と協議し,または交渉することを使用者が許すことを妨げるものではなく,かつ,厚生資金または経済上の不幸若しくは災厄を防止し,若しくは救済するための支出に実際に用いられる福利その他の基金に対する使用者の寄附及び最小限の広さの事務所の供与を除くものとする。

157

すなわち「役員」や「雇入解雇昇進または異動に関して直接の権限を持つ監督的地位にある労働者」等の経営側の人間が参加し，また使用者（経営側）から団体の運営のための経費の援助を受けていれば，「労働組合」の自主性が確保できなくなるということで，この規定が設けられている。この定義は，既述の「経営者と一般従業員の存在論的な対立関係」とも対応している。従って，経営者が参加しているファーウェイの従業員組合は労働組合ではない，と判断することは誤りでないだろう。言い換えれば，ファーウェイは，経営者に対抗するような労働組合の存在を認めず，経営者主導の人事労務管理，具体的には「個別管理」を特徴とする「戦略的人的資源管理」を進めてきたと言えよう。

　しかし近年，ファーウェイが多国籍企業を目指し，イギリス，ドイツ等の労働組合の影響力がまだ強い諸国に進出していることから，従来の人事労務管理が見直される可能性が生じてきている。2010年代に入って，ファーウェイは先進国市場，特にイギリス，ドイツ等の西ヨーロッパ市場への進出を活発化させ，大規模な研究開発・生産拠点も設立している。このようなヨーロッパ進出は，現在においても参入が難しいアメリカ市場に対して，「中国企業」としてではなく，「ヨーロッパ企業」として進出することを計画している表れと見ることができる。しかし「ヨーロッパ企業」に成るには，ヨーロッパの現地人材を雇用する必要があるが，その場合ヨーロッパの労使関係を考慮した人事労務管理が求められる。ヨーロッパの労使関係は，各国によって異なるが，中国と比べて，一般的に労働組合の影響力が強い。ファーウェイは現在まで「組合不在型労使関係」に基づいた人事労務管理を行ってきたが，ファーウェイが多国籍企業に成長していく過程で，ヨーロッパの「労働組合が存在する労使関係」を考慮する必要がでてくるであろう。現在はまだその姿が見えないが，中国における「労使関係の変革」とも関係しあって，労使関係の側面からファーウェイの人事労務管理の見直しが生じてくるように思われる。それによって，基本法の改正も必要となろう。

2．ファーウェイ基本法とドラッカー経営学

　次に基本法と「ドラッカー経営学」との関係について検討する。それは基

第5章 経営理念と人事労務管理

本法の骨組みが「ドラッカー経営学」に沿っていることと，基本法の起草段階では「ドラッカー経営学」が出発点であったからである。そして基本法は「ドラッカー経営学」に対して，「経営者と従業員の関係」及び「従業員観」の点で，大きな相違がある。その相違を理解することによって，ファーウェイの経営課題の理解が深まるであろう。

第1章で述べたように，通信機器メーカーにとって，ソフトウェア技術者のような研究開発人材をいかに誘致し維持していくかが大きな経営課題であった。基本法が公表された1998年当時で，ファーウェイの研究開発人材は全従業員（約8,000人）の60%を占め，他の職種の従業員も多く加わるようになった2015年の時点においても，研究開発人材が全従業員（約17.5万人）の45%を占めている。このような研究開発人材の重要性を認識して，基本法の作成にかかわった中国人民大学の経営学者たちは，「知識経済」を提唱したP.F.ドラッカーの経営学を基本法の骨格に置いた。しかし最終的に公表された基本法は「ドラッカー経営学」と「微妙な相違」を見せている。それは「ドラッカー経営学」と「戦略的人的資源管理」との相違でもある。

基本法は，ファーウェイが創業期の苦闘から通信機器メーカーとしてかたちを成してきた1995年頃，創業者が「今後の発展」を支える理論的支柱を熱望したところから生まれた。創業者が社内研修に招いた中国人民大学教授彭剣鋒に経営相談を依頼したことから，基本法の作成が始まった。彭剣鋒の『ファーウェイ基本法誕生記』によれば，基本法の作成が開始された時期のファーウェイの状況を，次の実例を挙げて説明している。①急速な発展のため，創業者と幹部，また幹部と中堅層との間の意思疎通が悪化した。②1996年1月市場部の「集団辞職」事件もあった。それは新しい状況変化に付いていけない古参従業員の問題を効果的に解決できなかったことから生じた。③賃金改革グループが結成されたが，新しい賃金体系を作ることができなかった。これらの問題を，総合的かつ根本的に解決するという目的で，中国人民大学の専門家（彭剣鋒，包政，呉春波，黄衛偉，楊杜，孫建敏等）とファーウェイの人事担当者（張建国等）で「管理大綱起草専門グループ」が結成され，管理大綱（後に「ファーウェイ基本法」）の起草が開始された。

彭剣鋒の上記報告によれば，作成過程では，専門家の1人包政教授が「ドラッ

159

カー経営学」に沿った素案を出し，それ対して数度修正が行われたようである。[50]包政教授の提案は，「企業の目標」,「効率（生産性）」,「従業員の達成感」等，ドラッカー的な課題について規定したものであったが，それに対して，「ファーウェイの特色がない」ということで，過去の活動を振り返って成功要因として保持すべき点を取り入れたり，さらに創業者がアメリカ企業の視察で得たものを取り入れたりして，最終案が作成されたと述べている。アメリカ企業視察後に，①技術優先，②サービスが企業利益増大のポイント，③顧客指向のマーケティングと研究開発体制の確立，④中核商品への資源集中等の政策が取り入れられたと述べているが，具体的な修正内容は知ることはできない。しかし彭剣鋒の上記報告から，素案は「ドラッカー経営学」に沿ったものであったが，その後ファーウェイの具体的な経営活動と経営環境を考慮して，現在見ることができる基本法が作成されたことが理解できる。

　次に「ドラッカー経営学」と基本法にある「微妙な相違点」を説明する。「ドラッカー経営学」は，企業の目的を「顧客の創造」と定め，その目的を叶える企業活動の中心に，「イノベーション」と「マーケティング」を位置づけ，管理の基本を「目標管理」に置いている。そして主要な管理領域として次の8つを挙げている。[51]すなわち①市場における地位，②イノベーション，③生産性，④物的資源及び財源，⑤収益性，⑥経営担当者の能力と育成，⑦労働者の能力と態度，⑧社会的責任である。これらのドラッカーの考えは，図表5-9に示すように，基本法に反映されている。

　しかし基本法には，ドラッカー経営学の基本的認識であるところの「企業（経営者）と従業員との対立」が欠落している。そして従業員を「全人（whole man）」として捉える考えが薄いようである。この点が基本法と「ドラッカー経営学」との「微妙な相違点」である。ファーウェイの人事労務管理を理解する上で重要であると考えられるので，もう少し詳しく検討する。

　「ドラッカー経営学」の基本書とされている *The Practice of Management*［1954］（ドラッカー［1996］）は第20章で，「人を雇うこと（employing the whole man）」について，次にように述べている。[52]

　「働く人を雇うということは，人そのものを雇うということである。IBM物語

第5章 経営理念と人事労務管理

図表5-9　ドラッカーの管理項目と基本法条文との対照

ドラッカーの管理項目	基本法
企業目標	第1条（目標），第6条（文化），第2章第1節（経営の中心），第40条（組織構造の確立原則），第6条（後継者と基本法改正）
市場における地位	第8条（品質），第12条（成長領域），第2章第3節（市場マーケティング）
イノベーション	第3条（技術），第10条（核心技術），第2章第2節（研究開発）
生産性	第14条（成長速度），第15条（成長の管理），第2章第4節（生産方式），第5章第2節（品質管理と品質保証体系）／第5節（業務工程調整）／第6節（プロジェクト管理）
物的資源及び財源	第23条（資源配置），第33条（資源の共有），第2章第5節（財務と投資）
収益性	第5条（共益），第11条（利益），第20条（価値分配の合理性），第5章第3節（全体予算管理）／第4節（コスト管理），
経営担当者の能力と育成	第2条（従業員），第9条（人的資本），第39条（組織成立の方針），第41条（職務の設定原則），第42条（管理者の職責），第4章（基本人的資源政策，第55条～第73条）
労働者の能力と態度	第2条（従業員），第9条（人的資本），第39条（組織成立の方針），第41条（職務の設定原則），第42条（管理者の職責），第4章（基本人的資源政策，第55条～第73条）
社会的責任	第7条（社会的責任）

出所：著者作成。

（本書筆者注：同書の前章に記載されている）から明らかなように，手だけを雇うことはできない。手の所有者たる人がついて来る。しかも，人にとって，仕事との関係ほど全人格的なものはない。

〈略〉

　企業にとっては，賃金，すなわち労働に対する金銭的報酬は，必然的にコストである。しかしその受け手たる働く者にとっては，賃金は収入，すなわち彼とその家族の生計の資である。

　企業にとっては，賃金とはつねに生産単位当たりの賃金である。しかし受け手にとっては，つねに生産単位以前の，あるいはそれを超えた彼と彼の家族の経済基盤である。

　ここに，基本的な対立がある。（ドラッカー［1996］下，128頁より抜粋）」

　上述のように，「ドラッカー経営学」は，従業員は「手を所有する人」であり，

161

企業（経営者）と従業員には，賃金（労働に対する報酬）に関して「基本的な対立」がある，という認識に基づいて成立している。「手を所有する人」とは，「手（労働）だけでなく，生活する人が不可分」と読むことができ，これが前述の「全人（whole man）」の意味に相当する。

　ドラッカーは，企業の目的を「利益の追求」ではなく「顧客の創造」に置いている。その哲学的認識から，「利益分配」で従業員を動機付けるよりは，「雇用の安定が第1である」ことを導いている。例えば，ファーウェイの経営活動と関連が深い「従業員持株制度」のような利益分配制度に関して，ドラッカーは次のように述べている。

　　「利益分配制度は，雇用と所得の安定を強化するものとして使うことができる。事実，私の経験では，利益分配制度の利点のうち，これが従業員の最も望んでいるものである。しかしこの利益分配制度でさえ，従業員持株制度と同じように，二義的な役割を果たすにすぎない。

　　中心となすべきものは，あくまでも雇用の維持についてのマネジメントの公約である。（ドラッカー［1996］下，205頁より抜粋）」

　以上が「ドラッカー経営学」の基本中の基本としたら，基本法はこの要件を備えていないことになる。ドラッカーにとって「雇用の維持」は経営者が第1に保持しなければならない命題であるが，ファーウェイは「集団辞職」事件のような大掛かりな解雇を2度も行った。基本法と「ドラッカー経営学」の微妙であるが，根本的な相違が，ここにある。従って，基本法は当初「ドラッカー経営学」から起草され，体裁では「ドラッカー経営学」を継承しているように見えるが，実際にはそれと大きく懸け離れたものになっていることが理解できたであろう。

　そして「ドラッカー経営学」と基本法の「微妙な相違点」が，ファーウェイが抱える労使関係の課題であると考えられる。ファーウェイがこの課題に直面する日が，将来やってくるように思われる。

第5章 経営理念と人事労務管理

〈注〉

1) 中国人民大学教授彭剣鋒，包政，呉春波，黄衛偉等が参加した。これらの学者は現在もファーウェイの経営顧問としてファーウェイに経営アドバイスを提供し，またファーウェイの経営に関する論文，書籍を出している。

2) 第3章第3節でも述べたように，製・販融合型研究開発体制であるIPD体制への組織再編が始まったのは，創業者が1997年12月にIBMを訪問して，それに感動したことに由来すると言われている。

3) 基本法は最終条（103条）に「10年に一度改正される」と規定しているが，現在まで一度の改正もないと，黄衛偉「華為基本法的現実意義到底是甚麼（ファーウェイ基本法の実際の意義は一体何か）」環球人力資源智庫（http://www.ghrlib.com/hrm/12237，2016年8月19日確認）で述べられている。

4) ファーウェイの従業員の交流サイト「心声社区（http://xinsheng.huawei.com/cn/index/guest.html）」では，基本法をテーマにした遣り取りが現在も活発に行われている。この点からも，基本法は現在も有効性を維持していると考えられる。

5) 呉［2014］335-347頁参照。

6) しかし最近は，「ソリューション・サービス」等に参入しており，「ものづくりに徹している」とは言えない面がある。

7) 2001年の任正非の著作『華為的冬天（ファーウェイの冬）』で，任正非は単なる価格競争ではなく，技術を重視した競争戦略を述べている。「わが社は生きのびることができるか，中国の競争力から見て，家電業界から見て，中国の市場はすべて価格戦である。価格戦の核心は，中国では長期的に見れば低コストになることを全世界に示すことである。それが最強の競争力である。ただし，中国は高い品質を求める。品質の高くない低コストであれば，低コストに価値はない。中国の高い品質で低コストは社会の基礎になる。従って我が社の品質がよい，サービスがよいことは西側企業と比べて優勢である。我々が努力すれば，我々の目標は実現できる。製品，顧客との関係，ブランドに明確な違いはない。市場能力が弱ければ，ライバルの利益を下げ，「野草」の成長を止め，資源を集中して，限りある財力を価値のある市場に向け，技術上の大きな革新がある時は，産業進歩に迫る。単純にライバルを倒すことはよい選択ではない。長く優勢を維持して，競争による破壊を避けることが上策である。」

8) 末廣［2000］235頁参照。

9) 技術革新には，技術進歩によって技術革新が活発になる技術推進型（technology push innovation）と，市場からの需要によって技術革新が活発になる需要牽引型（demand pull innovation）があると言われている（新庄浩二編［2003］『産業組織論』有斐閣245-247頁参照）。アップルの初代iPhoneは前者に，腕時計型携帯端末は後者を代表している。ファーウェイ基本法は需要牽引型イノベーションを基本にしていると見ることができる。

10) 調査報告書は株式会社サイバー創研によって作成され，2013年に自社のサイト（http://

163

www.cybersoken.com/file/lte03JP.pdf，2016 年 9 月 23 日確認）に公開された。

11) 調査報告書は，特許の内容まで踏み込んで整理しているので，調査の信頼性は高い。

12) ファーウェイは 2016 年 5 月 25 日に，米国と中国でサムスンを相手取って特許侵害訴訟を起こしたことを発表した。また同年 7 月には，米国第 3 位の移動通信会社 T-モバイルを相手取って，米国で特許侵害訴訟を起こした。これらのことも，ファーウェイが技術力を付けてきたことを示す実例と言えよう。

13) ファーウェイは「LTE」を最初に提唱した企業ではない。日本等の先進国が提唱した「LTE」に追随して最終的に追い越したのである。従って，正真正銘のフロント・ランナーとは言い難いが，フロント・ランナーになりつつあることは間違いないであろう。

14) ファーウェイの中国語サイト（http://www.huawei.com/cn/about-huawei，2016 年 9 月 2 日確認）。

15) ファーウェイの日本語サイト（http://www.huawei.com/jp/about-huawei，2016 年 9 月 2 日確認）。

16) ファーウェイのドイツ語サイト（http://www.huawei.com/de/about-huawei/corporate-info/vision-mission/index.htm，2016 年 9 月 2 日確認）。ドイツ語サイトであるが，ビジョンとミッションは英語で記載されている。

17) 日本人向けメッセージは，その中間ぐらいに位置していると見ることができる。

18) 従業員 17 万 6,000 人（2015 年）のうち 4 万人が外国人と，「2016 年度（英文）アニュアル・レポート」で報告されている。

19) 社内報『華為人』71 期は 1998 年に出されている。

20) これ以降，ファーウェイの企業文化を「土狼（狼）」と例える書籍や論文が多く出され，「ファーウェイは狼」というイメージが定着するようになった。しかし最近，そのイメージを打ち消すための努力が，社内においても社外においてもされるようになった。

21) 氏原［1979］118-119 頁参照。

22) 「ファーウェイ 2015 年度（中文）アニュアル・レポート」，76 頁参照。

23) 同上。

24) ファーウェイの所有関係は，第 4 章第 2 節 2 で述べたように，現在においても明確でないところが多い。

25) 任正非［1998］「華為的紅旗到底能打多久（ファーウェイの先進的な業績はどれぐらい長く輝くか）」参照。

26) 呉［2014］113 頁参照。

27) 任正非［1997］「英雄を忘れるな」社内報『華為人』42 期参照。

28) 呉［2014］319 頁参照。

29) 中国労働契約法第 14 条で，無期限労働契約（終身雇用）が規定されている。規定の内容は次の通りである。「次の各号に掲げるいずれかの状況に該当し，かつ労働者が労働契約の更新，締結を申し出，または同意した場合は，労働者が期限付労働契約の

第5章 経営理念と人事労務管理

締結を申し出た場合を除き，無期限労働契約を締結しなければならない。(1)労働者が当該使用者の下において，勤続満10年以上である場合，(2)使用者が初めて労働契約制度を実施するかまたは国有企業を再編して労働契約を新たに締結する時に，労働者が当該使用者の下において，勤続満10年以上であり，かつ法定の定年退職年齢まで残り10年未満である場合，(3)連続して2回期限付労働契約を締結し，かつ労働者が本法第39条及び第40条第1号，第2号（これらの条文は解雇が認められる場合を規定している）に定める事由に該当せずに，労働契約を更新する場合，使用者が雇用開始日から満1年時に労働者と書面の労働契約を締結しない場合は，使用者と労働者が既に無期限労働契約を締結したものとみなす。」

30) 田・呉，邦訳［2015］188頁参照。

31) この通達はファーウェイ内部に向けたものであるが，中国のサイト（http://www.ceocoo.net/news/show.aspx?id=2022&cid=52）で入手することができる（2016年10月7日確認）。

32) 田・呉，邦訳［2015］184頁参照。

33) 中国語原文では，「労働，知識，企業家和資本創造了公司的全部価値」と記載されている。

34) 「企業家」については，シュンペーターの「企業家」からP.F.ドラッカーやW.J.ボーモルの「企業家」まで多くの企業家論の系譜がある。多くの企業家論は，企業家の特性として，①不確実性（リスク），②革新行為，③不確実性と革新行為の両方，④適合・調整力を挙げている。

35) 中国語原文では，「分配形式是：機会，職権，工資，奨金，安全退休金，医療保障，股権，紅利，以及其他人事待遇」と記載されている。ここでいう「機会」は研修や研究会への参加機会の意味である。華為人的資源管理部編［1997］16頁参照。

36) 中国語原文では，「按労分配的依拠是：能力，責任，貢献和工作態度；股権分配的依拠是：可持続性貢献，突出才能，品徳和所承担的風険」と記載されている。

37) 中国語原文では，「工資分配実行基於能力主義的職能工資制；奨金的分配与部門和個人的績効改進挂鈎；安全退休金等福利的分配依拠工作態度的考評結果；医療保障按貢献大小」と記載されている。

38) 黄［1997］参照。

39) 人事・労務関係の研究で日本を代表する「日本労務学会」の英文名が，「Japan Society of Human Resource Management」となっているが，このことから「日本労務学会」は第1のグループと言えるか。即答は難しい。

40) 広く使用されている，ホワイトカラー従業員を対象とした「人事管理」や，ブルーカラー従業員を対象とした「労務管理」の用語は使用せず，それらを一括して「人事労務管理」の用語を用いる。

41) 村杉［1987］は，「人的資源管理」が本格的に提唱される以前の「伝統的人事労務管理」について，次の3つの管理アプローチ（モデル）が代表的であったと述べている。①科学的管理アプローチ，②人間関係論アプローチ，③行動科学的アプローチ。

165

42）「人的資源管理」を歴史的変容過程から見るのではなく，管理対象者（ブルーカラー，ホワイトカラー）の相違から分析するアプローチがある。本書では，ソフトウェア技術者の台頭との関連から，歴史的に検討するアプローチを採用した。

43）S.M. ジャコービィ［1999］は組合不在型労使関係の下で形成された人事労務管理システムの1類型を，「ウェルフェア・キャピタリズム」と名付けた。「ウェルフェア・キャピタリズム」は，「会社が従業員に，雇用の安定，内部昇進，利潤分配，年金や保険などの福利給付をほどこし，従業員代表制やその他の参加とコミュニケーションのチャネルを活用させ，それらを通じて従業員の意識を社会的共同体たる会社に統合しようとする政策と理念の総称」と言われている（ジャコービィ［1999］，「訳者あとがき」542頁参照）。「ウェルフェア・キャピタリズム」を採用している企業として，コダック，デュポン，IBM 等を挙げている。ジャコービィ［1999］によれば，「ウェルフェア・キャピタリズム」は1920年代に現れ，大恐慌期に後退したかに見えたが，1950年代から本格的に再建されて，1970年代以降組合不在型労使関係下の大企業の人事労務管理システムを代表するものになった。しかし1980～1990年代に，市場競争の激化等によって，「ウェルフェア・キャピタリズム」が維持できなくなったことに注意を向けておく必要がある。ファーウェイは組合不在型労使関係であるが，「ウェルフェア・キャピタリズム」のグループには属さないと考えられる。

44）合衆国労働統計局（http://www.bls.gov/news.release/, 2016年10月7日確認）参照。

45）例えば，ピオリ／セーブル［1993］365-366頁や，Katz & Darbishire［2000］pp.18-19が挙げられる。

46）「日本的経営」は，平均的従業員と比べて顕著に高い成果を生み出すハイ・パフォーマーに対しては有効に機能していないように見える。

47）Katz & Darbishire［2000］によれば，「組合不在型労使関係」が増えた要因として，①労使の集団交渉が中央（経営者団体と労働団体の中央交渉）から各企業，各職場レベルに分散したこと，②企業自体の分散化，③従業員の業務決定に対する直接参加の増大によって，組合不在型労使関係への傾向を強めたと指摘している（pp.264, pp.268-269参照）。

48）「ウェルフェア・キャピタリズム」はいわゆる「日本的経営」と多くの類似点があるが，Katz & Darbishire［2000］の基本パターンには「ウェルフェア・キャピタリズム」と対応するものはない。「人的資源管理型」，「日本指向型」，「官僚型」を別の側面で融合したものが，「ウェルフェア・キャピタリズム」に対応することになろう。

49）「人的資源管理型」は「低賃金型」と比べて，「日本指向型」に近いことが分かる。また「人的資源管理型」が，条件を満たせば高給を払う制度を設けていることから，ファーウェイの「奮闘者」に対する「株式付与」が想起でき，さらに「人的資源管理型」が「低賃金型」に比べて雇用の安定を重視する傾向が強いことから，ファーウェイの「能力主義的職能給制度」が想起できよう。

50）彭剣鋒の『ファーウェイ基本法誕生記』は，『百度文庫（https://wenku.baidu.com/, 2016年10月7日確認)』で入手でき，そこでは，「①組織の目的は何か，②従業員に活

第5章 経営理念と人事労務管理

力と達成感を与えるものは何か，③社会的責任は何かというドラッカー的命題に従っ
て，①我々の企業はどのような企業であったか，②我々の企業は将来どのような企業
になるか，③我々の企業はどのような企業でなければならないかという課題を立てて
検討した」と述べている。

51) ドラッカー［1996］上，90頁参照。

52) *The Practice of Management*［1954］（ドラッカー［1996］）は，経営学のバイブルと
評され，P.F.ドラッカー経営学を学ぶ基本書と考えられている（三戸［2011］66頁参
照）。

第**6**章
中国通信機器産業の確立

6-1 産業発展史—技術導入から自主技術形成へ—

　本章では，ファーウェイが属する中国通信機器産業の発展史を見ていく。中国において通信機器産業は，1978年の経済改革以前は十分に発展していたとは言えない状態であった。経済改革以降，本格的な産業形成が始まったが，当初は先進技術の導入とその学習，その後は国家機関を動員しての国産化であった。当時の中核的通信機器のデジタル交換機を最初に国産化したのは国有企業であった。中国においては，経済改革以降も各産業の中心は大型国有企業が占めていた。それらの国有企業は，ヒト，モノ，カネの面で他の地場企業と比べて圧倒的に優位な位置にいた。通信機器産業もその例外ではなかった。しかし最終的に国内市場のリーディング企業になったのはファーウェイであった。経営資源すなわちヒト，モノ，カネの経営の3要素において，国有企業に対して大きく劣っていた弱小民間企業のファーウェイが，10年足らずでリーディング企業に成り得たのはなぜか。本章では，その疑問を産業形成の側面から検討する。

　中国通信機器産業の発展過程は，交換機の生産能力で見ると，1918〜1991年までの低迷期，1992〜1998年の確立期，1999年から現在に至る拡張期の3段階に分けることができる。[1] 中国で最初に通信機器のメーカーが設立されたのは1918年であった。しかし，それ以降も，中核的な通信機器については，

169

輸入品に依存した長い低迷期が続いた。1978年の経済改革の後，1992年に国産局用デジタル交換機が自主開発され，1998年にファーウェイが国内電話交換機市場でトップシェアーを取るようになって，やっと通信機器の輸入代替化を完成させた。その後，国際市場への進出を開始した。本章では，ファーウェイの台頭を国内の産業構造の面から理解するために，確立期に焦点を合わせ，それ以前の長い低迷期とそれ以後の拡張期については，輸入代替化過程の理解を助ける程度の説明に止める[2]。

1. 低迷期（1918～1991年）

　経済改革が実施された1978年以前は，通信機器の製造は基本的に政府の計画に基づいて行われていた。生産規模は小さく生産技術の水準も極めて低くかった。通信機器産業の出発点は，北洋軍閥政府が日本，アメリカの資本と合資で中国電器股份有限公司という電器会社を設立した1918年と考えられる[3]。その後，国民党政府が幾つかの通信機器メーカーを設立し，また上海，天津で民族資本の通信機器メーカーが生まれたが，これらの企業は主要部品をアメリカ，ドイツから輸入して完成品を組み立てるだけであった。新中国成立直前の電話普及率は0.05％で，長距離電話回線は2,000余りであった[4]。また通信機器メーカーの数は，小規模な企業が全国で十数社あるだけで，従業員数は4,000人余りであった[5]。

　1949年の新中国成立以降，電気通信事業及び通信機器製造部門は，主に中央政府（国務院）を構成する郵電部によって管理されてきた。しかしその管理体制は紆余曲折を辿った。1950年代前半に郵電部主導の体制が形成されたが，大躍進時代（1958～1960年）に地方政府に管理権が移管され，1962年からは郵電部主導の管理体制に戻され，1970年には電気通信は解放軍の管理下に置かれ，1973年に郵電部が再建され，1980年に軍事通信と鉄道通信を除く通信事業は郵電部が統一的に管理する体制ができた[6]。通信機器製造部門もこの変化を受けて，中央政府（郵電部）直轄の工廠（メーカー）と地方政府が管理する工廠，さらに電子工業部が管理する工廠が存在した[7]。1979年において郵電部直轄の工廠は27あり，地方の郵電管理局が管理する工廠は100余りであった。また通信機器製造は軍需産業の一角である電子産

第6章 中国通信機器産業の確立

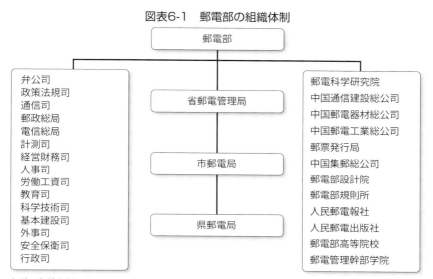

図表6-1 郵電部の組織体制

出所:各種資料に基づいて著者作成。

業を管轄する電子工業部によっても管理されていた。

経済改革が打ち出された1978年の電話普及率が0.3%で,新中国成立直前の0.05%と比べてもほとんど伸びていない。そのため通信機器の生産量も極めて低いものであった。当時の交換機は95%が国産であったが,技術水準は低く,29%が2世代前のステップ・バイ・ステップ交換機,33.7%が1世代前のクロスバ交換機,6.7%が電子交換機で,残りは手動式交換機であった。[8]

経済改革によって1980年に郵電部改革が行われた。それによって形成された組織体制の概略を図表6-1に示す。この組織体制は1998年に郵電部と電子工業部が合体されて情報産業部が設立されるまで,基本的に維持された。[9] 郵電部はアメリカのベル・システムのように通信事業組織,通信機器製造組織,研究開発組織を備え,さらにアメリカの連邦通信委員会のような政策立案機能まで備えた通信のメタ組織であった。

郵電部(中央政府)は各省の省郵電管理局と行政的つながりがあり,省郵電管理局はその下の市郵電局や県郵電局と行政的つながりがあった。またそれぞれの部・局は,各部門の上級組織に管理されるだけでなく,各級の地方

171

図表6-2　郵電部北京郵電科学研究院所属の研究所

研究所名	研究分野
第一研究所（上海）	衛星通信・交換機・電話機
第三研究所（上海）	郵便自動振り分け機
第四研究所（西安）	マイクロ波・衛星通信
第五研究所（成都）	ケーブル・光ファイバー・搬送のデータ通信
第七研究所（候馬）	ファクシミリ・電報
第十研究所（西安）	市外交換・電報中継
通信伝送研究所（北京）	通信網の構成・標準
データ通信研究所（北京）	データ通信
儀表研究所（北京）	通信用測定器・ネットワーク自動監視
郵政科学研究所（北京）	郵便物取扱いの自動化
半導体研究所（北京）	通信専用半導体
科学技術情報研究所（北京）	通信科学技術情報
通信計量センター（北京）	計器類計測標準
経済技術発展センター（北京）	郵電における技術と経済及び経営管理

出所：各種資料に基づいて著者作成。

政府にも管理される構造で郵便と通信の全国組織が構成されていた。[10] 省郵電管理局及びそれ以下の郵電局の組織体制は，図表6-1に示した郵電部の組織体制と相似形の組織体制を有していた。

　中国通信機器産業の確立過程を理解するには，この郵電部を無視することはできない。特に通信機器製造の主要な工廠を統括していた中国郵電工業総公司と，多数の通信関係の研究機関を統括していた郵電科学研究院は重要で，現在の中国通信機器産業の出発点となった組織単位である。

　中国郵電工業総公司は傘下に27の直属の工廠を有し，また同総公司の地方機関が管理する100余りの工廠を有する中国最大の通信機器製造組織であった。郵電科学研究院には，北京郵電科学研究院と武漢郵電科学研究院があって，北京郵電科学研究院は図表6-2に示すように14の研究所を有していた。交換機に関しては，第一研究所と第十研究所が担当していて，第十研究所は後述

172

第6章 中国通信機器産業の確立

図表6-3　郵電部武漢郵電科学研究院所属の研究所

研究所名	研究分野
レーザー通信研究所（武漢）	光通信を主とするレーザー通信設備
固体部品研究所（武漢）	発光管を主とするレーザー通信部品

出所：各種資料に基づいて著者作成。

するように1985年デジタル交換機を最初に自主開発したところであった。

　武漢郵電科学研究院は図表6-3に示すように2つ研究所を有していた。これらの研究所は主に光通信に関係する機器を研究開発し，現在武漢は光通信（レーザー機器，光ファイバー等）では中国の先進地域になっているが，その下地はこれらの研究所であったと考えられる。

　経済改革直後の1980年において，中国には上述のような通信機器の研究開発機関やメーカーが存在していた。しかし経済改革を推進した指導部は，最新の通信システムを早急に確立するために，これらの研究機関やメーカーを使わず，先進国からの最新の通信機器の輸入を優先した。通信システムは国防上からも重要であり，できるだけ民族企業を育成したいところであったが，通信システムが経済発展のボトルネックになっていたことから，国内の通信機器メーカーの発展が先進国企業によって抑えられる危険を冒しても，通信システムの最先端化を優先する決断をした[11]。新中国設立以前から続いていた通信機器産業の低迷による通信システムの技術格差を一気に打破するために採用された産業政策は，「以市場換技術」政策と呼ばれるものであった。「以市場換技術」は「市場を以て技術と交換する」の意味で，先進国企業に市場を与えて，先進技術を得るという産業政策であった[12]。1980年代，通信機器産業だけでなく他の産業でも大々的に行われた。

　この政策の下，1982年に富士通のデジタル交換機が先行的に福建省福州市に導入された。そして1984年に国務院より「郵電部門は各種の形式で外資，技術，設備を積極的に導入できる」という主旨の指示（六条指示）が出され，公式にデジタル交換機の輸入が認められた。その後，NEC，ルーセント，エリクソン，ジーメンス，アルカテル，ノーザン・テレコム，BTM（ベルギー）から，デジタル交換機が大々的に輸入された。デジタル交換機購入の判断は

173

各地方政府に任されていたので，1980年代末には，先進諸国の異なる交換
機が入り混じり，中国全土が複数の電話システムで分割され，通信品質の低
下を招いた。最新通信機器の輸入を推進するために，1986年に輸入通信機
器に対する関税の減免政策が行われ，デジタル交換機を含む最先端の通信機
器の輸入が増大した。この政策によって，1980年代に中国の地場企業が台
頭することはなかった。

　次に実施された産業政策は，先進国企業と中国企業の合弁企業の設立であっ
た。先進技術を有する先進国企業と有望な国有企業で合弁企業を設立して，
先進技術を吸収する政策であった。この政策による代表的な通信機器メーカー
は次の3社である。第1は1984年に郵電部に所属する中国郵電工業総公司
とベルギー・ベル電話製造会社との合弁企業「上海ベル電話設備製造有限公
司」（以下，「上海ベル」と略す）で，その株式構成は中国郵電工業総公司が
60％，ベルギー・ベルが31.65％，ベルギー政府が8.35％であった。[13]

　第2は1988年に国務院電子工業部に所属する北京有線電総廠とジーメン
スとの合弁企業「北京国際交換系統有限公司」（以下，「北京国際」と略す）
で，その株式構成はジーメンスが40％，北京電信管理局（郵電部の地方機関）
が8.2％，北京有線電総廠が25％，北京市政府の北京綜合投資公司が26.8％
であった。[14]

　第3は1990年に電子工業部に所属する天津中環計算機公司とNECとの合
弁企業「天津NEC公司」（以下，「天津NEC」と略す）で，その株式構成
はNECが35％，住友商事が5％，天津電信管理局（郵電部の地方機関）が
15％，天津中環計算機公司が45％であった。[15]

　3社の株式構成を見ると，上海ベルは郵電部の管理下にあったが，北京国
際と天津NECは主に電子工業部との関係が深いと言える。[16]これらの政策に
よる技術移転の効果を評価することは難しいが，技術情報だけでなく，人材
育成においても少なからずの効果があったことは間違いないであろう。

　以上のように合弁企業の設立は認められたが，先進国企業が独資でメーカー
を設立することは認められなかった。この点においては，地場企業の確立が
一貫した基本政策であったことは間違いないであろう。中国政府は，上述の
2つの先進技術導入政策を実行すると共に，先進技術の自主技術開発を推進

していた。具体的には，上述の郵電部の研究機関だけでなく，他の行政部門（電子工業部等）や解放軍の研究機関等を動員して，局用デジタル交換機等の中核通信機器の自主技術開発を進めていた。この活動は中国通信機器産業が確立されるための萌芽を形成した。

2. 確立期（1992～1998年）

　1980年代に進められた自主技術開発活動において，幾つかの国有研究機関から成果が現れてきた。電話交換機に限ってみれば，まず1986年に郵電部所属の郵電科学研究院（西安）が構内用デジタル交換機の自主開発に成功し，1989年に宇宙開発関係機関に属する中興通訊設備有限公司（後のZTE）が構内用デジタル交換機の自主開発に成功した。その後1990年代前半に下記の5つの通信機器メーカーが，念願の局用デジタル交換機の自主開発に成功した。[17]

①巨龍通信設備有限公司（以下，「巨龍」と略す，国有企業）

　　中国郵電工業総公司と解放軍信息工程学院が共同で，1991年に中国最初の局用デジタル交換機の自主開発に成功した。この自主開発は国家プロジェクトに指定されていた。1995年に，主に中国郵電工業総公司傘下の7つのメーカーと解放軍信息工程学院の研究部門とを統合して，巨龍通信設備有限公司が設立された。

②ファーウェイ技術有限公司（以下，「ファーウェイ」と略す，民間企業）

　　既述のように，1987年深圳市で任正非を中心に6人の共同出資者によって従業員14名の民間科学技術企業として設立された。1992年に局用アナログ交換機の開発に成功し，1993年に局用デジタル交換機の開発に成功した。

③中興通訊設備有限公司（以下，「ZTE」と略す，半国有半民間企業）

　　1985年深圳市に，国有企業の航天系統691廠，長城工業深圳支社と，香港運興電子貿易公司の共同出資で中興半導体有限公司の名で設立され，1989年に構内用デジタル交換機の開発に成功し，1994年に局用デジタル交換機の開発に成功した。

④金鵬電子有限公司（以下，「金鵬」と略す，国有企業）

　　1995年に広州市政府によって設立され，同年局用デジタル交換機の開

175

図表6-4　局用デジタル交換機の製造者リスト（1995年）

通信機器メーカー	型番号	構成員	販売開始年	生産量（回線）
郵電工業総公司と 巨龍通信設備有限公司	HJD-04	重慶515廠 長春513廠 洛陽537廠 杭州522廠 北京738廠 4057廠	1991年	300万
ファーウェイ 技術有限公司	C&C08		1994年	100万
中興通訊設備有限公司	ZXJ-10		1994年	60万
金鵬電子有限公司	EIM-601	電子工業部54所 華中理工大学 北京華科公司 常徳有線電廠 広州524廠 鞍山広電公司 河北電話設備廠	1995年	10万
西安大唐電信有限公司	SP-30		1995年	10万

出所：『通訊産品世界』1996年7月号より転載。

発に成功した。

⑤大唐電信科技股份有限公司（以下，「大唐」と略す，国有企業）

　　1957年に郵電部郵電科学研究院が設立され，1986年構内用デジタル交換機の開発に成功し，1993年西安大唐電信有限公司が設立され，1995年局用デジタル交換機の開発に成功した。1998年に大唐電信科技股份有限公司に，1999年に大唐電信科技産業集団に発展した。

　　上記5社の中に民間企業のファーウェイが含まれていることに注目する必要がある。郵電部の組織体制（図表6-1，図表6-2参照）からも理解できるように，当時において，このような自主技術開発は国有の研究開発機関の独壇場であった。ヒトである研究開発者は大学卒業者であり，彼らは1985年まで政府機関によって分配（就職先指定）されており，モノである研究設備（コンピュータ等）は国有機関に優先的に配備され，カネである研究支援金が民間企業に割り当てられることは皆無であった。[18] このような状況で，多くの国有機関が開発に鎬を削っていた局用デジタル交換機の開発に，民間企業のファー

176

第6章 中国通信機器産業の確立

図表6-5　電話交換機の市場シェアーの推移（%）

順位	1995年		1998年		2004年	
1	輸入品	39	ファーウェイ	28	ファーウェイ	48
2	上海ベル	19	上海ベル	23	上海ベル	25
3	巨龍	14	北京国際	19	ZTE	19
4	北京国際	11	ZTE	15	北京国際	5
5	その他	17	その他	15	その他	3

出所：中国通信工業協会などの公開データに基づいて著者作成。

ウェイが成功したことは大きな驚きである。ファーウェイがデジタル交換機開発に成功したことについては，第3章第1節で詳しく説明したが，ここでは，ファーウェイの存在が，確立期を迎えた産業内の競争を活発化させ，中国通信機器産業の確立に大きく貢献したことを述べる。

　図表6-4は，主要5社が出揃った1995年の各社の局用デジタル交換機の生産量（回線数）を示している。

　5社のうち販売開始が早かった分，生産量において巨龍とファーウェイが一歩先行していることが分かる。巨龍は販売開始（1991年）から4年で生産量を300万回線に伸ばしたのに対して，ファーウェイは販売開始（1994年）から1年で100万回線に達している。またZTEはファーウェイと同年に販売開始をしていたが，生産量では倍近い差がある。これらの点から，ファーウェイの成長は他社と比べて速いことが分かる。

　さらに図表6-5から，ファーウェイの成長の速さを見ることができる。図表6-5は1995年，1998年，2004年の電話交換機の出荷量に基づいた市場シェアーの推移を示している。

　1995年では，先進国からの輸入品がトップで，第2位に外資系企業の上海ベルが占め，第3位に中国初の国産局用デジタル交換機を開発した巨龍が占めていたが，1998年になるとファーウェイが上海ベルを押さえて，地場企業として初めてトップシェアーを取った。またZTEが第4位に食い込んできた。2004年になると，ファーウェイが半分近くのシェアーを占めた。1995年には輸入品が39%という大きなシェアーを取っていたが，3年後の

177

図表6-6　局用デジタル交換機の価格推移

年	価格（US$/1回線）	市場の特徴
1980年代	300〜500	輸入品
1990	180	外中合弁企業の参入
1995	100〜120	地場企業の参入
1997	48	合弁・地場企業間の競争
1999	24〜30	地場企業間の競争

出所：各種データに基づいて著者作成。

1998年には「その他」の中に姿を消した。他の主要企業の大唐や金鵬は「その他」に含まれている。北京国際は外資系企業である。

　地場企業の成長によって，局用デジタル交換機の価格は図表6-6に示す通り急速に低下し，中国の通信インフラ建設に大いに貢献した。輸入品だけの場合（1980年代）であれば，交換機の価格は1回線当たり300〜500米ドルしていたものが，外中合弁企業が参入してきた1990年初頭には180米ドルに低下し，地場の通信機器メーカーが参入してきた1990年代中期には100〜120米ドルに，そして地場企業が市場を支配するようになった1990年代末には24〜30米ドルと約10分の1に低下した。

　局用デジタル交換機の製造・販売がいかに地場企業の成長を促進したかを，ファーウェイのライバルであるZTEの事例から見てみよう[19]。ZTEは当初電子時計や電子ピアノの委託加工を受注していたが，1989年に構内用デジタル交換機の開発に成功し1992年から農村部での販売を開始した。農村部には先進国企業が入っていなかったので販売は容易であったが，利益率が低かった。利益率の高い局用デジタル交換機を需要の大きい都市部で販売することが目標となっていた。そのためには局用デジタル交換機を自主開発しなければならなかった。これらの事情は既述のファーウェイの場合と同じである。

　1994年に念願の局用デジタル交換機の自主開発に成功し，都市部への進出を果たした。1997年からは交換機以外の通信機器も製造販売し，2002年から携帯電話端末機も製造販売するようになった。しかし1990年代前半は交換機だけを製造販売していた。従って，図表6-7の1992年に比べて1996

第6章 中国通信機器産業の確立

図表6-7　ZTEの売上高の推移（1985〜2004年）

年	売上高（億元）	年	売上高（億元）
1985	0.0035	1999	40
1988	0.0517	2000	102
1992	0.9432	2001	140
1996	5.8681	2002	168
1997	13	2003	252
1998	42	2004	340

出所：毛・欧陽・戴［2005］より転載。

年の売上高が飛躍的に伸びているのは，局用デジタル交換機の製造販売のためと考えられる。局用デジタル交換機はZTEが大きく飛躍する画期的な製品であったことが分かる。ZTEの発展の経緯はファーウェイと似ている。

　次に，輸入代替化政策によって勃興してきた地場通信機器メーカーが一応出揃い，産業が確立された1995年頃の産業組織を，交換機の技術レベルに基づいて説明する。当時の技術レベルを3段階に分けると，構内用電子交換機が低層（ローテク品）に，構内用デジタル交換機が中層に，局用デジタル交換機が高層（ハイテク品）に当たる。各段階の交換機の製造企業数を，外資系，地場企業に分けて示したのが図表6-8である。図表6-8の地場企業数でよく分かるように，ローテク品からハイテク品へと技術レベルが上がる毎に企業の数が急激に減少している。すなわちピラミッド型になっている。これは市場参入において，明らかに技術障壁が存在していたことを表している。ローテク品の構内用電子交換機では，地場企業は103社であったが，ハイテク品の局用デジタル交換機については，外資系企業を含めて8社で，地場企業は5社しか存在しなかった。この点で，ハイテク品の局用デジタル交換機市場への参入は，他の地場企業にとって容易でなかったことが分かる。ファーウェイは，短期間でこのハイテク品市場で大きな地位を占めたことから，ファーウェイは地場企業においても特異な存在であったことが推察できよう。

　郵電部は1995年1月に，構内用通信システムに接続できる「電子交換機リスト」（以下，「リストI」と略す）及び「デジタル交換機リスト」（以下，「リ

179

図表6-8　通信機器産業の構成（1995年）

交換機の種類	外資系企業	地場企業	計
局用デジタル交換機	3	5	8
構内用デジタル交換機	7	38	45
構内用電子交換機	0	103	103

出所：各種資料に基づいて著者作成。

スト II」と略す）を公表している[20]。これらのリストには，許可交換機の種類（型番）と製造者名が記載され，1995年時点での中国で構内用交換機を合法的に製造していたすべての通信機器メーカーが載っている。当時の産業組織を具体的数字で検討できる貴重な資料である。リストは構内用交換機に関するもので，局用交換機と比べて，求められる技術レベルは低いが，その分交換機分野の底辺構成を理解するには有益である。リストⅠの電子交換機はアナログ交換機で旧世代であり，リストⅡのデジタル交換機は新世代である。これらのリストから以下のことが分かる。

　第1に，リストⅠには103社の地場企業が載っているが，外資系企業は1社も載っていない。リストⅠ記載の交換機は技術レベルが低く，市場参入者も多いので，利益率が低くなり，外資系企業はこの市場には参加していなかったのであろう。しかしリストⅡでは45の構内用デジタル交換機メーカーが列記され，そのうち外資系企業が7社記載されている。残りの38社は地場企業である。この点から，ハイテク商品である構内用デジタル交換機分野において，先進国企業と競争できる地場企業が成長していたことが分かる。

　第2に，リストⅡの方がリストⅠより開発型企業が多いことである。リストⅠでは13種類の交換機を103社が製造している。一方リストⅡでは30種類の交換機を45社が製造していて，独自の型番（独自商品）を有する企業の比率が高い。リストⅠでは，特定の型番（「HJD-256」と「HJD-80」）の交換機を，84の地場企業が製造していて，旧来の分業方式，すなわち上位の研究開発部門で開発された特定の製品を，小規模の製造部門（工廠）が製造する方式が採られていたことが推察できる。リストⅡでは，特定の型番（「JSQ-31」）を除いて，旧来方式は見られず，29種類の異なる型番の交換機を37社

が製造していたことが示されている。リストIIでは，大半の企業が独自の型番を持った製品を製造している。1995年時点で少なくともこれらの31社の通信機器メーカーが新世代の構内用デジタル交換機を製造できる能力を有していたことが分かる。

第3に，同じ型番の交換機を異なる系統の国有企業が製造していたことである。具体的には，リストIに記載されている特定の型番（「HJD-256」と「HJD-80」）は，郵電部所属の中国郵電工業総公司の型番であるが，これらの型番の交換機を，郵電部系企業（郵電部第七研究所，郵電部上海電話設備廠等）だけでなく，電子工業部系企業（国営第834廠）や，電力工業部系企業（電力工業部揚州電訊儀器廠）や，人民解放軍系企業（中国人民解放軍第6914工廠）が製造していたことが示されている。この点では旧来の研究開発体制では製造される製品の種類は限られていて，製品開発競争は行われていなかったことが分かる。なおファーウェイ等の企業も型番に「HJD」を使用していたが，これは郵電部とは関係がなく，それぞれの企業の自主開発品であるが郵電部と関係があるように思わせるために使用していたと，当時のファーウェイの関係者が明らかにしている。[21)]

3. 拡張期（1999年〜現在）

ファーウェイやZTEは，国内電話交換機市場で支配的地位を獲得した1998年ころから，事業の多角化と販路の拡大を行った。事業多角化として，携帯電話端末機，ルーター等のデータ・ネットワーク用装置，無線ネットワーク用装置，光ネットワーク装置へと事業を拡張していた。また海外進出については，中東やアフリカ諸国へ進出し，その後欧州諸国へと展開していった。海外の売上高は1999年以降，毎年100％近くの比率で伸ばしていて，ファーウェイの場合2004年の総売上高の40％が海外での売上が占めるようになった。

また携帯電話端末機に関しては，1999年に交付された「五号文件」とよばれる政府通達によって，通信機器メーカーに携帯電話端末機の製造・販売に関するライセンスが与えられ，それ以降携帯電話端末機市場でも，通信機器メーカーが急速に市場シェアーを伸ばした。デジタル交換機を自主開発したファーウェイやZTEも携帯電話端末機市場へ進出したが，家電産業から

181

も多くの企業が進出して，交換機市場とは異なった産業組織が形成された。家電産業から参入した企業の中には，主要部品だけでなく大半の部品を先進国企業から購入して，単に組み立てだけをして自社ブランドで販売していた企業も存在した。[22]

　ここで注目すべきことは，1990年代中期から本格的に普及してきたインターネットの中核装置であるルーターに関して，ファーウェイが1996年から自主開発を進めて，ルーターの一番手企業であるシスコを脅かすまでになったことである。[23]また大唐は移動通信の第3世代標準規格として中国政府が力を入れているTD-SCDMA開発の中心の役割を担うようになった。その後，ファーウェイとZTEは国際市場で大きな地位を占めるようになった。その後の拡張期の発展については，第3章第3，4節で述べた通りである。

6-2 産業確立の経済的要因

　上述のように中国通信機器産業は，長い低迷の後20年足らずの短期間（1980～90年代）で先進国企業をキャッチ・アップし，現在では国際市場で大きな地位を占めるに至っている。キャッチ・アップの要因は，「後発性の優位」を始めとして多くのことが考えられるが，本書では，1978年の経済改革との関連から「膨大な需要」と「市場化政策」の2つを取り上げて検討する。これら2つの要因は，ファーウェイの成長にとっても関連が深い。

1．膨大な需要

　経済改革によって電話システムへの膨大な需要が生じた。経済改革が始まった1978年の全国電話普及率は0.3％で，10年後の1988年でも1.7％であったが，26年後の2004年には50％と上昇した。広大な国土に巨大な人口を有する中国で，電話普及率がほとんどゼロに近い状態から50％以上に上昇する過程で，電話交換機の需要がどのように増大したかは図表6-9で見ることができる。[24]

　図表6-9A，6-9Bは1989年から2004年までに中国で設置された固定通信交換機と移動通信交換機の回線数の伸びを示している。固定通信交換機は固

182

第6章 中国通信機器産業の確立

図表6-9A　中国における設置電話交換機の回線数の推移
1989〜1996年（単位：万回線）

年	1989	1990	1991	1992	1993	1994	1995	1996
固定通信交換機	1,035	1,232	1,492	1,915	3,041	4,926	7,204	9,291
移動通信交換機	4	5	11	45	156	372	797	1,536

出所：『中国統計年鑑』各年版より著者作成。

図表6-9B　中国における設置電話交換機の回線数の推移
1997〜2004年（単位：万回線）

年	1997	1998	1999	2000	2001	2002	2003	2004
固定通信交換機	11,269	13,824	15,346	17,826	25,566	28,657	35,401	42,102
移動通信交換機	2,586	4,707	8,136	13,986	21,926	27,400	33,632	39,747

出所：『中国統計年鑑』各年版より著者作成。

定電話システムで使用される交換機を指し，移動通信交換機は携帯電話システムで使用される交換機を指す。交換機の容量は交換処理される回線数で示されている。携帯電話システムが本格的に普及するのは1990年代後半であったが，固定電話システム用の交換機は1990年代前半から毎年2,000〜3,000万回線増加している。日本の2005年の固定電話システムの全交換機の合計回線数は約5,000万回線であったことから見て，中国では約2年で日本の全交換機の回線数に匹敵する回線数の増加があったことになる。言い換えれば，1990年代初期以降中国では電話交換機に対して膨大な需要が生じていたことが理解できよう。

　電話通信に対する膨大な需要は固定資本投資からも見ることができる。図表6-10は1998年の固定資本投資のうちの「更新改造投資」の額を産業別に表したものである。中国では固定資本投資を「基本建設投資」と「更新改造投資」の2種類に分類し，「基本建設投資」は生産能力を拡大する投資で，「更新改造投資」は資産や技術の改造への投資とされ，交換機の設置のような革新技術に関連する投資は「更新改造投資」に分類されている。[25)]

　この時期，郵政・通信業は他の産業と比べて突出した「更新改造投資」を受けていたことが図表6-10から理解できよう。入手した統計データの限界で，

183

図表6-10　1998年の産業別更新改造投資額（単位：億元）

産業	投資額
郵政・通信業	1,164.61
石油化学業	385.35
医薬品業	52.01
鉄鋼業	242.99
自動車等運輸装置製造業	150.05
電力業	294.26
ガス業	14.45
鉄道業	95.06
航空運輸業	47.1

出所：『中国統計年鑑』1999年版に基づいて著者作成。

図表6-10では郵政事業と通信事業を合わせた額を示すことしかできないが，衰退傾向にある郵政事業と比べて発展傾向にある通信事業の方が，技術革新の必要性が高かったと推測されることから，投資額の多くは通信事業に投資されたと考えてよいであろう。

2．市場化政策

　通信機器市場は各国とも従来安定的な市場であったが，既述のように，1980年代からの「通信の自由化」によって競争的な市場に変わった。中国の通信機器市場もその例外ではなかった。通信機器市場の競争状態は通信事業の市場化によって生じた。中国の通信事業は，中央から地方へ，そして行政機関から複数の企業へと進められた。まず中央に集中していた権限が地方に移譲され，次に「政企分離」政策に基づいて事業運営体が行政組織から企業体組織に変えられた。これによって，ファーウェイのような新興の通信機器メーカーであっても参入できる機会が生じた。

　既に述べたように経済改革前，通信事業は郵電部という巨大な中央政府組織によって運営されていた。郵電部は通信事業だけでなく郵政事業も行い，それぞれ国家電信総局と国家郵政総局という事業運営管理機構を有し，さら

に通信機器等を製造する各種メーカー，研究機関を擁していた。また各省，市，県には，郵電部に対応する省郵電管理局，市郵電局が置かれ，それらの中に省郵政局と省電信局，市郵政局と市電信局がそれぞれ置かれていた。1978〜1993年までの間に，中央に集中していた権限を地方に移す地方分権が進められ，1985年に省郵電管理局に税引き後利益の内部留保を認め，1987年に省・市レベルの電信局で「経営責任制」が実施され，1988〜1991年に通信網の建設や資金調達などの電気通信事業に関する権限が，郵電部から全国約2,500か所の電信局（市・県レベル）に移転された。これによって，地方の判断で電話交換機等の通信機器が導入しやすくなった。

　1992〜1993年には，固定資産の減価償却率が40％まで引上げられ，電話加入料の収入と合わせて地方通信事業の建設資金源となった。また1993年以降，中央政府は地方政府に対し，電話加入料の固定料金の変更と徴収及び通話料金付加金の徴収を認める優遇政策を打ち出し，その結果，資金的余裕ができた地方政府は，独自に先進の通信機器の導入を図り，当時，先進の通信機器を製造できた外国企業または外資系合弁企業からそれらを購入していた。このような状況から，デジタル交換機の自主開発を目指した通信機器メーカーは，中央機関に交換機購入を働きかけるのではなく各地方政府に働きかければよいことになり，ファーウェイのような新興企業であっても通信事業者に販売できる可能性が高まった。

　1994〜1998年に進められた産業政策と事業経営とを分離させる「政企分離」政策によって，1994年に国家電信総局が郵電部から分離され通信事業を専門的に行う企業体（中国電信）に変えられた。しかし分離独立された企業体は地方の郵電局，電信局からの上納金を受ける権限は与えられていなかったので財務的に自主経営を遂行することができなかった。そのため通信機器等の購入は実質的に地方政府により決定される状態が続き，通信機器メーカーは各地方政府に猛烈な働きかけをした。第3章第1節で詳しく述べた，ファーウェイと地方電信局で設立された合資企業が，その一例である。

　1993年には，電子工業部，鉄道部，電力部，国有企業数社によって中国聯合通信公司という郵電部に対抗できる通信事業体が設立され，1994年に電子工業部，彩虹集団，中国電子信息産業集団，国投電子等の大型国有企業

185

によって吉通通信有限責任公司が設立されて，通信事業の競争政策が進められた。

アメリカのベル・システムは，通信事業を運営するAT&T，通信機器を製造するウエスタン・エレクトリック，研究開発を行うベル研究所を統合した巨大な企業体制であったが，旧郵電部は，既述のように，さらに通信事業の管理を行う組織も加わった強大なものであった。旧郵電部のような通信事業体制が維持されていれば，新興の通信機器メーカーの参入は難しかったであろうが，上述のような旧体制が解体されて競争的市場が形成されたのが1990年代であった。

さらに市場化政策と関連して，中国の研究開発体制が改革されたことも注意しておく必要がある。1985年に建国以来維持されてきた中央集権的研究開発体制の改革が実行された。中国は工業化を急速に進めるために，1949年の建国直後から科学技術に長けた人材を集権的に抱え込んで集中的に研究開発を行う体制を構築していた。研究開発人材にとって，その体制から外れると研究開発が実質的にできないので，研究開発人材の流動性は極めて低かった。

1985年の改革は「科学技術体制の改革にかかわる中共中央の決定」によってなされ，大学や研究機関の研究能力を活用するために，(1)国家自然科学研究基金による競争的研究資金制度の導入，(2)研究開発機関の規制緩和，(3)技術市場の設立，(4)大学や公的研究機関の研究開発人材の兼業許容を始めとする柔軟な人事制度の導入が行われた。これによって公的研究開発機関に所属していた研究開発人材は競争的な環境に置かれたが，従来研究開発人材を確保できなかった中小規模の企業でも研究開発人材を雇用できる可能性が生まれてきた。

また経済改革前は「統一分配」という就業制度の下で大学等の高等教育機関の卒業生は国家によって職場が決定され，卒業生自らの意志による職業選択の自由は認められていなかった。1985年に高等教育制度の改革が行われ「自主的職業選択制度」が導入された。これによって卒業生は自らの意志で職業を選択できるようになった。さらに1993年の「中国教育改革と発展綱要」で，大学内で「校園招聘」という企業説明会の活動が認められるようになって，

186

企業が優秀な人材を雇用できる機会が増えた。[26)]

　ファーウェイの創業期の研究開発人材の多くは郵電部第十研究所（西安，後の大唐の前身）の出身者であった。[27)]第十研究所は当時中国における交換機研究のトップ研究機関であった。ファーウェイは既に述べたように，これらの研究機関から研究開発人材をヘッドハンティング等の方法で取り込んだ。しかし全般的には研究開発人材の流動化は期待された程には進まなかった。その要因としては，中央集権権的研究開発体制に属する方が，研究開発人材にとって研究機会，研究資金，福利等の便益の点から好ましいことが挙げられる。しかし従来政府によって完全に管理されていた研究開発人材を高給を提示すれば新興企業であっても獲得できる機会が生まれたことは大きな変化であった。

▌6-3 主要地場企業

　本節では，輸入代替化政策で最も期待され大きな資金援助を受けていた巨龍が伸びずに当初注目されていなかったファーウェイが伸びたことについて検討する。主要5社で最初に自主技術を開発した巨龍が後発のファーウェイとZTEに追い落とされた事実は，主要5社同士の熾烈な競争を物語っている。特に技術面での競争がこの分野では重要であった。すなわち地場企業は，輸入品の先進国企業に対しては，人件費や政府との関係で有利であったので，これらの有利な点を生かした競争戦略を採ったと考えられる。しかし主要5社同士では，これらの条件はほぼ同じなので，別の面で競争していく必要があった。それは技術面での競争であった。すなわち，電話交換機は数億円から数十億円する高価な資本財であり，また長期間使用されるものなので，技術的要求は消費財に比べて極めて厳しい。購入者は価格面だけでなく，技術的な要件についても厳しくチェックする。従って，電話交換機においては，「技術」は重要な競争項目であった。従って主要5社は，使用者の要望に敏感に対応して製品開発を進めなければ，市場で生き残れない状況が生じていた。巨龍は中央政府との関係が深かったので信用や販売ルートで有利であったが，技

術面での競争すなわち研究開発競争ではファーウェイやZTEに対抗できなかった。そのために，市場から退場する結果になった。

　主要5社による局用デジタル交換機の自主開発は，通信機器産業のその後の発展にとって画期的なことであった。第1に通信システムの中核装置で先進国企業に対抗できる自主技術を形成したことである。これによって，先進国企業に技術的に従属することなく事業を展開することができるようになった。従来，電話交換機の製造には長い経験と高い技術力が必要で，生産技術を自力で開発するには巨額の資金が必要であった。そのため，長い間米国，欧州，日本の先進国企業によって，電話交換機の国際市場は支配されていた。しかし主要5社が自主開発に成功したことによって，先進国企業に支配されていた国内外の市場に新規参入できる技術的条件ができたのである。

　第2に自主開発に主要5社が成功したことである。それによって地場企業間に技術革新競争が生じた。中国電話交換機市場では先進国企業が先行していた点については既に述べた。このような状況下で，もし地場企業1社だけが自主開発に成功していたら，その地場企業は先進国企業との競争だけを考えればよいので，技術面の競争よりは価格面での競争に走りがちになり，また政府への依存度も強くなったと考えられる。実際には，有力な地場企業が複数存在したことによって，先進国企業だけでなく他の地場企業とも競争しなければならなくなり，価格面だけの競争では優位に立つことは難しく，同じ地場企業同士で技術面での競争を行う必要が生じた。この研究開発競争によって，国際市場に進出できる技術力を養ったと言えよう。主要5社同士で熾烈な競争があったことは，後発で規模も小さいファーウェイとZTEが勝者となり，最初に自主技術を開発した巨大国有企業の巨龍が敗者として市場から退場した事実からも推察できよう。

　第3に自主開発に成功した地場企業が5社と限られていたことである。もし多数の地場企業が自主開発に成功して電話交換機市場に参入していたら，1990年代のテレビや冷蔵庫等の家電市場のように過当競争が生じて，研究開発に利益の一部を回せない状況になっていたであろう。その場合，国際市場に進出できる技術力を身につけることは困難であったと思われる。過当競争が生じない適当な数（5社）の地場企業が近接した時期に自主開発に成功

第6章 中国通信機器産業の確立

したことは，この産業にとって「天の配剤」であったと言えよう。

1．国有企業と民間企業の競争

　次に国有企業と民間企業との競争について検討するが，まず中国における企業制度の変化について少し説明しておく。中国では1953年の「社会主義改造」によって民間（私営）企業が消滅した。1987年に民間企業が正式に認められるまで，企業活動は政府の指令に従って進められていた。製造企業の主要な活動である製造，資材の調達，生産品の販売，研究開発はそれぞれ分離された縦組織で進められていた。すなわち製造は工廠が，資材の調達，生産品の販売（流通）は政府の主管部門が行い，研究開発は中央集権化された研究開発機関が行っていた。このような企業間構造を改革して，研究開発・製造・販売を統合した近代企業を創設する動きが1978年からの経済改革によって進められた。

　国有企業の改革は3つの段階を経て進められた。第1段階（1978～1986年）では，生産手段の国家的所有と計画経済制度を維持した上で，企業に一定の自主権と利潤留保権限を認め，第2段階（1987～1992年）では「所有権と経営権の分離の原則に従って国有企業を活性化させる」という基本方針に基づいて，企業の所有形態として公有（国家的所有）を維持しつつ，企業経営そのものは国家との双務的契約によって企業経営者に請け負わせる請負経営責任制が実施された。[28] 第3段階（1993年～現在）では，中国共産党第14期3中全会の「社会主義市場経済体制の確立に関する若干の決定」によって，「近代企業制度の確立」が提唱され，1994年の「会社法」の施行によって大中型国有企業の株式制への転換と国有企業の大型化が進められた。

　また計画経済期において中国の研究開発の屋台骨を担ってきた中央集権的研究開発体制は，1985年の科学技術体制の改革によって，それぞれの研究機構の企業化が進められた。すなわち①「技術市場」の創設，②研究機構の技術開発専門企業化，③研究機構と工廠との合併，④研究機構自体のメーカー化が挙げられる。「技術は公共財」という考えの下に，開発された技術が工廠に対価を設けずに移転されていた旧来の考えを改めて，「技術」を「商品」として扱うことが求められたが，研究開発・製造・販売の統合組織を確立し

189

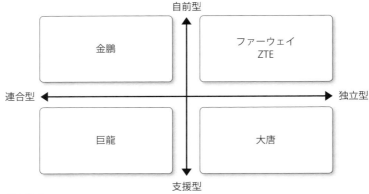

図表6-11 主要5社の企業類型

出所：著者作成。

て大きく成長した企業は限られていた。

　上述のように経済改革において，工廠が研究開発の後方統合と販売の前方統合をしたり，研究機関が製造・販売の前方統合をしたりして，研究開発・製造・販売の統合組織を備えた製造企業（メーカー）の創設が推進され，通信機器産業においても同様の試みがなされた。国有企業の巨龍も大唐もそのような産業政策の一環で生まれてきた企業であるが，上述のように所期の成果を出すところまでには至っていない。

　次に，主要5社の経営方式と研究開発戦略との関連から検討を深める。上述の経営環境の下で，主要5社はハイエンドの局用デジタル交換機の自主開発に成功し事業を展開できたが，国有企業と民間企業とで大きな相違が存在した[29]。その相違を「自律的経営」と「他律的経営」の概念区分を用いて，主要5社の経営方式と企業成長との関係を見ていく。ここでいう「自律的経営」とは，経営主体が自律的な判断に基づいて経営する経営方式であり，「他律的経営」とは，経営主体が上部組織の意向を考慮して経営する経営方式をいう。

　図表6-11は主要5社を企業設立方式と資金調達ルートに基づいて類型化したものである。企業設立方式では，①経済改革以前から存在した既存組織を単に連合させて設立された連合型企業と，②経済改革以降に一から企業体を形成して設立された独立型企業に分類している。中国は経済改革を実施し

第6章 中国通信機器産業の確立

た時点で生産財生産部門では相当程度の工業化を達成しており，資本の蓄積
も進んでいて国家的な研究開発体制も確立されていた。このような経済の発
展段階で新たに企業が設立される場合，既存組織との関係を考慮しておくこ
とが重要である。この観点から，企業設立方式を1つの分類軸とした。

資金調達ルートでは，①研究開発資金を自前で調達しなければならない自
前型企業と，②国家的プロジェクトの下に政府から資金支援が受けられる支
援型企業に分類している。研究開発の資金調達はどの製造企業にとっても重
要であるが，急速に技術革新が進行する通信機器分野では特にその重要性は
高い。この観点から，研究開発の資金調達ルートをもう1つの分類軸とした。

これらの分類基準に従えば，巨龍は連合－支援型企業に，金鵬は連合－自
前型企業に，大唐は独立－支援型企業に，ファーウェイとZTEは独立－自前
型企業に分類することができる。そして独立－自前型企業のファーウェイや
ZTEは自律的経営方式を採用できたが，連合－支援型企業の巨龍，連合－前
型企業の金鵬，独立－支援型企業の大唐は他律的経営方式を採らざるをえなかっ
たことを以下に説明する。

巨龍は，通信システムの近代化という国家プロジェクトの下に，研究開発
機関の解放軍信息工程学院が局用デジタル交換機を自主開発し，郵電部や電
子工業部所属のメーカー（重慶515廠，長春513廠，洛陽537廠，杭州522廠，
北京738廠，4057廠）が開発された局用デジタル交換機を製造するという既
存体制を維持した状態で1つの大企業体にまとめあげられた巨大組織である。
研究開発資金については中央政府から十分に受けることができた。これらの
点で，巨龍を連合－支援型企業に分類した。巨龍は研究開発資金を政府から
受けていたので，政府の意向を無視することはできない。また既存組織の連
合であるので既存組織の維持も図らねばならない。これらの点から，巨龍が
自律的経営方式を採用できなかったことが理解できよう。

金鵬は広州市政府の支援によって設立された企業で，研究開発は華中理工
大学が担い，北京華科公司，常徳有線電廠，広州524廠，鞍山広電公司，河
北電話設備廠が製造販売を担う旧来の既存体制を維持して単に連合させただ
けの企業体である。巨龍との相違は，通信システムの近代化というような国
家プロジェクトで設立されたのではなく，地方政府が管轄下の地方国有企業

191

を維持するために設立された点である。そのため研究開発に対する資金支援
は得られず，研究開発をするのであれば，資金を自前で調達してくる必要が
あった。これらの点から，金鵬を連合−自前型企業に分類した。金鵬は既存
組織の維持を図らねばならないという制約から，巨龍と同様に自律的経営方
式を採れなかったことが理解できよう。なお金鵬は1995年に局用デジタル
交換機の自主開発に成功し主要企業の一角に食い込んだが，その後他の主要
企業のような成長はできず自主開発の成功から暫くして主要5社グループか
ら脱落した。

　大唐は郵電部所属の電信科学技術研究院から派生して設立された企業で，
製造部門や販売部門を独自に創設した。研究開発資金については中央政府か
ら受けることができ，特に2000年代初期から中国独自の第3世代移動通信
標準規格（TD-SCDMA）開発という国家プロジェクトの中心企業にもなって，
母体組織の電信科学技術研究院及び中央政府から豊富な資金援助を受けるこ
とができた。これらの点から，大唐を独立−支援型企業に分類した。大唐は
上部組織に資金援助を受けている以上，自律的経営方式が採用できなかった
ことは容易に推察できよう。

　一方ファーウェイとZTEは，旧体制とは関係のないところから設立さ
れた新興企業で，研究開発資金についても自前で調達する必要があった。
ZTEはファーウェイと異なり，一部民間資本（香港運興電子貿易公司）が入っ
た国有企業であるが，母体国有企業の航天系統691廠は宇宙開発関係の国有
企業であり，通信機器製造の主管組織の郵電部とは関係はなく，研究開発資
金の政策的支援は受け難い。これらの点から，ZTEもファーウェイと同様
に独立−自前型企業に分類できる。ファーウェイとZTEは既存組織との関
係もなく，他組織から資金援助を受けていなかったので，自律的経営方式が
採用できたことが理解できよう。

　これら主要5社は，独立−自前型企業のファーウェイとZTEが競争優位
を確立してこの産業を先導し，連合−支援型の巨龍は消滅し，連合−自前型
の金鵬は主要5社グループから脱落し，独立−支援型の大唐は大きな成長を
果たせずにいる。これらの事実から，自律的経営ができた企業の方が大きく
成長したことが分かる。この点をこの産業の中心技術になったソフトウェア

192

技術との関係から考えると，ソフトウェア技術に適合した研究開発体制を確立する過程において，既存組織との関係や研究開発資金の豊富さより，経営主体が高い自律性を持つことができた企業，すなわち自律的経営が行える企業の方が有利であったと言える。その理由は以下の通りである。

第1に，研究開発を含めた企業活動資金を他組織に依存しないことによる経営主体の自律性である。これによって企業は法律等の社会規範を除いて自由に活動できるので，研究開発体制を自主的に形成できた。大唐のように企業活動資金を他組織に依存している場合，資金を提供する組織の影響を受けることになり，経営主体が自主的に研究開発体制を形成することは難しい。確かに自由であっても資金を調達できなければ企業が存立できない。市場以外から主な資金を獲得できないという緊張した状態が，市場の動向に迅速に対応できる研究開発体制の構築を促進したとも考えられる。すなわち研究開発資金を含めた事業資金は自前で調達しなければならないというマイナスの条件が，唯一の資金源である市場へと経営努力を向かわせた。市場で売れる商品を生産することが企業存立の条件であり，商品を大量に売ることができれば事業資金が豊富になるという経済合理性を，身を以て会得した者たちが，「市場の変化」に迅速に対応する研究開発・製造・販売の統合組織の構築に向かったと考えられる。

第2に，旧来の組織構造を継承していないことによる経営主体の自律性である。既存組織が連合して設立された巨龍や金鵬の場合，連合を構成する各既存組織は旧来の組織構造を残存させているので，巨龍や金鵬の経営主体には，個々の旧来構造を壊して新たに統一的な組織構造を形成するという極めて難しい課題があったことが推察できよう。実際巨龍はその課題を達成できずに消滅した。一方，ファーウェイやZTEは一から企業体を形成する必要はあったが，旧体制の遺物がない白紙の状態で自由に研究開発体制を形成できる身軽さがあった。この点が巨龍や金鵬に比べて，革新的な研究開発体制の構築に有利であった。例えば製造部門と研究開発部門との関係について，次のようなことが言える。ハードウェア生産では，製造機械等の固定資本比率が高い製造部門は極めて重要な部門であるが，ソフトウェア生産では製造コストは極めて低いので，製造部門の重要性は低い。一方ソフトウェア生産では大

量の研究開発人材を必要とするので，生産コストに占める研究開発部門の重要性は高くなる。このような生産方式の変容に対して，旧来のハードウェア生産向けの組織構造を残存させている巨龍や金鵬は，従業員の意識も含めた旧体制構造を変えていくことは難しかったであろう。しかしファーウェイやZTEは，新しい技術に適応した体制を容易に構築できたことが推察できよう。このことは，既述のように，ファーウェイが若手技術者を確保するために導入した，①成果還元型給料制，②従業員持株制度，③裁量労働制，④開放的内部昇進制等からなる人事制度に顕著に表れている。

　次に，当時の国有企業の研究開発体制について，巨龍と大唐の事例から詳しく見ておこう。それによって，1990年代前半における中国の通信機器の技術能力を推測することができる。デジタル交換機の自主開発のポイントは，既述のようにソフトウェアの開発であった。デジタル交換機を制御するソフトウェアを開発できれば，デジタル交換機の開発過程の大半が完了したことになる。そのため，デジタル交換機を制御するソフトウェアを開発できるソフトウェア技術者が是非とも必要であった。しかし，当時の中国にデジタル交換機用ソフトウェアを実際に作成した経験のあるソフトウェア技術者は皆無に等しかった。このような状況で開発を進めるには，①経験のある技術者を先進国企業から引き抜いてくるか，②自社で育成していくかの，どちらかの方式になるが，中国の局用デジタル交換機開発では，後者の方式が採用された。このようなことができたのは，軍事に関係していたにしても，当時の中国には科学技術人材は相当数存在していたからである。

2．巨龍通信設備有限公司

　巨龍は1995年国家科学技術委員会，電子部，郵電部が提唱し，解放軍信息工程学院，郵電部に所属する洛陽，長春，杭州の電話設備工廠，重慶通信設備工廠，北京京信交換系統設備工廠，深圳信諾電訊公司，鄭州通信設備公司等の国有企業によって1.35億元（20.3億円）の資本金で設立された巨大国有通信機器メーカーであった。[30] 巨龍の初代取締役会会長には，中国のデジタル交換機開発を象徴する鄔江興が就任した。鄔江興は1991年に中国最初の局用デジタル交換機を自主開発した研究開発者の中心にいた人物である。

第6章 中国通信機器産業の確立

　巨龍は郵電部と解放軍総参謀部の局用デジタル交換機開発計画の下に設立された。開発は解放軍信息工程学院が行い，開発されたデジタル交換機の製造と販売を郵電部及び電子工業部に所属する各地の工廠が行うという当初の計画を実現したものであった。解放軍信息工程学院が巨龍の初期研究開発体制のすべてと言えよう。

　「研究と製造を一括りにして，経済的効用を共有する共同体」という理念で組織され，研究開発を担当する部門と市場開拓をする部門に分け，国有企業の新しいビジネス・モデルとして設立されたが，設立後1年足らずで第1回目の資産整理を行って組織変更をし，1999年に第2回目の資産整理をし，2002年に第3回目の資産整理をして，期待された成果を上げることなく2006年に解散した。解放軍は1999年にこの事業から撤退した[31]。以上の経緯から巨龍は本格的な企業経営を展開することなく消滅したと言える。

　「研究開発・製造・販売」の統合が理念として謳われていたが，実際に1つの企業として活動できるような研究開発体制は確立できなかった。その一端は次の事実から知ることができる。巨龍が設立された1995年から解放軍が巨龍から離脱した1999年までに出された特許出願で，発明者に鄔江興会長の名がある特許出願が5件存在する。それらの特許出願の出願人（権利者）は，会長職を担っている巨龍ではなく，鄔江興の元所属先である解放軍信息工程学院である。このことは，研究開発部門が巨龍に所有関係の上で統合されていなかったことを示している。知的財産の所有がこのように統合されていなかったということは，日常的な研究開発部門と製造・販売部門との連携も一体的に進んでいなかったことが容易に推察できよう。

　以上の点から巨龍は経済改革前の研究開発−製造分業構造を根本的に変えて創られたものではなく，単に巨龍という理念的な会社にまとめられただけであったことが分かる。従って，研究開発人材は従来と同様に，研究開発に専念する形態であった。その実態は，巨龍の販売部門に属していた一従業員の話からも分かる[32]。

　「私は大学卒業後北京738工廠に配属された。間もなくHJD-04機専門の京信交換系統設備分公司に配属された。当時「我が国が局用デジタル交換機HJD-

195

04機の研究開発に成功し，外国企業の交換機市場の独占を打破する」とのニュースを聞いて感激していた。大きな都市は先進国企業に抑えられていたので，四川省の山奥のような地方の県級市に販売活動をした。1回で2か月ぐらい出張に行っていた。1995年以前は，洛陽537廠，杭州522廠，長春513廠にライセンスして製造していたが，1995年になると解放軍信息工程学院も自ら会社を作り製造販売したので，HJD-04機は20〜30の企業が製造販売するような状態になっていた。それで巨龍が生まれた。解放軍が中心になり，主な工廠が株主になって巨龍が設立された。この頃から巨龍の問題があった。コスト低下によって，チップの品質が落ち，修理する日が多くなった。販売領域が広すぎたこともよくなかった。主導権争い，株の争い，利益の争い，この間技術的には進展はなかったので，ファーウェイ等に負けていた。」

　巨龍は上述のように理念としては，研究開発・製造・販売の統合を目指して設立されたが，実態はそれとは遠く離れた状態であったことが理解できよう。中国で最初に局用デジタル交換機の自主開発に成功し，主要5社の中で技術的に最も先行し，かつ資金及び人材で中央政府の強力な支持を受けながら，大きく成長することができなかった。失敗の最大の要因は，多くの工廠を集めただけで，それらを統合する経営活動がなかったことであろう。

3．大唐電信科技股份有限公司

　大唐の母体は郵電部所属の研究機関の流れを汲む電信科学技術研究院で，1985年の中央集権的研究開発体制改革の中から生まれてきた企業である。1993年に，中央の電信科学技術研究院と，電信科学技術研究院所属の第十研究所（西安）と，中国人留学生が設立したアメリカ企業（国際電話データ伝送会社）の3者によって，西安大唐電信有限公司の名で西安市に設立された。資本金は980万元（約1.5億円）で出資比率は，電信科学技術研究院が15％，第十研究所が50％，国際電話データ伝送会社が35％であった。[33]主な業務は交換機の研究開発，製造・販売で，業務内容はファーウェイと類似している。

　初期研究開発体制は第十研究所（西安）によって構成されていた。大唐の大きな問題は，製販統合が確立されていなかった点であった。ファーウェイのように，研究開発主導で製販統合を進めることも可能であったと思われるが，第3章第1節で述べたようなファーウェイの原生組織が大唐の場合には

第6章 中国通信機器産業の確立

図表6-12 大唐電信科技股份有限公司の組織体制

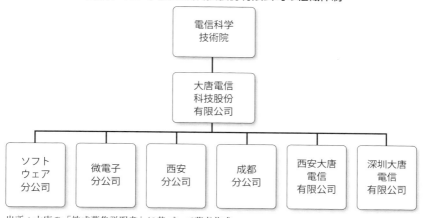

出所：大唐の「株式募集説明書」に基づいて著者作成。

なかったので，研究開発主導による製販統合ができなかったと推察できる。

　1998年に，上述の課題を解決しかつ研究開発を強化するために，西安大唐電信有限公司に，電信科学技術研究院所属のソフトウェア研究開発センター，専用集積回路設計センター，第四研究所のマイクロ波部門，第五研究所の光通信部門等が加えられて，大唐電信科技股份有限公司が新たに設立され，上海証券取引所に上場された。資本金は3.13億元（約47億円）で，そのうち1億元（15億円）の株式が一般公開され，残りの2.13億元（約32億円）を電信科学技術研究院が61.66％，第十研究所が12.78％，国際電話データ伝送会社が12.42％，その他の企業が13.14％保有する株式構成であった。すなわち大唐は電信科学技術研究院が支配した企業と言える[34]。

　1998年に大唐電信科技股份有限公司が設立された時の組織体制は，図表6-12に示す通りである。

　この組織体制を構成する分公司（子会社）の概略は次の通りである。
・ソフトウェア分公司は，前身がソフトウェア研究開発センターで，通信管理ソフトウェアの開発を行い，1997年度の売上高は3,500万元（約5.3億円）であった。
・微電子分公司は，前身が専用集積回路設計センターで，通信用集積回路の

図表6-13　大唐の製品別売上構成（1997年度）

製品	売上高（万元）	比率（％）
交換機類	42,184	79.56
光通信製品類	5,019	9.46
ソフトウェア類	3,325	6.27
マイクロ通信製品類	2,496	4.71
合計	53,024	100.00

出所：大唐の「株式募集説明書」に基づいて著者作成。

開発を行っていた。1997年度の売上はない。

- 西安分公司は，前身が第四研究所のマイクロ波部門で，マイクロ波システムの研究開発，製造・販売を行い，1997年度の売上高は2,500万元（約3.8億円）であった。

- 成都分公司は，前身が第五研究所の光通信部門で，光通信，光ファイバーの研究開発，製造・販売を行い，1997年度の売上高は5,000万元（約7.5億円）であった。

- 西安大唐電信有限公司は前述の通り，大唐電信科技股份有限公司の基礎企業であり，1997年度の売上高は4.22億元（約63.3億円）であった。

- 深圳大唐電信有限公司は1997年に設立された西安大唐電信有限公司と深圳市にあった長虹通訊設備有限公司の合弁会社で，交換機の製造・販売を行っている。

　上記6つの構成企業の製品に基づいた売上高構成比率は図表6-13に示す通りで，図表6-13からも明らかなように，西安大唐電信有限公司の交換機類が新しく設立された大唐の主力製品であったことが分かる。

　以上の点から，1998年に設立された大唐電信科技股份有限公司においては，ファーウェイのようには研究開発体制の組織革新は進まなかった。図表6-12に示した組織体制は大唐の「2004年度アニュアル・レポート」においても基本的には変わっていない。すなわち製品別の子会社を統合しただけで，これらの子会社を職能別に編成し直すようなことはされていない。交換機の製造，販売を中心に事業を展開してきた西安大唐に，電信科学技術院

第6章 中国通信機器産業の確立

図表6-14　大唐の売上高の推移（億元）

年	1995	1996	1997	1998	1999	2000	2001	2002	2003	2004
売上高	0.56	3.05	4.22	9.04	10.88	23.97	20.51	20.91	17.63	26.29

出所：大唐の年度報告に基づいて著者作成。

　所属のソフトウェア研究開発センターや専用集積回路設計センターを加えた
1998年の組織体制は，2004年においてもソフトウェア研究開発センターや
専用集積回路設計センターが西安大唐と融合した組織体制にはなっていない。
2003年にファーウェイが確立した製・販融合型研究開発体制のような，急
速に変化する市場に対して迅速に対応できる研究開発体制が，2004年にお
いても大唐では確立されていなかった。この点で，研究開発人材は巨龍と同
様に，従来のように研究開発に専念する形態であった。

　大唐の売上高の推移は図表6-14に示す通りであるが，第3章第4節の図
表3-6に示したファーウェイの売上高の推移と比べると，大唐の成長率が極
めて低いことが分かる。なお図表6-14において，1995〜1997年までは西安
大唐の売上高のみが示されているので，1997〜1998年への売上高の上昇に
ついては上述の吸収合併を考慮しておく必要がある。1999年から2000年に
かけては売上高の上昇が見られるが，その後の低迷を見た場合，大唐の経営
が順調に展開したとは言えない。

　政府からの資金支援については，中国政府が国家的プロジェクトとして推
進した移動体通信の第3世代標準規格のTD-SCDMAの開発に関して，大唐
は2003年中国政府より2億元（30億円）が資金援助され，2004年に国家開
発銀行から2億元（30億円），2005年に3億元（45億円），2006年に3億元（45
億円），2007年に46億元（690億円）の技術支援融資を受けた。このような
資金支援を受けていると，研究開発向きに形成されていた既存の組織体制を
壊して，市場に対応した研究開発体制を確立するという意欲が経営者に生じ
難いことが容易に推察できよう。

〈注〉

1) 序章でも述べたように，電話交換機は通信システムの基幹設備装置であり，電話交換機の生産能力はその国の通信機器産業の実力を示す指標にもなり得るものである。従って電話交換機を通信機器産業の発展段階を区分する画期の指標に用いることができると考える。

2) 1つの産業を代表する製品が安定的に供給されるようになった時期を，その産業が確立された時期とするならば，ファーウェイが通信機器産業の中核製品である電話交換機の国内市場で1998年にトップシェアーを取り，その後もトップシェアーを安定的に維持している点から見て，1998年を中国通信機器産業が確立された時期と言えよう。

3) 丸川編［2003］168頁参照。

4) 天児他編［1999］898頁参照。

5) 干［1990］参照。

6) 天児他編［1999］899頁参照。

7) 「工廠」は，計画経済期における社会的分業（製造，販売，研究開発）において，製造を専門的に行う機関である。小宮［1989］70頁は「工廠」を見て，中国には本来の「企業」は存在しないと断じた。

8) 本書編委会［2008］279頁参照。

9) 国際協力機構［2000］『円借款事業評価報告書—北京・瀋陽・ハルビン長距離電話網建設事業（1）（2）—』53頁参照。

10) 1998年の組織変更で情報産業部が設立された時に郵便部門は分離された。他の国と同様に中国においても，郵便部門は赤字体質で通信部門は黒字体質であった。郵便部門の赤字を通信部門が埋める体制で運営されてきたものを変更するには，かなりの反対があった。

11) 本書編委会［2008］283-284頁参照。

12) この産業政策は，地場の通信機器企業が製造能力を高めてきた1996年まで10年近くも維持された。

13) Harwit［2008］p.118参照。

14) *Ibid.*, p.120参照。

15) *Ibid.*

16) 電子工業部は工業部から分離された産業行政組織で，軍事分野の通信機器を製造するメーカーを管理していた。中国の通信機器製造部門では，郵電部に次いで多くの通信機器メーカーを管理していた。

17) 構内用デジタル交換機は処理できる回線数が2,000以下の交換機で，ホテル，病院等の構内用や農村部で高い回線処理能力を必要としない交換機として使用され，局用デジタル交換機は1万回線以上を処理できるもので，高い回線処理能力が要求される都市部の電話局に使用された。

18) そもそも1980〜90年代は，「資本家」に対する偏見が消えていなかったので，「民間

200

第6章 中国通信機器産業の確立

　企業」と大きな声で言えるような状況ではなかった。

19） ZTEは地場通信機器メーカーの中で最初に香港株式市場に上場した企業で，企業情報が最も詳しく公開されている地場企業である。ファーウェイは株式市場に上場しておらず，企業情報が入手し難い。従って，ここではZTEを取り上げた。

20） 郵電部電信政務司［1995］『当代通信』07期。

21） 張［2009］21頁参照。

22） 丸川・安本編［2010］192-193頁参照。

23） 賽迪顧問（CCIDコンサルティング）の報告によれば，2003年の中国ルーター市場でのシェアーは，シスコ・システムズが41.6％で，ファーウェイは21.6％であった。

24） 電話普及率は中国国家統計局データ及び他の資料に基づいている。電話普及率は100人当たりの電話機の数で表され，1978年と1988年の電話普及率は固定電話だけであるが，2004年の電話普及率には固定電話と携帯電話を合わせたものが示されている。

25） この部分の説明は，中国国家統計局の「統計指標解釈」とその他の関連資料に基づいている。

26） 当時の中国には，高等専門教育を受けた技術者が多数存在した。『中国統計年鑑』1997年版によれば，1995年の中国の大学卒業生の総数は80万5,397人で，そのうち工学関係の卒業生は29万5,839人，全大学卒業生の約37％を占めていた。一方，日本の工学関係の大学卒業生は2002年においても10万人であった。人口1人当たりの卒業生数は日本に比べて非常に低いが，総数で言えば日本の3倍であった。従って，これらの大量の高等専門教育を受けた技術者の中から，新しいソフトウェアを開発できる人材が出てくる確率は高かったと言える。

27） 張［2009］58頁参照。

28） 契約当事者は主管部門と企業責任者（工場長）で，契約の内容は，①国家に上納する利潤の請負，②技術改造任務の請負，③賃金総額と企業収益の結合についてであった。利潤上納請負においては，企業の経営状態や業種によって，①上納利潤逓増請負，②上納利潤基数請負／超過収入分配，③少利潤企業上納利潤定額請負，④欠損企業の欠損額減少請負，⑤特別な業種（石油，石炭，石油化学，鉄道，郵便・電信，民間航空）の投入・産出請負であった。経営自主権が大幅に拡大され（1988年4月全人民所有制製造企業法），以下の13項目の権利が法律で初めて保証された。①生産決定権，②計画外生産の拒否権，③製品販売権，④物資購入権，⑤価格決定権，⑥外資との交渉権及び外貨使用権，⑦留保資金使用権，⑧固定資産の賃貸／譲渡権，⑨賃金・ボーナス決定権，⑩雇用・解雇権，⑪内部機構設置権限，⑫強制割当拒否権，⑬連合経営権。

29） 主要5社以外に，100社余りの通信機器製造の地場企業が存在した。しかしその後の産業形成に大きな役割を果たした地場企業は，これら5社であったので，これらの主要5社に焦点を絞って分析を進める。

30） 巨龍に関する資料の入手は極めて難しい。その理由として，巨龍が企業体組織として実体的な活動を行うまえに消滅したことが大きいと考えられる。本書では各種の資料

201

を照合してまとめた。

31）高輝［2002］「巨龍重組失敗三次　普天能否成功接第四棒（巨龍改革三度失敗　普
　　　天は第四棒を接ぐことに成功できるか）」『中国経営報』（http://www.yesky.com/
　　　20021125/1641467.shtml, 2011年10月22日確認）参照。

32）「我在巨龍的日子（私が巨龍に居たころ）」（http://bbs.it.hc360.com/bbs/newbbs/it/
　　　dispbbs/2/593/8593_1.htm, 2009年1月30日確認）。

33）大唐電信科技股份有限公司股份募集説明書［1998］参照。

34）同上。

終章

　本書では「ファーウェイの経験」を産業技術の側面から探ってきた。ハイテク分野の通信機器産業でファーウェイが短期間で先進国企業をキャッチ・アップし，さらに追い越したことに対する問題関心が本書の底流にあった。特に自主技術形成という面において，ファーウェイが短期間で先進国企業をキャッチ・アップできたことをどのように捉えるかということは，中国の通信機器産業の技術形成を取り上げた先行研究においても大きな争点となっていた。従来の研究では，中国の通信機器産業のキャッチ・アップの要因について，経済改革による産業政策及び企業改革による経営政策の在り方に関心が集まり，産業政策と経営政策の役割が強調されてきた。[1]このような流れを汲む先行研究はいわば「政策規定説」と名付けることができるが，「政策規定説」ではキャッチ・アップをめぐって，産業間や企業間で大きな差異が存在することを説明できなかった。すなわち自動車，家電など多くの新興産業領域においては短期間でのキャッチ・アップが達成できなかったのに対し，通信機器産業など一部の産業においてキャッチ・アップが達成できたということ，また通信機器産業内においても企業間で成長に大きな差異が生じていることについて，「政策規定説」では説明できなかった。このような差異はなぜ存在するのか，「政策規定説」ではこの問いかけに答えることは難しかった。それは「政策規定説」では，各産業固有の技術問題を本格的に取り上げてこなかったためである。本書ではキャッチ・アップの要因として，「政策規定説」で取り上げら

203

れた制度・政策面の問題だけでなく，各産業固有の技術問題も取り上げる必要性を強調した。いわば「政策規定説」を踏まえながら「技術規定説」の要素も分析の枠組みに加味するような分析視角を設定した。

　分析においては，通信機器生産の主要技術がハードウェアからソフトウェアに転換したことによって，ヒト（人的資源），モノ（物的資源，技術・知識），カネ（資金）の経営の3要素のうちで，ヒトの重要性が他の2要素に比べて著しく高まってきたことに注目した。ソフトウェアへの転換によって，中国やインド等の後発国企業が先進国企業と同じスタート・ラインに立てるチャンスが生まれただけでなく，ソフトウェアを生産するソフトウェア技術者（研究開発人材）の賃金が先進国に比べて著しく低いため，最も重要な経営要素で先進国企業に対して比較優位を保持できる機会すら生じたことに注目した。しかし個々の企業レベルで見ると各企業間に成長の差異が存在した。その差異の要因は，ソフトウェア生産に直接かかわるソフトウェア技術者の管理に深い関係があると考え，分析の焦点を研究開発体制に合わせた。ソフトウェア生産に携わるソフトウェア技術者のような研究開発人材をいかに組織し管理するかが，ソフトウェアが主要生産技術となった通信機器産業では大きな経営課題となったからである。ファーウェイはIPD体制と呼ばれる製・販融合型研究開発体制を構築した。この研究開発体制は創業期の自主技術形成の経験を土台にしていて，顧客（取引先）の要望に迅速に対応できる研究開発体制であった。ファーウェイが外資系企業や大規模国有企業と競い勝った大きな要因が，製・販融合型研究開発体制であったことを明らかにした[2]。

　第1章では，ファーウェイが経験してきた経営環境の厳しさを，産業構造の大変動から説明した。1980年代まで通信市場を支配してきた各国の独占的通信事業者（AT&T，NTT等，中国では「郵電部」または「中国通信」がそれに相当）による安定した独占体制が崩れ，独占的通信事業者に依存していた伝統的な通信機器メーカー（ウエスタン・エレクトリック，エリクソン，NEC等）が，シスコやファーウェイのような新興メーカーに取って代わられた過程を検討した。そしてこのような産業構造の変動は，産業を支える技術との関係が深いことを明らかにした。「アナログからデジタル」への技術革新過程で現れてきた通信方式の転換（回線交換方式からパケット交換

方式への転換）が重要なエポックであったことを指摘した。従来の回線交換方式では，通信の品質維持のために通信システム全体を中央で集中的に運営し，通信システムに使用される交換機，伝送線，端末機等の通信機器の製造についても，通信事業者がすべて管理する必要があった。そのため通信事業者が通信機器メーカーを垂直統合的に管理する形態になっていた。一方パケット交換方式では，通信システムが分散的に運営されるので，通信事業者が個々の通信機器を集中的に管理することができなくなり，通信機器メーカーは通信事業者の支配を余り受けなくなった。その結果，ファーウェイのような新興通信機器メーカーが従来の体制に比べて容易に新規参入できるチャンスが生じた。

　しかし新たに現れた産業構造は，通信機器産業を未曽有の技術開発競争の渦に引き入れることになった。1つの技術分野の技術開発は関連する他の技術分野の技術開発を誘発して，異なる技術分野の技術開発が相互に影響し合って，ダイナミックな技術開発競争を展開した。このような激しい技術開発競争は技術革新速度を高め，意思決定が少しでも遅れると，相対的な産業技術上の後退を招き，企業の命運を危うくするという厳しい経営環境を現出せしめた。従って，通信機器メーカーの経営，特に1980年代以降の通信機器メーカーの経営者にとって，産業技術の進歩とその影響力は，甚大であったことを明らかにした。

　第2章では，ファーウェイの発展と産業技術とのかかわりを産業技術史から検討した。これはファーウェイが既存の国際分業システムを突破して世界的企業に発展できた産業技術上の条件を見出す作業でもあった。具体的には，電話機の登場からインターネットの普及に至る通信技術の開発過程（すなわち産業技術史）を検討し，1980年代以降の通信機器生産におけるソフトウェアの重要性を明らかにした。①1970年代後半に現れたデジタル交換機，そして1980年代後半に現れたルーターが，通信システムのデジタル化を一気に進め，②通信システムのデジタル化は，通信機器製造の主要技術をハードウェアからソフトウェアに変え，ソフトウェアを生産するソフトウェア技術者（研究開発人材）が通信機器産業において欠かせない重要な人材になったことを述べた。また主要産業技術がハードウェアからソフトウェアに転換し

205

たことによって，ファーウェイのような後発国企業が，ハードウェアに基づいて先進国企業が堅牢に支配してきた国際分業システムに縛られずに，先進国企業に対抗できる自主技術を形成できる機会が生じたことを説明した。ソフトウェアはハードウェアとはまったく次元の異なったものであり，ハードウェアの延長線上に存在するものではないことから，ソフトウェアに関する限り，後発国企業のファーウェイも先進国企業と同じスタート・ラインに立てたことを説明した。

　ソフトウェアとその開発生産技術者との関係を，ソフトウェアの特質から具体的に検討して，ソフトウェア生産が従来のハードウェア生産と異なる点を明らかにした。第1の点は，ソフトウェアは機械ではなく，すべて人間によって生産しなければならない点であった。第2の点は，ソフトウェアはハードウェアの物理的拘束を受けずに発展できる点であった。ソフトウェアはハードウェアだけで構成された工業製品に比べて，使用者の各種の要望を叶えやすく，ハードウェアを変更せずにソフトウェアのみを変更するだけで，特定の要望を叶えることができるものであった。以上の特質は，「ファーウェイの経験」を解明する上で有用な分析道具になることを説明した。

　第3章では，ファーウェイの創業から現在に至るまでの発展史を4段階に分けて，ファーウェイの経営の選択（意思決定）のプロセスを検討した。特に自主技術形成の選択と経営主体との関係について詳しく検討した。創業当時，多くの中国製造企業は先進国企業から先進技術を導入することを選択し，自らの技術を形成することはしなかった。それは，①先進技術との差が大き過ぎたことや，②自主技術形成を行う資金的，時間的余裕がなったことなどが大きな要因であったが，ファーウェイは弱小民間企業にもかかわらず，自主技術形成を選択した。[3) その経緯をファーウェイの経営史，特に経営主体の性格と政策に注目して検討した。経営の選択（意思決定）のプロセスを解明するには，戦略決定を担う経営主体の性格と政策を把握する必要があると考えたからであった。

　ファーウェイに関する従来の研究では，主に創業者の任正非個人に焦点が絞られ，任正非の考え方や気質等を取り上げたものが多かった。このような分析では，ファーウェイの成長要因が最終的に任正非個人の「悟性」や「賢さ」

206

に還元され，意思決定や制度形成に大きな影響力を行使してきた若い幹部技術者層の役割が看過されていた。本書では実態分析に基づいて，意思決定や制度形成に影響力を行使した創業者と，技術者出身の若手幹部層との間にアライアンスが存在したことを明らかにした。自主技術形成，そしてソフトウェアという新しい産業技術に経営資源を集中する形で「選択と集中」を行えた背景には，若手技術者が大きな役割を果たしていた[4]。ファーウェイの創業者は通信の専門家ではなく，交換機という商品を知ったのは，創業してから後で，偶然と言えるようなものであった[5]。創業者は専門性の不足を補うため，大学を卒業したばかりの若手技術者を採用し，異例の形で幹部層に抜擢することで，創業者と若手技術者とのアライアンスからなる経営主体を創り上げた。若手技術者の方は，生涯にわたって雇用と生活が保障さている国有企業や大学等の研究機関に行かず，高いリスクがあるが，専門能力が自由に発揮でき，いきなり経営管理者のポストに就いて経済的利得が得られる可能性がある弱小民間企業を就職先として選んだ。創業者は資金調達を担い，若手技術者は最新の局用デジタル交換機の開発を主導して，ハイエンド交換機市場への参入を果たした。ハイエンド交換機市場への進出は，その後のファーウェイの関連多角化による発展につながる豊かな土壌を形成した。ファーウェイの自主技術形成は，若手技術者の高い専門性と社会経験豊かな壮年の創業者の経営能力から生まれたものであったことを明らかにした。

　さらに創業者と若手技術者のアライアンスにおける不安定性についても指摘した。創業者と若手技術者のアライアンスは，創業期に両者の利害が一致した状況下で形成されたもので，企業の成長によって両者の利害が対立する状況が生じたら一気に崩壊する恐れがあった。例えば，1990年代末期に行われた研究開発体制の改革では，幹部層の一部が退職してファーウェイと競合する別会社を設立するようなことが起こった[6]。現在，創業者の任正非は一取締役で名目的には経営の中心から外れているように見えるが，実体的には経営の中心にいる。しかし創業者の年齢（1944年生）を考慮すれば，次世代の安定した経営層の形成は急務である。そのため，ファーウェイは統治機構の整備を進めてきているが，創業者が存在しない統治機構が十分にその役割を果たし得るかは，今後の経緯を見ないと判断できない。

第4章では，ファーウェイの競争力の源泉である製・販融合型研究開発体制について，その確立過程とそれを支えた人事制度から検討した。確立過程の分析から，ファーウェイの製・販融合型研究開発体制は，創業期の農村部の小さな電話局を対象とした製造・販売活動の経験が土台になっていることを明らかにした。取引先の細かな要望（コスト・ダウンを含む）を聞いて迅速に対応することが重要であると悟った創業者や若手幹部層が，製・販融合型研究開発体制確立の推進力となった。製・販融合型研究開発体制は，1990年初期にIBMで開発されたIPDを基本フレームにし，それにファーウェイ独自の制度を付加したものであった。確立過程では，多くの研究開発人材の離脱もあったが，創業者の強力なリーダシップの下で進められた。

　また研究開発体制を支える人事制度を検討した。ソフトウェア生産の主力である若手技術者の動機付け分析を踏まえた上で，①能力主義的職能給制度，②従業員持株制度，③裁量労働制，④開放的内部昇進制等を採り入れた新しい人事制度が導入された。研究開発人材に対して，ファーウェイがこのような人事制度を採用した背景には，1990年代においても多くの研究開発人材が国有セクターに取り込まれていたので，新興民間企業のファーウェイが通常の方法で，優秀な研究開発人材を確保することが困難だったからである。この人事制度は，研究開発人材の確保が難しいという目前の状況を打開しただけでなく，弱小民間企業のファーウェイが同一産業の有力国有企業を押し退けて，競争優位を獲得できた最大の要因ともなった。すなわちファーウェイに雇用された若手技術者は，革新的な人事制度の下で，「水を得た魚」のように彼らの能力を自発的に最大限に発揮したからである。弱小民間企業が最新技術を短期間でキャッチ・アップできる動力源の役割を果たした。このような人事制度は，同一産業の主要企業（既存国有企業から派生して設立された企業）では，導入することができなかった。経験と資格によって昇進，昇格が決定される人事制度が長年維持されてきた国有企業にとって，創造的能力を重視したファーウェイの人事制度は過激過ぎた。

　特に報酬制度に注目した。ファーウェイの報酬制度は「能力主義的職能給制度」と「従業員持株制度」で構成された二元的分配システムであった。「能力主義的職能給制度」は①雇用を安定的に維持して，長期査定によって，②

208

従業員自らが能力形成に努め，企業に対する従業員の最大限の貢献を引き出すことを目標としたものであった。また他の多くの中国企業が採用していた「職務給制度」と比べ，「能力主義的職能給制度」は職場の移動を容易にした。一方「従業員持株制度」は，従業員に破格の報酬を提供する，極めて刺激的な報酬制度であった。高い創造意欲が求められるソフトウェア技術者のような研究開発人材の動機付けとして，有効性の高い報酬制度であった。しかし従業員持株制度は，企業が成長している時は「正のスパイラル」を生じて問題点は見え難いが，成長が停滞または下降する調整期には，「負のスパイラル」が生じて問題点が顕在化する可能性がある。

　さらにファーウェイの自主技術形成を体現した製・販融合型研究開発体制の成果について，1990年代後半から2000年代前半の特許出願データに基づいて検討した。この時期は中国通信機器産業が確立された時期でもあった。ファーウェイは同業他社と比べて特許出願件数が突出しており，ファーウェイが研究開発に熱心であったことが，特許出願データからも確かめることができた。

　第5章では，主にファーウェイの人事労務管理に対する考え方を，「ファーウェイ基本法」というファーウェイの経営理念と経営政策をまとめた資料に基づいて検討した。ルールを明文化し，それに基づいて企業経営を進めていくという姿勢は，当時の中国企業には珍しいものであった。さらに人事労務管理思想としての「戦略的人的資源管理」と基本法とを比較検討して，経営主体，特に創業者の人事労務管理思想を検討した。

　分析においては，創業者が従業員に「奮闘者としての働き」を求めていることに注目した。「奮闘者」であれば従業員持株制度で「資本」を分配するが，「奮闘者」でなければ退職を促すという，厳格な区別を設けていた。「奮闘者」の意味は，特には定義されておらず，基本法や創業者の数多くの講話から理解するしかなかったが，それらに示されている従業員観は，1980年代以降に提唱されてきた「戦略的人的資源管理」と共通する点が多かった。「戦略的人的資源管理」が通信機器メーカーと親和性が高いことは，Katz & Darbishire［2000］等の研究でも指摘されていた。その要因として，通信機器メーカーの中心的な従業員がソフトウェア技術者（研究開発人材）であり，

このような創造的業務が求められる従業員の管理には,「個別管理」と「業績連動型報酬」を特徴とする「戦略的人的資源管理」が適合していることが指摘されていた。ファーウェイも,この点では他の通信機器メーカーと同じであった。

　さらにファーウェイの「戦略的人的資源管理」と「ドラッカー経営学」とを比較した。ドラッカーは,「人的資源」や「目標管理」の言葉を最初に提唱した人物であり,「人的資源管理」とのつながりが強いと見られていた。しかし比較を進めると,ファーウェイの人事労務管理には,「ドラッカー経営学」が基本的前提とした「経営者と一般従業員との存在論的な対立関係」と「全人管理(労働だけでなく従業員の生活も考慮した管理)」の視点が欠落していることが分かった。この欠落がファーウェイの人事労務管理,すなわち「戦略的人的資源管理」の特徴であることを指摘した。

　第6章では,ファーウェイの経営の特徴である「自主技術形成」と,それに基づく製・販融合型研究開発体制を,中国通信機器産業の確立過程から検討した。産業確立期においては,膨大な需要があり,また競争化政策が推進されていたので,ファーウェイを含めた新興企業が大きく成長できる機会が存在したが,良好な経営環境が存在しても,企業経営の優劣による企業間格差が生じていた。それらの企業間格差からファーウェイの経営を検討した。すなわち確立期にデジタル交換機の自主開発を早期に達成し,市場で一定の地位を築いた主要5社(巨龍,大唐,金鵬,ファーウェイ,ZTE)を比較対象に選んで,それらの企業の設立方式と資金調達方式から,成長格差の要因を検討した。その結果,①既存企業が連合し政府から資金支援が受けられた巨龍や,②単独で設立されたが政府から資金支援が受けられた大唐や,③政府からの支援は受けられなかったが既存企業が連合した金鵬は,期待された成長が達成できず,④単独で設立され政府から資金支援が受けられなかったファーウェイとZTEが,現在のような世界的企業に成長した。

　比較分析から,このような明確な格差が生じる要因として,①企業連合のような企業規模拡大だけを求めると,責任体系が不明確になること,②政府から資金支援を受けられると,自ら稼ぐという自立心が低下することを指摘した。技術革新が急速に展開する産業において,責任体系が不明確で自立心

210

終章

がない経営では，競争に勝つことは難しいであろう。ファーウェイの「自主技術形成」や製・販融合型研究開発体制は，設立時の条件（創業期の苦闘）が大きく関係していることが，上述の産業確立期の企業間分析からも確認できた。

　最後に，本書で明らかになったことを踏まえて，ファーウェイの将来を少し展望して本書を終えることにする。「ファーウェイの経験」を産業技術の側面から分析してきて，産業技術の転換と革新的人事労務管理との結びつきが確認できた。すなわち通信機器産業と「戦略的人的資源管理」との親和性が高いことが明らかになった。それは，ソフトウェア技術者が通信機器メーカーにとって，必要不可欠な人材になったことが大きな要因であった。ソフトウェア技術者は研究開発人材に包含され，個々の技術者の能力によって成果が大きく異なる職種である。そのため人事労務管理としては，集団管理よりは個別管理が選択される傾向が強い。個別管理の人事労務管理として，企業業績との連動性の観点から「戦略的人的資源管理」が選択される傾向が強いことが先行研究から推察できる。各国の多くの通信機器メーカーが「戦略的人的資源管理」を採用し，ファーウェイも，この点では例外ではなかった。[7]

　「戦略的人的資源管理」は個別管理を目指しているので，労働組合が存在しない労使関係（組合不在型労使関係）との親和性が強い。ファーウェイには労働組合に似た組織として「工会（従業員組合）」が存在したが，ファーウェイの従業員組合は経営者と一般従業員が混在する組織であり，経営者（使用者）と一般従業員（労働者）の対立関係が，従業員組合設立の前提とはなっていない。従って，通常の労働組合と捉えることはできない。この点でファーウェイの人事労務管理は「組合不在型労使関係」の下にあった。そのためファーウェイは，「戦略的人的資源管理」を早期に導入でき，またその強化を急速に進めることができた。1990年代中葉，主要地場企業が国内市場で激しい競争を展開していたが，ファーウェイがこの競争で優位に立てたのは，「戦略的人的資源管理」を早期に導入できたことが大きかった。「単位制度」の伝統が残る大規模国有企業は，ヒト・モノ・カネの経営の3要素で優位にあっても，ソフトウェア技術者の管理に適した「戦略的人的資源管理」のような革新的人事労務管理を導入することが容易ではなかった。[8]このことが，大規

模国有企業がファーウェイの後塵を拝する結果をもたらした。ファーウェイが中国国内市場を制したのち，国際市場でも存在感を示せるような世界的企業に成長できたのも，「戦略的人的資源管理」を人事労務管理の基本にしていたことが大きかったと言えよう。

しかしファーウェイには他の世界的通信機器メーカーと大きく異なる点がある。それは所有体制の相違である。既述のように，ファーウェイは「従業員組合」（98.82％）と創業者（1.18％）の2者によって所有されている。比率から言えば，創業者に比べて「従業員組合」が圧倒的に強く，ファーウェイは名目的には「従業員所有企業」と言える。ファーウェイの最新（2015年度）のアニュアル・レポートでもそのように呼ばれている。「従業員組合」の代表が一般従業員に代わって経営する体制である。しかし実際には，「従業員組合」内の具体的な株主構成は一般従業員には十分に知らされていない。また取締役等の経営幹部の選出プロセスの詳細は，一般従業員には知らされていない。「従業員所有企業」は従業員を統合する理念として名目的には成立しているが，実際の運営（代表者の選出プロセス等）は一般従業員に公にされていない。今日まで，このことが問題にならずに企業活動を順調に行ってこられたのは，一言で言えば，右肩上がりの成長を続けてきたからであろう。一般従業員もその恩恵を受けていたので，代表者の選出プロセス等の具体的手続きについて問題にする必要性がなかったのであろう。

しかし成長が無限に続くことはない。将来成長が低迷または下降するような時期が訪れた時，「従業員持株制度」が従業員の動機付けとして機能することは難しくなることはもちろん，「従業員所有企業」の実態面が問題にされることになるだろう。その時最も大きな問題は，「経営者と一般従業員の存在論的な対立関係」をいかに処理するかであろう。この関係は，既に述べたように，完全に解決できるものではなく，両者の妥協点をどこに見出すかにある[9]。以下に，将来ファーウェイが困難な経営状況に直面した時に起こり得る5つのケースについて検討する。

第1は，経営者が，従業員の統合力を高めるために，「従業員所有企業」の理念を現実化する方策を取るケースである。従業員の統合力を高めることは，困難な経営状況を打破するのに有効である。例えば，「従業員組合」の

終章

株主構成や代表者選出プロセスを公にし，「民主的」な代表者選出制度を確立することが考えられる。それによって「自分たちの会社」という意識が高められよう。しかし一般従業員は，企業の成長よりも個人的課題に関心が強く，また当面する状況に関する経営情報を十分に把握することは難しい。一般従業員は経営に関して限界性を有している。従って，一般従業員の限界性を知る経営者であれば，このケースを選択する可能性は極めて低いように思われる。

　第2は，一般従業員が主導権を持って「従業員組合」を解体し，経営者と一般従業員の対立関係を顕在化させて，両者の交渉を求めるケースである。「従業員組合」の解体過程で，「労働組合」が持続的または一時的に形成されよう。どのような「労働組合」が形成されるかは，その時の従業員の解決課題とファーウェイを取り巻く政治，経済，経営状況によって変わるだろう。「従業員所有企業」の理念は棄てられ，ファントム・ストックを用いた「従業員持株制度」や「戦略的人的資源管理」の見直しが行われよう。この時，ファーウェイの株式を株式市場に上場するかどうかも検討されよう。第2のケースでは，一般従業員が団結する必要があるが，現在のような個人管理が行きわたった職場環境であれば，それは容易なことではないだろう。しかし第2のケースは本来の労使関係に戻ることであり，可能性としては低くないように思われる。

　第3は，ファーウェイの経営者が主導権を持って，資金調達のために株式を株式市場に上場するケースである。株式市場上場によって，「従業員所有企業」の理念は解消し，「従業員組合」の実態が公になり，経営者と一般従業員の対立関係が顕在化してこよう。また「従業員持株制度」を従来のように従業員の動機付けに使うことは難しくなるだろう。このような事態は経営者にとって好ましいことではない。従って，株式上場に至るまでに一般従業員との新たな関係を構築する必要が生じよう。例えば，経営者主導で「企業別労働組合」を構築することが考えられる。第3のケースは，経営者が新たな労使関係を構築することができれば，可能性は低くないように思われる。

　第4は，創業者一族が所有権も経営権も掌握するケースである。「従業員組合」の株主構成は公にされていない。創業者一族が実質的な株式を大量に

213

保有している可能性は否定できない。経営が難しい状況に直面し，独裁者的な経営者が求められた場合，創業者一族が経営権を掌握して，経営を立て直そうとする可能性はある。そのような場合，現在と同様に「従業員組合」が維持され，「従業員持株制度」も維持されることになろう。しかし第4のケースの可能性は低いように思われる。それは既にファーウェイの企業規模は大きく，専門経営者の協力なしでは経営することが難しい。現在の専門経営者たちが，無条件に創業者一族に協力する可能性は低いように思われる。

　第5は，政府の主導によって，ZTEのような自国の同業他社と合併するケースである。中国政府は自国企業の国際競争力を強化するために，自国企業同士の合併を推進してきた実例が多数存在する。¹⁰⁾ファーウェイとZTEの合併も可能性として十分考えられることである。もし政府主導の合併が成立すれば，今まで検討してきたファーウェイは存在しなくなり，1つの国策通信機器メーカーが生まれることになる。その時，元ファーウェイの従業員がどのような動きをするか予想することは非常に難しい。企業文化の違いから，新会社から離れていく者も多数出るであろう。このような合併は，通常の経営学の思考を超えた視点が必要である。従って，その可能性の程度を述べることは困難である。

　以上5つケースの可能性を検討した。これらのケースで重要なことは，一般従業員の動向である。それは中国における労働組合の形成ともつながっている。中国において，今後，どのような労使関係がどのように形成されるかによって，ファーウェイの従業員の動きも変わるだろう。逆に，ファーウェイの従業員が，中国で新たな労使関係を形成する先導者になるかもしれない。しかし中国における労使関係，労働組合の形成を展望することは，本書のテーマを超えることになる。従って，本書の考察はこのあたりで閉じることにする。

〈注〉

1)　Harwit［2008］p.134参照。
2)　技術革新の誘因説で言えば，市場牽引（マーケット・プル）型に属し，もう1つの技術圧力（テクノロジー・プッシュ）型のような大発明（ブレークスルー）は生じ難い

終章

　　が，漸進的改良は生じやすく，小さな改良が大きな革新を生む出す可能性がある。

3) この時期，ファーウェイが自主技術形成の選択をしていなければ，今日のファーウェイの繁栄はなかったであろう。顧客（取引先）との細かな技術的対話や課題解決には，自主技術形成の経験が必要であった。また「ソフトウェアへの移行」で生じた機会を的確に把握することもできなかったであろう。

4) 第3章第3節を参照。

5) 第3章第1節のC氏の証言1を参照。

6) 第3章第2節の「IPD体制」に関する劉［2009］を参照。

7) 第5章第2節参照。

8) 「単位制度」は毛沢東時代，中国の都市を運営する最も重要な制度であった。1978年以降の経済改革と共に弱体化してきたが，国有大企業においては，現在も存在する。「単位」は，メンバーにとって，職場組織（work unit）であり，食糧その他の必需品，年金・健康保険等の社会保障，住宅，教育等の供給，旅行の際の身分証明，結婚の許可等を受ける行政組織であった。「単位」は，為政者にとって，人々の日常生活を監視し，政治運動の動員を行うための支配・動員装置であった。「単位」は，結果として，社会の安定に寄与してきたが，不平等をつくった。すなわち「単位」の排他的，階層的性格から都市と農村の格差，「単位」の内と外の格差をつくった。

9) 第5章第2節参照。

10) 最近の実例では，2014年12月に発表された中国南車集団と中国北車集団の合併が有名である。両社の合併で成立した中国中車株式有限公司は，この産業の有力企業であるボンバルディア（カナダ），アルストム（フランス），ジーメンス（ドイツ）の鉄道車両部門の売上高の合計を超える5兆7,000億円の売上高を上げることができる巨大鉄道車両メーカーになった。

215

付録 I

ファーウェイの財務内容（連結決算）と主要子会社リスト

　ファーウェイは中国深圳市に本社をおく民間企業で，2015年の時点の会社規模は，売上高7兆3,000億円，純利益6,800億円，従業員数約17.5万人，世界16か所に研究センターを有する。最近の財務状態は下記に示すように極めて良好である。ファーウェイの株式は株式市場に一般公開されておらず，第4章第2節で詳しく説明したように，従業員組合（98.82%）と創業者任正非（1.18%）によって保有されている。この点が他の大手通信機器メーカーと大きく異なる点である。

　事業地域は中国（総売上高の42%），欧州・中近東・アフリカ（同32%），アジア・太平洋（同13%），南北アメリカ（同10%），その他（同3%）で，事業分野は通信事業者向け（総売上高の59%），企業向け（同7%），消費者向け（同33%），その他（同1%）である。

　ファーウェイの経営の現状を，ファーウェイの「2015年度（中文）アニュアル・レポート」に記載されている財務諸表によって示す。図表付録I-1は過去5年間の主な財務項目の変化，図表付録I-2は貸借対照表，図表付録I-3は損益計算書，図表付録I-4は主要子会社（100%所有）リストである。子会社名は日本語での理解が容易である漢字表記で示す。

図表付録I-1　過去5年間の財務変化（単位：百万人民元）

	2015年	2014年	2013年	2012年	2011年
売上高	395,009	288,197	239,025	220,198	203,929
営業利益	45,786	34,205	29,128	20,658	18,796
営業利益率（%）	11.6	11.9	12.2	9.4	9.2
純利益	36,910	27,866	21,003	15,624	11,655
キャッシュ・フロー	49,315	41,755	22,554	24,969	17,826
現金・預金・短期投資	125,208	106,036	81,944	71,649	62,342
運転資本	89,019	78,566	75,180	63,837	56,996
総資産	372,155	309,773	244,091	233,348	193,849
総借入残高	28,986	28,108	23,033	20,754	20,327
自己資本	119,069	99,985	86,266	75,024	66,228
［総資産］負債比率（%）	68.0	67.7	64.7	66.4	65.8

217

図表付録Ⅰ-2　貸借対照表（単位：百万人民元）

	2015年12月31日	2014年12月31日	前年比（%）
固定資産	70,509	52,668	33.9
流動資産	301,646	257,105	17.3
総資産	372,155	309,773	20.1
内訳：現金・預金及び短期投資	125,208	106,036	18.1
売掛金	92,425	75,845	21.9
棚卸資産	61,363	46,576	31.7
固定負債	40,459	31,249	29.5
内訳：長期借入金	26,501	17,578	50.8
流動負債	212,627	178,539	19.1
内訳：短期借入金	2,485	10,530	(76.4)
買掛金	61,017	45,144	35.2
自己資本	119,069	99,985	19.1
負債・資本合計	372,155	309,773	20.1

図表付録Ⅰ-3　損益計算書（単位：百万人民元）

	2015年	2014年	前年比（%）
売上高	395,009	288,197	37.1
粗利益	164,697	127,451	29.2
粗利率	41.7（%）	44.2（%）	(2.5)
営業費用	(118,911)	(93,246)	27.5
売上高に占める割合	30.1（%）	32.4（%）	(2.3)
営業利益	45,786	34,205	33.9
営業利益率	11.6（%）	11.9（%）	(0.3)
純金融費用	(3,715)	(1,455)	155.3
所得税	(5,077)	(5,187)	(2.1)
純利益	36,910	27,866	32.5

付録 I

図表付録 I-4　主要子会社（100％所有）リスト

会社名	所在地	主要業務内容
華為技術有限公司	中国	通信機器の開発，生産，販売，セット機器の据付，技術サービス，維持サービス
華為機器有限公司	中国	通信機器の製造
上海華為技術有限公司	中国	通信機器の開発，販売，関連サービス
北京華為デジタル技術有限公司	中国	通信機器の開発，販売，関連サービス
華為技術投資有限公司	香港	通信設備の購入と販売
香港華為国際有限公司	香港	通信設備の購入と販売
華為国際有限公司	シンガポール	通信設備の購入と販売
PT 華為技術投資有限公司	インドネシア	通信機器の開発，販売，関連サービス
華為技術日本株式会社	日本	通信機器の開発，販売，関連サービス
ドイツ華為技術有限公司	ドイツ	通信機器の開発，販売，関連サービス
華為端末有限公司	中国	通信電子機器及びセット機器の開発，生産，販売
華為端末（東莞）有限公司	中国	通信電子機器及びセット機器の開発，生産，販売
華為端末（香港）有限公司	香港	通信電子機器及びセット機器の販売，関連サービス
華為技術サービス有限公司	中国	通信機器及びセット機器の据付，技術サービス，維持サービス
華為ソフトウェア技術有限公司	中国	ソフトウェア及び通信関連領域機器の開発，製造，販売，サービス
深圳市海思半導体有限公司	中国	半導体製品の開発，販売
海思光電子有限公司	中国	IT 分野の光電子技術と製品の開発，製造，販売
華為技術有限責任公司	オランダ	海外子会社投資
華為全球金融（英国）有限公司	イギリス	融資及び資金管理
欧拉資本有限公司	イギリス領バージン諸島	融資
華為技術（アメリカ）有限公司	アメリカ	研究開発

付録 II

ファーウェイ基本法

（今道 訳）

第1章　会社の根本理念

1. 中心的価値観

第1条　（目標）

　ファーウェイの望みは，電子情報領域で顧客の夢を実現することである。一歩一歩，ゆるがせにしない苦しい努力が，我々を世界的先進企業にする。

　ファーウェイは世界一流の設備サプライヤになるために，情報サービス業には永久に参入しない。頼ることができない市場の圧力を伝えて，内部機構を永遠に活性状態にする。

第2条　（従業員）

　真面目に責任を負い有効に管理する従業員は，ファーウェイの最大の財産である。知識を尊重し，個性を尊重し，集団で奮闘し，そして迎合しないで成果を出す従業員は，我々の事業が持続的に成長できる内的要件である。

第3条　（技術）

　世界の電子情報領域の最新の研究成果を広汎に吸収し，国内外の優秀な企業から虚心に学び，自主独立の基礎のうえに先進的基本技術体系を，開放的な協力関係で発展させて，我々の卓越した製品によって，世界の通信列強の中に立つ。

第4条　（精神）

　祖国を愛し，人民を愛し，事業を愛し，生活を愛することが，我々の凝集力の源である。責任意識，革新精神，敬業精神と団結協力精神は，我々の企業文化の精髄である。事実に基づいて問題を処理することは，我々の行動規範である。

第5条　（共益）

　ファーウェイは顧客，従業員，協力者で利益共同体を結成することを主張する。努力して，生産要素に基づいた分配の内部推進メカニズムを探求する。我々は決して雷鋒に損をさせない，貢献者は必ず合理的な報酬を得なければならない。

第6条　（文化）

　資源は枯渇するが，文化だけは生まれて止むことはない。すべての工業製品はすべて人類の知恵の創造物である。ファーウェイには依存できる自然資源はない，ただ在るのは，人の頭の中で掘り出される大油田，大森林，大炭鉱等である。精神は物質に転化できるものであり，物質文明は精神文明を強固にするのに有益である。我々は精神文明で以て物質文明を発展させる方針を堅持する。

　ここでいう文化は，知識，技術，管理，情操等を含むだけでなく，生産力の発展を促進するすべての無形要素も含む。

第7条　（社会的責任）

　ファーウェイは産業で国に報いること及び科学教育によって国を振興することを自

221

らの務めとし，会社の発展によって，所属するコミュニティーに貢献する。偉大な祖国の繁栄，中華民族の振興，自己及び家族の幸福のために絶えず努力する。

2．基本目標

第8条（品質）

我々の目標は，優れた製品，信頼できる品質，優越した費用対効果比と実のあるサービスで，顧客の日毎に増大する需要を満足させることである。

品質は我々の自尊心である。

第9条（人的資本）

人的資本を不断に増大させる目標は，財務資本を増大させる目標より優先することを，我々は強調する。

第10条（核心技術）

我々の目標は，自らの知的財産権を有し世界をリードする電子情報技術体系を開発することである

第11条（利益）

我々の事業を持続的に成長させたいという目標に従って，各時期の合理的利益率と利益目標を立てるが，利益の最大化を単純に追求しない。

3．会社の成長

第12条（成長領域）

我々が新たに参入する成長領域は，会社の核心的技術のレベル向上，会社資源の総合的優位の発揮，会社の全体的拡張の促進に，有益なものでなければならない。技術発展の趨勢，市場変化の趨勢，社会発展の趨勢に沿うことによって，我々は大きなリスクを避けることができる。

時機を見極め，新しい構想で，当該領域で顧客に対して他と異なった貢献ができる

と確信が持てた時，我々は市場の広い新関連領域に参入する。

第13条（成長の牽引）

機会，人材，技術，及び製品が，会社の成長の主要な牽引力である。この4種類の力の間には相互作用が存在する。機会は人材を牽引し，人材は技術を牽引し，技術は製品を牽引し，製品はさらに大きな機会を牽引する。この4種類の力の牽引力が増大すれば，これらの間の良性循環が促進され，会社の成長が加速する。

第14条（成長速度）

我々は一定の利益率水準で成長の最大化を追求する。我々は業界の平均成長速度及び業界の主要な競争相手の成長速度より高いものを達成し，それを維持しなければならない。会社の活力を強め，優秀な人材を誘致し，会社の各種の経営資源の最適配置を実現する。電子情報産業では，先導者になるか，あるいは淘汰されるかであり，歩むことができる第3の道はない。

第15条（成長の管理）

我々は単純に規模の拡大を求めない，自己を更に優秀なものに変えなければならない。そのため高位階層のリーダーは，長期の急速な成長が会社組織に与える脆弱性と隠された問題に警戒し，成長に対して有効な管理を行わなければならない。急速に大規模な会社に成長しようとした場合，さらに大きな管理努力で，会社をさらに活性化して，成果を出せるようにしなければならない。情勢を作ることと，事を処理することとの協調的発展を終始保持しなければならない。

4．価値分配

第16条（価値創造）

労働，知識，企業家，及び資本が会社の
すべての価値を創造していると，我々は考
える。

第17条（知識の資本化）

我々は資本転化方式で，労働，知識，及
び管理とリスクに対する企業家の蓄積され
た貢献を，評価と報酬の獲得に結びつけ
る。株式の配分を通して，会社の中堅の力
を形成し，会社に対する有効な管理を保持
して，会社を持続的に成長させることが
できる。知識の資本化は，技術と社会の変
化に対する活力ある財産権制度であって，
我々が不断に探求する方向である。

我々は従業員持株制度を実施する。
ファーウェイの模範従業員を特別に認定
し，会社と従業員の利益運命共同体を結成
する。また責任感があって才能のある者が
会社の中堅層に絶えず加わるようにする。

第18条（価値の分配形式）

ファーウェイが分配できる価値は，主に
組織権限と経済的利益である。その分配形
式は，機会，職権，基本給，奨励金，退職
年金，医療保障，株式，配当，及びその他
の人事待遇である。我々は労働に応じた分
配と資本に応じた分配を結合した分配方式
を行う。

第19条（価値の分配原則）

効率を優先し，公平を考慮し，持続的に
発展できる，これらが我々の価値分配の基
本原則である。

労働に応じた分配は，能力，責任，貢
献，及び仕事の態度に依拠する。労働に応
じた分配では，格差を十分に大きくし，分
配曲線は連続し変曲点が出ないようにしな
ければならない。株式の分配は，持続的な
貢献，突出した才能，人徳，及びリスク負
担に依拠する。株式の分配は，核心層と中

堅層に傾斜し，株式の構造は動態的合理性
を維持しなければならない。労働に応じた
分配と資本に応じた分配の割合は適切でな
ければならない。分配量と分配割合の増減
は，会社の持続的発展を原則としなければ
ならない。

第20条（価値分配の合理性）

我々が遵守する価値規範は，事実に基づ
いて問題を処理することを堅持し，会社の
内部に外部の市場圧力と公平競争メカニズ
ムを取り入れて，公正で客観的な価値評価
体系を作り上げると共に不断に改善し，価
値分配制度の基本を合理的にすることであ
る。価値分配の合理性を判断する最終の基
準は，会社の競争力と業績，及び全体の従
業員の士気と会社への帰属意識である。

第2章　基本経営政策

1．経営の中心

第21条（経営方針）

我々の中短期の経営方針は，通信製品の
技術と品質に集中し，重点突破して，シス
テムで先行して，ローエンド市場の競争に
巻き込まれている局面を抜け出し，関連す
る情報製品を開発することである。会社は
資源共有プロジェクトを優先して選択し，
製品あるいは事業領域の多角化は，資源を
しっかりと共有して，それを中心にして展
開し，誘惑的な他のプロジェクトは行わず，
限られた能力と資金の分散を回避する。

我々の過去の成功は，大きな市場があれ
ば大きな会社が孵化できることを明らかに
している。大きな市場を選ぶことが，我々
の今後の産業選択の基本原則である。しか
し，成功はいつも我々を未来へ導く信頼で

223

きる案内人ではない。我々は厳格に管理して新しい領域に入らなければならない。

計画外の小さなプロジェクトについては，我々は従業員の内部創業活動を奨励して，一定の資源を支出し，従業員がすばらしいアイデアを顧客の必要な製品に転化することを支持する。

第22条（経営モデル）

我々の経営モデルは，機会をしっかりとつかみ，高い研究開発投資によって製品技術と性能対価格比で先行優位を得て，市場を席捲する大規模なマーケティングで，最短時間でフィード・バックの良性循環を形成し，「好機到来（opportunity window）」の超過利潤を存分に獲得する。絶えず成熟製品を再構築し，市場の価格競争を支配して，戦略市場において主導的地位を拡げ強固にする。我々はこの経営モデルの要件に従って，我々の組織構造と人材構成を確立し，絶えず会社の全体運営の能力を高める。

デザインの中に築いてきた技術，品質，コスト及びサービスの優位は，我々の競争力の基礎である。日本製品の低コスト，ドイツ製品の安定性，アメリカ製品の先進性は，我々が追い越そうとする基準である。

第23条（資源配置）

我々は「圧力原則」を堅持し，成功のキー要素と選定した戦略成長点で，主要な競争相手が強力な資源配置をしようとしまいと，それを超えるため，人材，物資，財力を極度に集中して，重点突破を行う。

資源分配においては，資源の合理的配置と有効利用の障害を取り除くことに努めなければならない。我々は人，財，物の３種の主要資源の分配においては，優秀な人材の分配が最優先であることを認識してい

る。我々の方針は，最も優秀な人材に十分な職権と必要な資源を与えて，彼らに割り当てられた任務を全うさせることである。

第24条（戦略連盟）

我々は広範な対等協力を重視し，戦略的パートナー関係を確立して，相互利益を基礎とした多種類の外部協力形式を積極的に探求する。

第25条（サービス・ネットワーク）

ファーウェイは，顧客に提供した製品の終生のサービスを約束する。

我々は完全なサービス・ネットワークを確立して，顧客に専門化し標準化したサービスを提供しなければならない。顧客の利益のあるところが，我々が生存し発展する最も根本的な利益の在り処である。

我々はサービスに基づいて人員構成することを理念とし，顧客満足度をすべての業務を計る基準としなければならない。

2．研究開発

第26条（研究開発の方針）

顧客の価値観の変化傾向が，我々の製品の方向を導く。

我々の製品開発は，自主開発を基礎にした広汎で開放的な協力を原則としたものであり，その原則を遵守する。研究開発プロジェクトを選択する時は，常識を打ち破り，別の人が歩んでいない道を敢えて歩むようにする。我々は節度ある混沌状態の利用に長け，未知領域研究の突破を探らねばならない。競争的で理性的な選択手続きを完備して，開発プロセスの成功を確保しなければならない。

我々は売上高の10％を研究開発費に支出し，必要かつ可能な時は支出比率を増やすことを保持する。

付録Ⅱ

第27条（開発体系）

　我々は大会社戦略に合った，互いに並行する３大研究体系，すなわち製品発展戦略計画研究体系，製品研究開発体系，及び製品中間試験体系を確立しなければならない。会社の発展と共に，国内外で人材と資源が優勢な地域を持ち，研究支所を設ける。

　関連した基礎技術領域で，「狭小領域の高度専門性」の要求に従って，大量の基礎技術エリートを絶えず育成する。製品開発方面で，大量の領域横断的な体系集成リーダーを育成する。基礎技術研究を研究開発人員の循環工程の環節とする。

　基礎技術研究には深さはない，体系集成には高さはない，市場と体系集成には条件はない，基礎技術研究は正しい方向から外れやすい。

第28条（中間試験）

　我々は新製品，新部品，新技術の品質証明及びテスト方法の研究を重視する。装備が優れ，テスト手段が先進的で，「広領域の高度専門性」を持つ優秀な多くのプロセス専門家で構成された製品中間試験センターを確立しなければならない。我々の中間試験人材及び設備水準を世界のトップの地位におくため，我々は全世界でこのような大規模なセンターを建設する。厳格なフィルターで新製品や新部品を集中して選別し，絶え間ない品質証明で製品の信頼性を高め，許容設計試験と技術改善で製品コストの低減を続けて，技術開発成果の商品化過程を速める。

３．市場マーケティング

第29条（市場ポジショニング）

　ファーウェイの市場ポジショニングは，業界最優秀の設備サプライヤである。

　市場ポジショニングは，マーケティングの中核目標である。我々は総売上高の増大に満足しない，我々は各種の主力製品の市場シェアーの大きさ，達成すべき大きさをよく知らなければならない。特に新製品，新興市場の市場シェアーと売上高はさらに重要である。ブランド，マーケティング・ネットワーク，サービスと市場シェアーは，市場ポジショニングを支える鍵となる要素である。

第30条（市場開拓）

　戦略市場の奪取と巨大な潜在力を備えた市場の開発は，マーケティングの主要点である。我々は新興製品市場への急速な浸透と拡大を図ると共に，成熟製品を伝統市場や新興市場に拡げる努力をし，絶対的に優勢な市場ポジショニングを形成しなければならない。

　ネットワーク設備サプライヤとしての市場戦略の要点は，競争優位を勝ち取り，市場の主導権となるキーを支配することである。市場拡大は会社の全体活動である。我々は各従業員に切実な利益にかかわる市場圧力を伝え，会社全体の応答能力を不断に高めなければならない。

第31条（マーケティング・ネットワーク）

　マーケティングの体系的なフレームワークは，対象に応じて作られた販売系統，製品に応じて作られた販売系統のマトリックスが形成されたマーケティング・ネットワークである。

第32条（マーケティングの人材育成）

　我々は，団体精神を備えたセールス・エンジニアとマーケティング管理者で構成されたコンピテンシーの高いチームの育成を重視し，戦略マーケティング管理人材と国際マーケティング人材の発掘と育成を重視

225

する。

　我々は長期目標でマーケティング・チームを作り，共同の事業，責任，栄誉で激励及び推進する。

第33条（資源の共有）

　市場変化の無目的性，市場配置の分散性，会社製品の多様性に対処するために，前線マーケティング・チームが適切な時機に大きな総合支援を受けられること，大量の資源を迅速に調整して組織されること，市場で機先を制して部分優位を形成できることが求められている。そのためマーケティング部門は，柔軟な運営方式を採って，事前の計画と現場の支援要求に応じて，資源のダイナミックな最適配置と共有を実現しなければならない。

4．生産方式

第34条（生産戦略）

　我々の生産戦略は，大規模な販売を基礎にした迅速な生産体系である。それぞれの地域に適した方法で，世界の先進的製造技術と管理方法を採用して，いつまでも止まることがない改良をして，絶えず品質を高め，コストを下げ，納期を短縮し製造の柔軟性を高め，会社の製造レベルと生産管理レベルを世界の大会社の基準に到達させる。

第35条（生産配置）

　会社の事業領域の多角化と経営地域の国際化の趨勢に沿って，我々は規模の経済の原則，比較コストの原則，顧客近接の原則に従って，中核基礎部品を集中して製造し，最終製品を分散して組み立て，全国及び世界において生産配置を合理的に計画し，サプライ・チェーンを適性化する。

5．財務と投資

第36条（資金調達戦略）

　我々は資金調達方式の多様化に努め，穏健な債務経営を継続的に推進する。資金源を拡げ，資金コストを抑え，資金の回転を加速し，会社の長期発展を支えるのに必要な資金調達協同関係を一歩一歩形成して，会社の戦略計画の実現を確実なものにする。

第37条（投資戦略）

　我々の中短期の投資戦略は製品投資を主とすることを依然として堅持し，最大限の資源集中で，会社の技術力，市場ポジショニングと管理能力の強化を迅速に行う。我々が重大な投資政策を決定する時は，現在の高利益プロジェクトの追求に限定せず，同時に巨大な潜在力のある新興市場や新製品の成長機会に関心を持たなければならない。我々は会社の資源及び高位階層の管理エネルギーを分散するいかなる非関連多角化経営も行わない。

第38条（資本経営）

　我々は製品領域経営の成功を基礎にして，資本経営や，財産権制度を利用した更に大規模な資源調達を探求する。このような転換は，我々の技術力，マーケティング力，管理能力と機会によって決まることが，実践によって明らかになっている。外的拡張は内的充実に依存し，機会の捕捉は事前の準備で決まる。

　知識の資本化は，資本経営の良性循環を加速させる鍵である。我々が資本の拡充を行う時は，技術が在るところ，市場が在るところ，我々と相互補完性を有する戦略的パートナーを，重点的に選択しなければならない。その次に存在するのが，金融資本である。

資本経営と外部拡張は，潜在力の増大，利益の増大，会社組織との文化的統一性に有益でなければならない。会社の上場は，我々の既に形成した価値分配制度の基礎を強化するのに有益でなければならない。

第3章　基本組織政策

1．基本原則

第39条（組織設立の方針）

ファーウェイにおける組織の設立と調整は，以下の点を必須とする。

(1) 責任の強化に有利であること，それによって，会社の目標と戦略の実現を確実にする。

(2) 工程の簡単化に有利であること，それによって，顧客の要望と市場の変化に迅速に対応する。

(3) 共同作業の効率を高めるのに有利であること，それによって，管理コストを低減する。

(4) 情報の交流に有利であること，それによって，革新的で優秀な人材が頭角を現すのを促進する。

(5) 将来の指導人材を育成するのに有利であること，それによって，会社が持続的に成長する。

第40条（組織構造の確立原則）

ファーウェイは終始1つの統一体である。これによって，ファーウェイの標章がかかわるいかなる共同形式においても管理権を保持することが，我々に求められている。

戦略によって組織を決定することが，我々が会社組織を設立する基本原則である。戦略的意義のある中心的業務及び新事業の生長点においては，明確に責任を負う部署を組織に設けなければならない。これらの部門は会社組織の基本構成要素である。

組織構造の変更は自然発生的な過程であってはならない。組織構造の発展は段階的である。組織構造を一定期間相対的に安定させることが安定政策であり，幹部グループを安定させ，管理水準を高めた状態は，効率と成果を高める基礎となる。

第41条（職務の設定原則）

管理職務設定の拠り所は，職能と業務工程に対する合理的分業であり，組織目標の実現のために従事する経常的な仕事を基礎とする。職務範囲は十分に足りる大きさにして，責任を強化し，迎合を減らし，職に就くことへの挑戦性と達成感を高めるように設計しなければならない。

職務を設定する権限を集中しなければならない。職務設定の目的，仕事の範囲，従属関係，職責と職権，在職資格に対して，明確な規定を設けなければならない。

第42条　（管理者の職責）

管理者の基本職責は，会社の理念に基づいて主体的に責任を持って仕事を推し進めて，会社の前途を豊かにし，仕事の成果を大きくし，従業員の功績を大きくすることである。この3つの基本職責を履行する管理者のレベルが，彼の権威と合法性を部下が受け入れるレベルとなる。

第43条（組織の拡張）

組織の成長と経営の多角化は，必然的に外への拡張を求める。組織の拡張には機会を捉える必要がある。我々が機会を捉えられるか，組織をどの程度まで拡張できるかは，会社の幹部グループの素質と管理能力によって決まる。組織の拡張によって組織の効率及び成果を効果的に高めることがで

きない時は，会社は外への拡張の歩みを緩
め，組織管理能力の向上に尽力する方向に
転換する。

２．組織構造

第44条（基本組織構造）

　会社の基本組織構造は，戦略的事業に
よって分けられた事業部と，地域によって
分けられた地域会社の２次元構造である。
事業部は会社が定めた経営範囲内で開発，
生産，マーケティング及び顧客サービスの
職責を担い，地域会社は会社が定めた地域
市場内で会社資源を有効利用して経営を行
う。事業部と地域会社はいずれも利益セン
ターであり，実際の利益に責任を負う。

第45条（主体構造）

　職能の専門化原則は，管理部門を設立す
る基本原則である。効率を高め管理を強化
することを主目標としている業務活動領域
に対しては，一般的にこの原則に従って部
門を分けなければならない。

　会社の管理資源，研究資源，中間試験資
源，認証資源，生産管理資源，市場資源，
財務資源，人的資源，情報資源等は，会社
の公共資源である。公共資源の効率を高め
るために，必ず監査しなければならない。
職能の専門化原則に従って，対応する部門
を組織し，会社組織構造の主体を形成す
る。

第46条（事業部）

　対象の専門化原則は，新事業部門を設立
する基本原則である。

　事業部の分立は，次の２つの原則のうち
の１つに依拠する。製品領域原則と技術過
程原則である。製品領域原則に従って設立
された事業部が拡張型事業部で，技術過程
原則に従って設立された事業部がサービス
型事業部である。

　拡張型事業部は利益センターであり，集
中政策と分権経営を行う。有効管理原則の
下，独立経営の展開に必要な職能を備え，
十分な権限を受けると共に，監督が強化さ
れる。

　相対的に独立した市場を有し，経営が既
に一定の規模に達して，相対的独立活動が
最終成果の責任を更に拡げ強化するのに有
利である製品または業務領域に対しては，
その発展に対して更に有利な組織形式を速
やかに選択しなければならない。

第47条（地域会社）

　地域会社は地域に従って分立され，全額
出資または本社が株式支配した，法人資格
を備えた子会社である。地域会社は定めら
れた地域市場と事業領域内で，会社によって
割り当てられた資源を十分に用いて，会社
の公共資源をできるだけ活用して発展を目
指し，利益に対してすべての責任を負う。
地域会社が責任を負う地域市場で，本社及
び各事業部は同じ事業で競争してはならな
い。各事業部が業務開拓の必要がある場
合，合同または地域会社をサポートする方
式を採ることができる。

第48条（マトリックス構造の進展）

　職能の専門化原則によって分立された部
門と対象の専門化原則によって分立された
部門が交差して運営された時，組織にマト
リックス構造が形成される。

　会社組織のマトリックス構造は，絶えず
戦略と環境に応じて変化し，従来の平衡か
ら不平衡に，更に新しい平衡にダイナミッ
クに発展変化する過程にある。従来の平衡
を打ち破らなければ，機会を捉えて，急速
に発展することはできない。新しい平衡を
確立しなければ，会社の組織運営に長期的

な不安定性を作り，責任の確立基礎を弱める。

マトリックス構造の下で，統一指揮原則と責任・権限の相互原則を維持し，組織上の不安定性を減らし組織効率を高めるために，我々は以下の方面での管理能力を強化しなければならない。

1. 効果的な高位階層管理組織の確立。
2. 十分な権限を備えた監督の強化。
3. 計画の統一性と権威の強化。
4. 考課体系の完備。
5. 団体精神の育成。

第49条（サポート・ネットワーク）

我々は会社の縦方向の等級構造に横方向及び逆方向回路の運営方式を導入して，全体組織を活性化し，資源を最大限に利用及び共有しなければならない。我々は順方向の直線的職能系統が戦略を決定して実施する指令通路を確保すると共に，逆方向及び横方向のサポート系統が適時の柔軟性のある対応をして，顧客に最も近く，変化と機会を最も早く察知でき，高い責任を有する基礎管理者や一般従業員が，適時に組織のサポートを得て，組織目標のために，衆人と異なった貢献ができるようにしなければならない。

第50条（組織階層）

我々の基本方針は，組織階層を削減して組織の柔軟性を高めることである。組織階層削減の1つは，部門階層の削減であり，もう1つは職位階層の削減である。

3．高位階層管理組織

第51条（高位階層管理組織）

高位階層管理組織の基本構造は，会社執行委員会，高位階層管理委員会，会社職能部門の3部門で構成される。

会社の高位階層管理委員会には，戦略計画委員会，人的資源委員会，財経管理委員会がある。

第52条（高位階層管理の職責）

会社執行委員会には，会社の将来の使命，戦略と目標を定め，会社の重要問題に対して意思決定し，会社が持続的に成長できるようにする責任がある。

高位階層管理委員会は，経験豊かな人員で構成された諮問機関である。戦略計画と基本政策を作成し，予算と重要投資項目を審議し，計画・基本政策及び予算の実施結果を審査する責任がある。審議の結果は総裁事務会議で決裁される。

会社職能部門は会社総裁を代表として，会社の公共資源に対する管理を行って，各事業部，子会社，業務部門に対して指導及び監督する。会社職能部門は一体化し，多頭指導現象をできるだけ避けるようにしなければならない。

高位階層管理の任務は，プロジェクト形式で実行しなければならない。高位階層管理プロジェクトが完成した後は，具体的な仕事と制度を制定して，特定の職能部門の職責に入れる。

第53条（意思決定制度）

我々は民主的意思決定，権威的管理の原則を遵守する。

高位階層の重要意思決定は，高位階層管理委員会の十分な議論を経なければならない。意思決定が依拠するのは，会社の理念，目標，基本政策である。意思決定の原則は，賢人に従い衆人に従わないである。真理は往々にして少数者の手に掌握されている，異なる意見が存在することを認め，発表できる環境を作らなければならない。決定された後は，権威的管理を実行しなけ

229

ればならない。

高位階層委員会の集団意思決定と部門長責任制下の事務会議制度は，高位階層の民主的意思決定を実行する重要施策である。我々の方針は，高位階層で民主を存分に行って，知恵を十分に発揮して，基層での執行を強化し，責任が必要なところに存在するようにすることである。

各部門長は各専門委員会に従属し，これらの委員会は討議するが管理せず，決定されたことについて監督権を有し，単独責任者制における一面性を防止する。各部門長の日常の管理決裁は，部門長事務会議決定の原則を遵守し，決裁後の結果については各人の責任とする。各階層責任者事務会議の討議結果は，会議紀要方式で上位階層に報告する。報告は3分の2以上の正式成員の署名が必要であり，報告においては討議過程で意見が異なるものについては特別に注記しなければならない。

会社総裁には最終決裁権があって，この権限を行使する時は，十分に意見を聴取しなければならない。

第54条（高位階層管理者の行動準則）

高位階層管理者は以下のことをなさなければならない。

1. 強い進取精神と警戒意識を保持して，会社の将来及び重要経営決裁について個人でリスクを負う。
2. 会社の利益は部門の利益及び個人の利益より高いことを堅持する。
3. 異なる意見に耳を傾け，団結できる人をすべて団結させる。
4. 政治的品格への訓練と道徳的品位への教養を強化して，清廉潔白に自らを律する。
5. 不断に学習する。

第4章　基本人的資源政策

1. 人的資源管理準則

第55条（基本目的）

ファーウェイの持続的成長にとって，根本的に頼れるのは組織建設と文化建設である。そのため，人的資源管理の基本の目的は，高い素質と，高い境地で，高度に団結された大きな部隊を確立し，そして刺激と制約が自ら機能して優秀な人材の輩出を促進する機構を創造して，会社の急成長と高効率の操業を保障することである。

第56条（基本準則）

ファーウェイの全従業員は，職位の高低にかかわらず，人格においてすべて平等である。人的資源管理の基本準則は公正，公平，公開である。

第57条（公正）

共通の価値観は，我々が従業員に公平な評価をする準則であり，各従業員に明確な挑戦目標と任務を提起することが，我々が従業員の功績改善に対する公正な評価をする根拠となる。従業員が本職の業務を達成するところで表した能力と潜在力は，学歴より更に重要な評価能力の公正標準となる。

第58条（公平）

ファーウェイは効率を優先し，同時に公平原則に注意する。我々は各従業員が誠実な協力と責任を承諾した上で競争することを奨励し，従業員の発展のために公平な機会と条件を提供する。各従業員は自身の努力と才能で，会社が提供する機会を獲得しなければならない。仕事と自主学習で自身の素質と能力を高め，本職の仕事を創造的に完成及び改善することによって，自己の達成願望を満足させる。我々は評価と価値

分配において，短期的見方を根本から否定すると共に，平均主義と対抗する。

第59条（公開）

我々は公開原則を遵守することが人的資源管理の公正と公平を保障する必要条件であると考える。会社の重要な政策と制度の制定は，すべて充分に意見を求め協議しなければならない。辻褄合わせを抑えて，論評を明確にすることは，制度実行の透明度を高める。我々は無政府，無組織，無規律の個人主義的行為を根本から否定する。

第60条（人的資源管理体制）

我々は終身雇用制を採らない，しかしこれはファーウェイで仕事を一生涯続けることができないことではない。我々は自由雇用制を主張する，ただし中国の現実から遊離しない。

第61条（内部労働市場）

我々は内部労働市場を確立して，人的資源管理に競争と選択のメカニズムを導入する。内部労働市場を外部労働市場に置換して，優秀な人材の輩出を促進し，人的資源の合理的配置と沈殿層の活性化を実現する。人を職務に適合させ，職務を人に適合させる。

第62条（人的資源管理責任者）

人的資源管理は人的資源管理部門だけの仕事ではなく，全管理者の職責である。各部門管理者は，部下の仕事を記録，指導，サポート，激励し，合理的評価を行う責任があり，部下の成長を助ける責任がある。部下の才能の発揮と優秀な人材の推挙は，管理者の昇進と人事待遇を決定する重要な要素である。

２．従業員の義務と権利

第63条（従業員の義務）

我々は従業員が会社目標と本職の仕事に対する主体的意識で行動することを激励する。

各従業員は主に本職の仕事を行うことによって，会社目標に貢献する。従業員は職務の視野を拡げることに努力し，会社目標と自己の要求を深く理解し，他の者が貢献した思惟方式を身につけ，協力レベルと技巧を高めなければならない。一方，従業員は職責の制約関係を遵守し，おせっかいを避け，職責が不明確なため隠れていた管理の破綻と問題を，節度を持って明らかにしなければならない。

従業員は事実に基づいて問題を処理する方式で，隠されている管理上の弊害と錯誤を，飛級報告する義務がある。緊急事態において従業員が自主的に処理すること，会社のために機会を捉えて，危険を避け，災害を軽減して貢献することは認められている。しかし，このような事態における飛級報告者あるいは自主的処理者は，自己の行為とその後の結果に対して，責任を負わなければならない。

従業員は会社の秘密を守らなければならない。

第64条（従業員の権利）

各従業員は以下の基本的権利を有する，すなわち諮問権，提案権，申立権，意見保留権。

従業員は仕事あるいは業務の順調な展開を確保することを前提として，上司に諮問する権利を有し，上司は合理的な解釈と説明をする責任がある。

従業員は経営の改善及び業務管理について，合理化の提案権を有する。

従業員は不公正と認識する処理に対して，上司の上司に直接申立てをする権利を

231

有する。申立ては必ず事実に基づいて問題を処理するものでなければならない。書面形式で提出し，本職の仕事あるいは組織の正常な運営を妨げてはならない。各階層の主管は，部下の申立てに対して，できるだけ早く明確な回答をしなければならない。

　従業員は自己の意見を保留する権利を有する。しかしそのために業務に影響があってはならない。部下が自己と異なる意見を保留したことによって，上司は差別してはならない。

3．考査と評価

第65条（基本的前提）

　ファーウェイの従業員考課体系は，以下の前提に依拠している。

1. ファーウェイの絶対多数の従業員は，自ら責任を負い協力しようするものであり，高いプライドと強い達成願望を有する。
2. 完全なものはなく，完全な人はいない。長所が際立つ人は欠点も目立つ。
3. 仕事の態度と仕事の能力は，仕事の成果における進歩として現れる。
4. 失敗は成功の基であるが，同じ過ちを繰り返すことをしてはならない。
5. 従業員が考課標準要件を達成できないのは，管理者の責任でもある。従業員の成績は管理者の成績である。

第66条（考課方式）

　客観的で公正な価値評価体系を確立することは，ファーウェイの人的資源管理の長期の任務である。

　従業員と幹部の考課は，明確な目標と要求に基づいて，各従業員及び幹部の仕事の成果，仕事の態度，仕事の能力に対する，所定の形式に沿った考査と評価である。仕事の成果の考課は，成果における進歩が重視され，大きくなく小さく見ることが適している。仕事の態度と仕事の能力の考課は，長期にわたるものが重視され，小さくなく大きく見ることが適している。考課の結果は記録しなければならない。考課の要素は，会社の異なる時期の成長要求に応じて重点がかわる。

　各層の上下階層の主管の間には，定期的な所管事項報告の制度を設立しなければならない。各階層の主管と部下の間で，良好な意思疎通をして，相互の理解と信頼を強化しなければならない。意思疎通は，各級の主管の考課に含まれる。

　従業員と幹部の考課は，縦横相互の全方位考課を行う。被考課者には申立権がある。

4．人的資源管理の主な規範

第67条（招聘と雇用）

　ファーウェイは自己の理念と文化，業績と機会，政策と待遇によって，天下の一流の人材を引きつけ招く。我々は招聘と雇用において，人の素質，潜在能力，品格，学歴，経験を重視する。双方合意の原則に従って，人材の使用，育成，発展において，客観的で対等な承諾を行う。

　我々は会社の異なる時期の戦略と目標に基づいて，合理的な人材構成を確定する。

第68条（解任と解雇）

　我々は内部労働市場の競争と淘汰のメカニズムを利用して，所定の形式に沿った，従業員の解任及び解雇手続きを確立する。会社の紀律違反及び私利をむさぼり会社に深刻な損害を与えた従業員は，関係する制度に基づいて強制解雇する。

第69条（報酬と待遇）

我々は報酬と待遇において，優秀な従業員に傾斜することを堅持する。

基本給の分配は，能力主義的職能給制度に基づいて行う。奨励金の分配は，部門と個人の成果の改善と関係する。退職年金等の福利の分配は，仕事の態度の考課結果による。医療保障は貢献の大きさによる。高位階層管理者及び熟練専門人材に対しては，一般従業員と差を設けた待遇を行う。高位階層管理者及び熟練専門人材は医療保障の他に，医療保健等の健康面に対する待遇を享受する。

我々は会社の長期の利益を犠牲にして，従業員を満足させる短期の利益分配の最大化は行わない。しかし経済の景気がよい時期で事業発展が良好な場合，従業員の平均年収が，地域の業界の最高水準より高くなることを保証する。

第70条（自動減給）

経済が不景気な時期で，事業成長がしばらく停滞する場合，事業発展の需要に基づいて，自発的減給制度を用いて，過度の人員整理と人材流失を避け，会社が難関を突破できることを確保する。

第71条（昇進と降格）

各従業員は，仕事への努力，仕事で伸びした才能によって，職務あるいは任職資格の昇格を得ることができる。これに対応して，職務上の公平競争メカニズムを保持し，幹部の昇進降格制度を確実に進める。会社は人材の成長法則に従って，客観的で公正な考課結果に依拠して，最も責任感があることが明白な人に，重要な責任を負わせる。我々は資格や経歴やランクにかかわらず，会社の目標と事業機会の要求に従って，制度的分別プログラムに依拠して，突出した才能と突出した貢献者に対して，破

格の昇進を実施する。ただし，我々は順を追って漸進することも提唱する。

第72条（ジョブ・ローテションと特技養成）

我々は中高位階層主管に対してジョブ・ローテション政策を行う。周辺の仕事の経験のない者は，部門主管を担当することはできない。基層の仕事の経験のない者は，課以上の幹部を担当することはできない。我々は基層主管，専門人材，作業員に対して，相対的持ち場固定政策を行う。一業をすることを好めば，一業にかかわり，一業にかかわれば，一業に精通する，我々はこのことを提唱している。一業を好む起点は，採用試験に通ることであり，持ち場についた従業員が一業を継続して好む条件は，持ち場の考査のふるいを経ることである。

第73条（人的資源開発と訓練）

我々の持続的な人的資源開発は，人的資源価値の増大目標を実現することを重要条件としている。OJTとOff-JTを結合し，自己開発と教育開発を結合した開発形式を実行する。

人的資源開発の効果を評価するために，人的資源開発投入産出評価体系を作成しなければならない。

第5章　基本管理政策

1．管理方針

第74条（方針）

健全な管理系統と必要な制度を確立して，会社の戦略，政策と文化の統一を確保する。この基礎の上に各階層の主管に十分な権限を与え，目標の牽引と利益の推進，手続きに基づき制度で保証された活発で，高効率で安定した状態を作る。

第75条（目標）

　会社の管理系統を更に改善する中短期目標として，健全な予算管理体系，コスト管理体系，品質管理保証体系，業務工程体系，会計監査体系，文書体系及びプロジェクト管理系統を確立して，関係会社の存続発展の重要領域に対しては，有効な管理を実行して，大会社の規範的運営モデルを作り上げる。

第76条（原則）

　会社の管理は以下の原則を遵守する。

　分層原則。管理は分層の実施を必須とする。等級を越えて権限を越えた管理は，管理が依拠する責任の基礎を破壊する。

　例外原則。反復的性質のある日常業務は，規則と手続きを定めて，下位階層に権限を与えて処理する。上位階層は主に例外的な事柄を管理する。

　分類管理原則。部門と任務の性質に対して，分類管理を実行する。中高位階層経営管理部門に対しては目標責任制の考課管理を実行し，基層作業部門に対しては計量責任制のノルマ管理を実行する。職能行政管理部門に対しては任務責任制の人事労務管理を実行する。

　成果誘導原則。管理系統は，部門成果の考課について，部門の主管が会社全体の利益の最大化の要求に従って決裁を実行することを促進しなければならない。

　会社は管理の強化を強く主張する。同時に，予算（あるいは標準）から逸脱した行動が必ずしも誤りとは限らない。単純な節約支出の奨励方法が良い方法とは限らない。会社は従業員及び部門主管に，管理系統で不完全な個所や，環境や条件の変化に対しては，会社の理念と目標の要求によって，主体的に積極的に責任を負った行動を

とることを奨励する。

　綿密な計画で共同研究したが，実施過程で挫折を喫した者は，激励を当然受けるべきであり，失敗の発生について責任を問うべきでない。

第77条（持続的改善）

　部門と従業員の業績考課の重点は，業績改善である。

　会社の戦略目標と顧客満足度は，業績改善考課指標体系を確立する2つの基本的出発点である。戦略目標を幾層かに分解した基礎の上に会社各部門の目標が確定され，顧客満足度を幾節かに展開した基礎の上に，工程の各環節と持ち場の目標が確定される。業績改善考課指標体系は牽引作用を果たし，各部門と各従業員の改善努力が共同の方向に向かうようにしなければならない。

　業績改善考課指標は計量でき重点が際立つものでなければならない。指標レベルは段階的で挑戦性のあるものでなければならない。我々が持続的に改善すれば，限りなく高品質，低コスト，高効率の理想的目標に近づくことができる。

2．品質管理と品質保証体系

第78条　（品質形成）

　優れた性能と信頼できる品質は，製品競争力の鍵である。品質は製品のライフ・サイクルの全過程，すなわち研究設計，中間試験，製造，販売，サービス及び使用を含む全過程にあると我々は認識している。そのため，製品のライフ・サイクルの全過程で影響する製品品質の各要素を，常に管理状態に置かなければならない。全工程で，全員参加の全面的品質管理を実行し，会社が持続的に品質規準に合った，顧客が満足

付録Ⅱ

する製品を提供できる能力を持てるように
しなければならない。

我々の品質方針は以下の通りである。

1.品質が卓越している企業イメージを確立
して，誠心誠意顧客にサービスする。

2.製品設計において品質を作り上げる。

3.契約規格に合わせて生産する。

4.基準に合ったサプライヤを使う。

5.安全な作業環境を提供する。

6.品質系統はISO-9001の要件に合わせる。

第79条（品質目標）

我々の品質目標は以下の通りである。

1.技術において，世界潮流との同歩性を維
持する。

2.最も優れた価格性能比を持った製品を，
創造的に設計，生産する。

3.製品稼働は，平均2,000日間無故障を実
現する。

4.最も微細な個所から，顧客の各方面の要
求が満足されることを十分に保証する。

5.確実で間違いのないデリバリー，完備さ
れたアフター・サービス，入念な操作者
育成，誠実で親切な商品受注と商品引
取。

我々はISO-9001を推進し，定期的な国
際認証審査によって，健全な全社品質管理
体系と品質保証体系を確立して，我々の品
質管理と品質保証体系を国際規格に合わせ
る。

3．全体予算管理

第80条（性質と任務）

全体予算は会社年度のすべての経営活動
が依拠するもので，我々が外部環境の不確
定性に対応し，決裁の盲目性と随意性を減
らして，会社全体の業績と管理水準を高め
る重要な経路である。

全体予算の主要な任務は以下の通りであ
る。

1.各部門の目標と活動を全体的に協調させ
る。

2.年度経営計画の財務効果とキャッシュ工
程に対する影響を予想する。

3.資源配置を適正化する。

4.各責任中心の経営責任を確定する。

5.各部門の費用支出を管理し，各部門の業
績を評価するため，その根拠を提供す
る。

会社は複数等級の予算管理体系を設け
る。各責任中心のすべての収支は予算に組
み入れなければならない。

第81条（管理職責）

会社の予算と決算は，財経管理委員会で
審議され，会社総裁によって批准される。
会社の予算は，財務部が責任を持って編成
し，実施を監督し，実施効果を審査する。
各等級の予算編制と改正は，規定された
手続きに従ってなされなければならない。
収入と利益を中心とする予算編制では，潜
在力及び効益増大への有利原則に従って，
各項目の支出水準を確定しなければならな
い。コストあるいは費用が中心の予算編制
では，収入に応じて支出することを貫徹し
て，節約方針を履行しなければならない。

会社と事業部と子会社の財務部門は，定
期的に財経管理委員会に予算執行状況の分
析報告を提出しなければならない。予算目
標の実現程度と予算実現の乖離程度に基づ
いて，財務部の予算編制と予算管理効果を
考査する。

4．コスト管理

第82条（管理の重点）

コストは市場競争の重要な勝利要素であ

235

る。コスト管理は製品のバリュー・チェーンの角度から，投入産出の総合的効益を考慮して，合理的に管理計画を確定しなければならない。

重点的に管理すべき主要なコスト・アップ要素には，以下のものが含まれる。

1. 設計コスト。
2. 仕入コストと外注コスト。
3. 品質コスト，特に，製品品質と作業品質で生じるメンテナンス・コスト。
4. 在庫コスト，特に，バージョン・アップで生じる放置品と廃棄品。
5. 期間費用における浪費。

第83条（管理機構）

管理コストの前提は，正確に見積った製品とプロジェクトのコストである。会社の経営活動の特徴に基づいて，合理的に費用を割り当てなければならない。

会社は製品コストに対して目標コスト管理を実行し，製品の立案と設計においてコスト削減を実行しなければならない。目標コストの確定は，製品の競争的市場価格に依拠する。

コスト・ダウンの業績改善指標は各部門の業績考課体系に加え，部門の主管と従業員の切実な利益と連結し，意識的コスト・ダウン・メカニズムを構築しなければならない。

5．業務工程調整

第84条（指導思想）

業務工程の調整を行う目的は，更に素早く顧客の需要に応えて，ルーチン管理を拡大して，ルーチン外管理を低減して，効率を高め，抜け孔を塞ぐことである。

業務工程調整の基本的構想は，ISO-9001標準の推進と業務工程調整及び管理情報系統とを互いに結合して，会社のすべての経営領域の重要業務を果たすために，簡潔で有効な手続きと作業基準を確立すること。基本業務工程を取り囲む，各種の補助業務工程体系を調整すること。これを基礎として，会社の各部門と各種の職位の職責を正確に位置づけて，判断数量を不断に低減して，工程の適正化と短縮化を不断に行って，会社の各項の管理を系統的に改善して，管理体系に移植可能性を持たせることである。

第85条（工程管理）

工程管理は業務工程標準に従って，縦方向職能管理系統の権限下の横方向ルーチン管理であり，目標と顧客によって方向づけられた責任者が推進する管理である。業務工程のそれぞれの持ち場の責任者は，職位の高低にかかわらず，工程で定められた職権を行使して，工程で定められた責任を引き受け，工程の制約規則を守って，次の工程をユーザとし，工程運営の優良品質で高い効率を確保する。

面的工程統計考課指標体系を設立完備することは，最終成果責任を確定し工程管理を強化する鍵である。顧客満足度は業務工程の各環節の考課指標体系の核心である。

工程管理のプログラム化，自動化，情報集成化レベルを高め，不断に市場の変化と会社の事業展開要求に適応して，元の業務工程体系に対して簡素化と改善を行うことは，我々の長期の任務である。

第86条（管理情報系統）

管理情報系統は，会社の経営活動と管理の支持プラットフォームの道具であり，工程運営と職能管理の効率を高め，会社の競争力を強め，情報資源を開発して利用し，管理決裁を効果的に支持する。

管理情報系統は，先進成熟技術と製品の採用を堅持して，最小自主系統開発の原則を堅持する。

６．プロジェクト管理

第87条（必然性）

会社の高速成長の目標とハイテク会社の性質は，新技術，新製品，新市場，新領域等の方面で不断の新プロジェクトの提起が必須である。これらの関係会社が生存し発展するには，１回性の部門横断を特徴にしたプロジェクトに至る。これは既存の職能管理系統に頼ったルーチン方式の管理では完成が難しく，必ず部門横断的チーム運営とプロジェクト管理が実行されなければならない。そのため，プロジェクト管理は職能管理と共に，会社の基本管理方式にしなければならない。

第88条（重点管理）

プロジェクト管理はプロジェクトのライフ・サイクルの全過程に対する管理であり，１つのシステム過程である。プロジェクト管理は国際的先進管理モデルを参照して，１つのまとまった規範的プロジェクト管理制度を確立しなければならない。プロジェクト管理改善の重点は，プロジェクト立案審査とプロジェクト変更審査，予算管理，進度管理，文書ファイルの改善である。

プロジェクト管理については，サンセット法を実行する。プロジェクト数量の管理は，資源有効利用の実現と組織全体の運営系統を高めるために行う。プロジェクトが完成して検査した後，既定手続きに従ってルーチン組織管理系統に移す。

７．監査制度

第89条（職能）

会社の内部監査は，会社の各部門，事業部，子会社の経営活動の真実性，合法性，効益性，及び各種の内部管理制度の科学性と有効性に対して審査，事実確認，評価する監督管理活動である。

会社監査部門は財務監査，プロジェクト監査，契約監査，離任監査等の基本的内部監査職能の外に，計画，重要業務工程，主要管理制度等について関係会社の重要業務を監査し，内部監査と業務管理の進捗とを結合しなければならない。

第90条（体系）

会社はフローを核心にした管理監査制度を実行する。フロー中に監督管理と監査点を設け，各階層管理幹部の監督管理責任を明確にして，自発的監査を実現する。

我々は計画，統計，監査の相互に独立した運営と共に，全体が閉じた循環的適正再生システムの推進と不断の改善を堅持する。このような三角循環は各部門，各環節，各事項を貫いている。このような多くの小ループを基礎にして，中ループ，そして多くの中ループによって大ループが構成される。会社が管理循環を閉じるだけで，管理のフィードバック制約メカニズムを形成して，絶えず自らの適正化と浄化ができる。

会社の全監査人を流動化して，監査方法の伝播と監査レベルのアップを促進する。さらに開放的で透明な監査システムを形成して，会社の各項の経営管理業務が有効に進展するために，サービスと保障を提供する。

第91条（権限）

会社の監査機構の基本権限には，以下のものが含まれる。

1.総裁に対して直接責任を負って業務を報

告する。他の部門及び個人の干渉を受けない。

2.監査職能を履行するための一切の必要権限を有する。

8．事業部の管理

第92条（方針）

事業部の管理方針は以下の通りである。

1.潜在力成長に有利である。

2.効果と利益の増大に有利である。

3.会社組織と文化的統一性に有利である。

第93条（成果考課）

事業部は利益センターで，会社の定めた経営範囲で自主経営し，拡大責任，利益責任，資産責任を引き受ける。

事業部の考課指標の主要なものは，営業収入，営業収入増大率，市場占有率と管理利益である。営業指標を考課する目的は，事業部の拡大の奨励のためであり，管理利益を考課する目的は拡大と合わせて，効果と利益と資産責任に配慮するためである。各事業部の異なる発展要求に従って，調整と事業部営業収入，営業収入増大率，管理利益の各部分を利益分配係数と連動させて，事業部の経営行為に影響を与える。

事業部のすべての利益は会社によって戦略と目標に基づいて統一的に分配する。

第94条（自主権）

我々の方針では，事業部管理の「3利点」原則に合っていれば，それを実行するための十分な権限を与える。

事業部の総責任者の主な自主権は，予算内支出の決定権と所属経営資源の支配権，及び会社の統一政策による指導の下での経営決裁権，人事決定権，利益分配権である。

第95条（管理と監査）

会社による事業部に対する管理と監査の主なものは，以下の通りである。

1.事業部の総責任者，財務責任者，人的資源責任者，監査責任者は会社によって任免される。

2.部予算の批准によって，事業部収支の総量管理を行う。

3.会社は統一的に融資して，事業部は資金に対する有償占用を実行する。

4.現金に対して集中管理を実行して，事業部は自身のキャッシュ・フローのバランスに責任を負う。

5.事業部は会社の財経管理委員会に定期的に財務成果報告を提出する。

6.会社監査部は事業部に対して監査職能を履行する。

第96条（サービス型事業部）

サービス型事業部の職能は，低利益方式で内部にサービスを提供して，全体拡大の実力を促進することである。内部運営は市場メカニズム的に行う。

第97条（利益対応報酬）

事業部は仮想利益による利益対応報酬の報酬制度を実行する。事業部の報酬政策では，会社はリスク，効益，報酬の対等原則を遵守する。

9．危機管理

第98条（危機意識）

ハイテクの刷新周期は益々短くなり，すべてのハイテク企業の前途は危機に満ちている。ファーウェイは成功によって，会社組織内部に胎蔵する危機は，益々深刻になってきている。会社が危機に置かれている時は，危機に直面していると共にチャンスにも直面していると見なさなければならない。危機管理の目標は危険をチャンスに

付録Ⅱ

変えて，会社が陥穽を越えて新しい成長段
階に入るようにすることである。

第99条（警戒と減災）

　会社の高位階層の指導者の不測の事件や
製品に起因する会社のイメージに重大な影
響を与える突発的事件に対して，競争相
手，顧客，サプライヤ，政策法規等の外部
環境における微小であるが重大な変化を敏
感に予測感知して処理するために，会社は
警戒システムと迅速な対応機構を確立しな
ければならない。

第6章　後継者と基本法改正

第100条（継承と発展）

　ファーウェイが年毎に蓄積する管理方法
と経験は会社の貴重な財産であり，必ず継
承発展させなければならない，これは各階
層の主管の責任である。継承すれば，発展
する。量的変化のある蓄積は，質的変化を
生む。前人の成果を受け継いで新しいも
のを創造する，過去を受けて未来を開く。
これらは我々の事業の繁栄発展の基礎であ
る。

第101条（後継者に対する要求）

　賢能の士を用いることと全力を尽くす
ことは，指導者と模範者との違いである。
賢能の士を用い不断に後継者を育成する人
は，指導者になり，会社の各階層の職務の
後継者になる。

　中高位階層幹部の任職資格の最も重要な
条件は，合格する後継者を推薦し育成でき
ることである。後継者を育成できない指導
者は，次の任期時に自ら引退すべきである。
自己が優秀になることでは十分でない，自
己の後継者を更に優秀にしなければならな

い。

　我々は制度化して，第3世代，第4世代
及びそれ以降の会社の後継者が堕落して，
利己的でその場しのぎになることを防止し
なければならない。我々の高位階層指導者
のある者が職権を利用して私利を図った時
は，それは我々の会社幹部の選抜制度と管
理に深刻な問題があることを明らかにして
いる。もし事実そのものについてだけ論じ，
制度上から根源を探さないならば，我々の
死は，既に遠くない。

第102条（後継者の産出）

　ファーウェイの後継者は，集団で奮闘す
る従業員と各階層幹部の中から自然に生ま
れる指導者である。

　会社の急成長による挑戦的機会，会社の
民主的決裁制度，集団的奮闘文化が，指導
人材が頭角を現す条件を作る。各階層委員
会と各階層部門の責任者事務処理会議は，
会社の高位階層民主活動制度の具体的形式
であり，後継者育成の温床である。実践の
中で人を育て，選び，試す。事をなさない
処世の人が重用されることを警戒しなけれ
ばならない。

　我々は確固不動に，第1，2世代の創業
者に学ばなければならない。彼らの思想に
ある刻苦奮闘の精神，未知の領域を探索す
る勇気を学び，彼らの集団精神と広くての
びのびとした心で，我々の公正で合理的
な価値評価体系を堅持しかつ不断に改善し
ていることを学び，彼らの強烈な進取精神
と責任意識で，勇敢に高い目標を立て自己
に求め鞭撻したことを学び，彼らの事実に
基づいて真実を求める精神で，哲学，社会
学，歴史学の視野を持ち，また少しもいい
加減にしない仕事態度を備えていることを
学ばなければならない。世界に向かって

239

我々の使命を実現することが，ファーウェイの代々の後継者の志を立てて変えない任務である。

第103条（基本法の改正）

基本法は10年置きに1度改正される。改正の過程では，賢人に従い衆人に従わない原則が貫徹される。

管理者，技術の基幹者，業務の基幹者，基層幹部から10％の従業員を選出して，改正の論証を行って，明確な提案を準備する。

その後，この10％の従業員から，更に20％の従業員を選出して，取締役会，執行委員会と一緒に改正部分の提案を審議する。最終提案は公表して，広く従業員の意見を求める。

最後に，取締役会，執行委員会，優秀従業員の3者同等に構成された代表で，最終決定される。

「基本法」は会社のマクロ管理の指導原則であり，会社の発展中における重大な関係対立を処理して統一する規定である。その目的の1つは，指導者を育成することである。中高位階層幹部は，真剣に「基本法」を学び，その精神の本質を理解して，その考え方を把握しなければならない。

参考文献 ― 使用した先行研究一覧

（日本語は五十音順，英語はアルファベット順，中国語はピンイン順）

日本語文献：

青木昌彦・安藤晴彦［2002］『モジュール化―新しい産業アーキテクチャーの本質―』東洋経済新報社

明石芳彦［1995a］「第11章 研究開発とイノベーション」新庄浩二編［2003］『産業組織論（新版）』有斐閣

明石芳彦［1995b］「第1章 日本企業の研究開発・技術開発・製品開発」明石芳彦・植田浩史編『日本企業の研究開発システム』東京大学出版会

天児慧・石原享一・朱建栄・辻康吾・菱田雅晴・村田雄二郎編［1999］『岩波現代中国事典』岩波書店

池本正純［1984］『企業家とはなにか』有斐閣

石井正［2005］『知的財産の歴史と現代』発明協会

今道幸夫［2008］「中国における通信機器産業の発展と技術形成―大型デジタル交換機の自主開発の実態分析を中心に―」大阪市立大学『季刊経済研究』Vol.31

岩出博［2013］「戦略人材マネジメントの非人間的側面」日本大学経済学部『経済集志』第83巻第2号

ウィリアムソン，O.E.著，浅沼萬里訳［1980］『市場と企業組織』日本評論社

氏原正治郎［1979］『日本労働問題研究』東京大学出版会

小川紘一［2009］『国際標準化と事業戦略―日本型イノベーションとしての標準化ビジネス・モデル―』白桃書房

科学技術と経済の会編［1979］『日本の自主技術―その挑戦の軌跡―』日刊工業新聞社

岳五一・呂延傑・舒華英・梁雄健・長谷川利治［1995］「中国における情報通信基盤整備の現状と市場経済発展への影響（I）（II）」『電子情報通信学会誌』Vol.78 No.1

岳五一・呂延傑・長谷川利治［1999］「21世紀に向けての中国の情報通信網の構築とその社会的インパクト（II完）」『電子情報通信学会誌』Vol.82 No.12

金山権［2008］『中国企業統治論―集中的所有との関連を中心に―』学文社

川井伸一［1998］『中国私営企業と経営―概説と資料―』愛知大学経営総合科学研究所

金泳鎬［1988］『東アジア工業化と世界資本主義』東洋経済新報社

クスマノ，M.A.著／富沢宏之・藤井留美訳［1993］『日本のソフトウェア戦略―アメリカ式経営への挑戦―』三田出版会

クスマノ，M.A.著／サイコムインターナショナル訳［2004］『ソフトウェア企業の競争戦略』ダイヤモンド社

国広敏郎［1980］「デジタルESSと交換機業」通信機械工業会『通信工業』No.5

クリステンセン，C.著／玉田俊平太／伊豆原弓訳［2000］『イノベーションのジレンマ―技術

革新が巨大企業を滅ぼすとき―』翔泳社

肥塚浩［1995］「第6章　パソコンソフト企業の製品開発戦略と組織―ジャストシステム社の場合―」明石芳彦・植田浩史編『日本企業の研究開発システム』東京大学出版会

小菅正伸［2011］「中国企業におけるビジネス・プロセスの革新―ハイアールの事例を中心として―」関西学院大学『商学論究』第58巻第2号

小谷悦司・今道幸夫・梁熙艶［2001］『WTO加盟に向けた改正中国特許法―実施細則・審査基準・注釈―』経済産業調査会

小橋亨［1988］『図解デジタルPBX』オーム社

小宮隆太郎［1989］『現代中国経済―日中の比較考察―』東京大学出版会

蔡仁錫［2002］「経営戦略と人材マネジメント：戦略的人的資源管理論」石田英夫・梅澤隆・永野仁・蔡仁錫・石川淳『MBA人材マネジメント』中央経済社

下田博次［1986］『ソフトウェア工場―見えない工業製品の生産と労働―』東洋経済新報社

ジャコービィ，S.M.著，内田一秀・中本和秀・鈴木良始・平尾武久・森杲訳［1999］『会社荘園制』北海道大学図書刊行会

周牧之［1997］『メカトロニクス革命と新国際分業』ミネルヴァ書房

城水元次郎［2004］『電気通信物語―通信ネットワークを変えてきたもの―』オーム社

末廣昭［2000］『キャッチ・アップ型工業化論―アジア経済の軌跡と展望―』名古屋大学出版会

総務省情報通信国際戦略局情報通信経済室［2013］『ICT産業のグローバル戦略等に関する調査研究報告書』

高城信義［1996］「技術移転」松崎義編『中国の電子・鉄鋼産業―技術革新と企業改革―』法政大学出版局

竹田志郎編［1994］『国際経営論』中央経済社

田島俊雄・古谷眞介［2008］『中国のソフトウェア産業とオフショア開発・人材派遣・職業教育』東京大学社会科学研究所現代中国研究拠点

谷口功［2007］『よくわかる最新通信の基本と仕組み』秀和システム

チャンドラー，A.D.著，鳥羽欽一郎訳［1979］『経営者の時代―アメリカ産業における近代企業の成立―』東洋経済新報社

趙宏偉［1998］『中国の重層集権体制と経済発展』東京大学出版会

通商産業省工業技術院編［1964］『技術革新と日本の工業』日刊工業新聞社

出川通［2004］『技術経営の考え方　MOTと開発ベンチャーの現場から』光文社

電子情報通信学会・技術と歴史研究会編［2006］『電子情報通信技術史―おもに日本を中心としたマイルストーン―』コロナ社

湯進［2009］『東アジアにおける二段階キャッチ・アップ工業化―中国電子産業の発展―』専修大学出版局

田濤・呉春波著，内村和雄訳［2015］『最強の未公開企業ファーウェイ―冬は必ずやってくる―』東洋経済新報社

戸塚秀夫・中村圭介・梅澤隆［1990］『日本のソフトウェア産業―経営と技術者―』東京大

参考文献

学出版会

ドラッカー，P.F. 著，上田惇生訳［1996］『新訳 現代の経営』ダイヤモンド社

中川涼司［2007］『中国のIT産業―経済成長方式転換の中での役割―』ミネルヴァ書房

日本電信電話公社技術局［1976］『電気通信自主製造技術開発史―交換編―』電気通信協会

野口祐編［1989］『ソフトウェアの経営管理』税務経理協会

橋田担［2008］『中国の高度技術産業／自主イノベーションへの道』白桃書房

ピオリ，M.J.／セーブル，C.F. 著，山之内靖・永易浩一・石田あつみ訳［1993］『第二の産業分水嶺』筑摩書房

一橋大学イノベーション研究センター編［2001］『イノベーション・マネジメント入門』日本経済新聞社

吹野卓［1988］「組織構造の比較研究における技術概念」関西学院大学『社会学部紀要』第57号

福谷正信［2001］『R&D人材マネジメント』泉文堂

福谷正信［2007］『研究開発技術者の人事管理』中央経済社

ブラットン，J.／ゴールド，J. 著，上林憲雄・原口恭彦・三崎秀央・森田雅也監訳［2009］『人的資源管理―理論と実践―』文眞堂

ヘバート，R.F.／リンク，A.N. 著，池本正純・宮本光晴訳［1984］『企業家論の系譜』ホルト・サウンダース・ジャパン

ポーター，M.E. 著，土岐坤訳［1982］『競争の戦略』ダイヤモンド社

本荘修二・校条浩［1999］『成長を創造する経営―シスコ・システムズ・爆発的成長力の秘密―』ダイヤモンド社

松田裕之［1991］『ATT労務管理史論―「近代化」の事例分析―』ミネルヴァ書房

丸川知雄［2002］「華為技術有限公司」（http://www.iss.u-tokyo.ac.jp/~marukawa/huawei.pdf, 2008年11月22日確認）

丸川知雄［2007］『現代中国の産業―勃興するローカル製造企業の強さと脆さ―』中央公論新社

丸川知雄・安本雅典編［2010］『携帯電話産業の進化プロセス―日本はなぜ孤立したのか―』有斐閣

丸山伸郎［1988］『中国の工業化と産業技術進歩』アジア経済研究所

三戸公［2004］「人的資源管理論の位相」立教大学経済学部『立教経済学研究』第58巻第1号

村杉健［1987］『作業組織の行動科学』税務経理協会

森谷正規［1978］『現代日本産業技術論』東洋経済新報社

安室憲一［2003］『徹底検証中国企業の競争力』日本経済新聞社

山口一臣［1994］『アメリカ電気通信産業発展史』同文舘出版

山本潔［1994］『日本における職場の技術・労働史1854～1990』東京大学出版会

由井常彦編［1976］『工業化と企業者活動―日本経営史講座2―』日本経済新聞社

由井常彦・橋本寿朗編［1995］『革新の経営史』有斐閣

吉澤正編［1988］『ソフトウェアの品質管理と生産技術』日本規格協会

吉原英樹・欧陽桃花［2006］『中国企業の市場主義管理／ハイアール』白桃書房

李捷生［2000］『中国「国有企業」の経営と労使関係—鉄鋼産業の事例（1950年代〜90年代）—』御茶の水書房

李捷生［2011］「日本的労使関係の原型論」玉井金五・佐口和郎編著『講座現代の社会政策1 戦後社会政策論』明石書店

林毅夫／関志雄・李粋蓉訳［1999］『中国の国有企業改革』日本評論社

渡辺利夫［2002］『中国の躍進 アジアの応戦—中国脅威論を超えて—』日本総合研究所調査部環太平洋研究センター

英語文献：

Ahrens, Nathaniel［2013］*China's Competitiveness Myth, Reality, and Lessons for the United State, and Japan, Case Study: Huawei*（中国の競争力の神話と現実，米国と日本への教訓，ファーウェイの事例），CSIS（Center for Strategic & Information Studies）.

Gu, Shulin［1999］*China's Industrial Technology*（中国の産業技術），Routledge.

Guest, David E.［2001］"Industrial relations and human resource management（労使関係と人的資源管理），" Storey, John ed., *Human Resource Management: Critical Text*（2nd edition），Thomson Learning.

Guest, David E.［1987］"Human resource management and industrial relations"（人的資源管理と労使関係），*Journal of Management Studies,* Vol.24, No.5.

Guest, David E.［1991］"Human resource management: Its implication for industrial relations and trade unions（人的資源管理：労使関係と労働組合へのインプリケーション），" Storey, John ed., *New Perspectives on Human Resource Management,* Routledge.

Harwit, Eric［2008］*China's Telecommunications Revolution*（中国の電気通信革命），Oxford University Press.

Hills, Jill［2007］*Telecommunications and Empire*（電気通信と帝国），University of Illinois Press.

Katz, Harry C. & Darbishire, Owen［2000］*Converging Divergences*：*Worldwide Changes in Employment Systems*（収斂する多様性—雇用システムにおける世界的変化—），Cornell University.

Lazonick, William & March, Edward［2011］"The Rise and Demise of Lucent Technologies"（ルーセント・テクノロジーズの成長と衰退），" *Journal of Strategic Management Education*, Vol.7, No.4.（http://www.senatehall.com/strategic-management?article=434, 2016年2月26日確認）

Low, Brian［2005］"The evolution of China's telecommunications equipment market: A contextual, analytical framework"（中国通信設備市場の発展—文脈的分析フレーム・ワーク—），" *Journal of Business & Industrial Marketing*, Vol. 20, pp.99〜108.

Storey, John & Sisson, Keith［1993］*Managing Human Resources and Industrial Relations,*

（人的資源管理と労使関係），Open University Press.

White, Patrick E.［1993］"The changing role of switching systems in the telecommunications network（電気通信ネットワークにおける交換システムの変化する役割），" *IEEE Communications Magazine*, Jan.

中国語文献：

本書編委会［2008］『大跨越中国電信業三十春秋（大飛躍中国電信業30年）』人民出版社

程東昇・劉麗麗［2004］『華為真相（ファーウェイの真相）』当代中国出版社

程東昇・劉麗麗［2007］『任正非談国際化経営（任正非国際化経営を語る）』浙江人民出版社

成媛［2007］『我国通信設備企業発展戦略比較研究』華東師範大学

董延明［2010］『我在華為的日子（私のファーウェイでの暮らし）』遠方出版社

高暁万・周恒［2010］『華為的営銷策略（ファーウェイのマーケティング戦略）』海天出版社

国家科学技術委員会綜合局編［1988］『科技体制改革典型経験匯編（科学技術体制改革の典型事例集）』国家科学技術委員会綜合局

華為技術有限公司企業文化資料集編［1997］『華為文摘（ファーウェイ・ダイジェスト）』華為技術有限公司

華為研修資料［2005］『華為服務合作規範─合作工程師培訓専用─（ファーウェイのサービス協業規範─協業エンジニア研修専用─）』華為技術有限公司

黄継偉［2016］『華為工作法（ファーウェイの仕事法）』中国華僑出版社

黄麗君・程東昇［2010］『資本華為（資本とファーウェイ）』当代中国出版社

黄衛偉主編［1997］『卓越を追求した管理探索─華為公司の戦略，管理，機制と文化─』華為技術有限公司

孔飛燕［2009］『華為公司研発人員管理模式研究（華為公司研究開発技術者管理方式研究）』蘭州大学学位公表論文

孔祥露［2008］『非一般的華為（一般的でないファーウェイ）』海天出版社

雷陽・孔昭君［2003］「我国電信設備市場競争特点浅析（我国電信設備市場競争の特性分析）」『北京理工大学学報（社会科学版）』第5巻第5期

劉平［2009］「華為往事（ファーウェイの往事）」前華為人網（http:// exhwren.com/．2011年7月3日確認）

劉世英・彭征明［2008］『華為教父任正非（ファーウェイの教父任正非）』中信出版社

呂志勇［2007］『産業開放与規制変革─中国電信産業市場化進程研究─（産業開放と規制変革─中国電信産業の市場化プロセス研究─）』世紀出版集団

馬寧［2006］『華為与中興通訊（ファーウェイとZTE）』中国経済出版社

毛穏蘊・欧陽桃花・戴勇［2005］『中国優秀企業成長与能力演進（中国の優秀企業の成長と能力進化）』中国財経出版社

明叔亮［2012］「華為股票虚実（ファーウェイの株式の虚実）」『財経』2012年16期，財経雑誌社

湯聖平［2004］『走出華為（ファーウェイを退く）』中国社会科学出版社

田濤・呉春波［2012］『下一個倒下的会不会是華為（次に倒れるのはファーウェイか）』中信出版社

呉春波［2014］『華為没有秘密（ファーウェイには秘密はない）』中信出版社

許凌志［2006］『華為的企業戦略（ファーウェイの企業戦略）』海天出版社

楊金琪編［1996］『最新知識産権案例精粋与処理指南（最新の知的財産権事件の精選と処理ガイド）』法律出版社

楊祖江［2010］『華為内部工資和待遇詳説（華為内部の賃金と待遇の解説）』（http://www.yzjbj.com，2013年7月31日確認）

郵電部電信政務司［1995］『当代通信』07期，当代通信雑誌社

余勝海［2013］『華為還能走多遠（ファーウェイはさらにどこまで遠くへ行けるか）』中国友誼出版公司

干致田［1990］「中国電子工業四十年巨変（中国電子工業四十年の大変化）」『中国改革』1月号，中国改革雑誌社

張貫京［2007］『華為四張臉（ファーウェイの4つの面）』広東経済出版社

張継辰・文麗顔［2010］『華為的人力資源管理（ファーウェイの人的資源管理）』海天出版社

張利華［2009］『華為研発（ファーウェイの研究開発）』機械工業出版社

中国電子工業年鑑編集委員会［2004］『中国電子工業年鑑2004』電子工業出版社

あとがき

　ファーウェイを初めて知ったのは2001年頃であった。WTO加盟を目前にした中国における特許出願状況を調査している時に，ファーウェイという中国企業を知った。ハイアールを含めた他の中国企業が，精々年間50件程度の特許出願しかしていない時期に，400件を超える特許出願をしていた。ファーウェイの特許出願件数は中国企業の中で突出していた。どういう会社だろうと興味を持って調べていくと，「国有企業の系列ではなく，20人足らずの弱小民間企業から起業した」ことや，「デジタル交換機市場では，中国のリーディング企業である」ことが分かってきた。それ以降は，未知の世界に分け入るようにして，この中国企業を調べ現在に至っている。

　2004年，私は52歳で大阪市立大学大学院創造都市研究科に入学した。「創造都市研究科」は大阪市立大学が2003年に社会人向けに開設した大学院であった。当時私は大阪市内にある「三協国際特許事務所」という所員100人程度の事務所で，海外への特許出願を担当していた。出願依頼は順調に伸び，仕事はたいへん忙しかった。しかし「社会科学を体系的に学びたい」という気持ちから，少ししか残っていない「自分の時間」を絞り出して，その社会人大学院に通った。研究の対象にしたのは，もちろんファーウェイであった。

　そこで，李捷生先生に出会った。私の恩師である。先生は労働経済が専門で，私よりも5歳若い。先生からは「多くのことを学んだ」と言うよりも，「大事なことを1つだけ学んだ」と言った方が，今の私の実感に近い。大事なこととは「社会的事象の観方」である。具体的には「弁証法的思考」と言えようか。先生は「弁証法」という言葉を使われなかったが，先生との幾つもの対話（議論）は，「弁証法的思考」の訓練だったのではないか，と今は思える。「要因を羅列するのではなく，上下に階層化して説明してください」や「構造ではなく変化を見てください」等の先生のコメントが，今は懐かしい。そして先生との対話の材料になったのが，ファーウェイであった。

247

本書は，2004年から10年余り続けてきた私の「ファーウェイ研究」の集大成である。1つの企業を10年余り研究してこられたのは，「ファーウェイが常に進化してきた」からではないかと思える。本書は「弁証法的思考」の成果とは，とても言えないし，書き足したい箇所もたくさんあるが，今こうして長年の努力の成果をかたちにできたことは，私の大きな喜びである。

　本書を出版するにあたっては，多くの人たちの支援を受けた。恩師の李捷生先生はもちろんのこと，業務とまったく関係がないにもかかわらず大学院に通うことを認めて下さった三協国際特許事務所会長の小谷悦司先生，ファーウェイに関する中文書籍を快く提供して頂き，また本書の出版社を紹介して頂いた明治大学経営学部教授の郝燕書先生，そして本書出版に関して一方ならないご尽力を賜った株式会社白桃書房の大矢栄一郎社長には，ここに記して心より感謝申し上げます。最後に，私の研究を常に励まし続けてくれた妻節子に感謝します。

● 著者紹介

今道幸夫（いまみち　ゆきお）

1951年	大阪府に生まれる
2012年	大阪市立大学大学院創造都市研究科後期博士課程単位取得満期退学，博士（創造都市）
現　在	三協国際特許事務所所員 神戸国際大学経済学部非常勤講師 大阪市立大学大学院経営学研究科　客員研究員

所属学会　中国経済経営学会，工業経営研究学会
著書
『WTO加盟に向けた改正中国特許法』（共著）経済産業調査会，2001年
『東アジア企業研究会調査報告書(I) 地域間・企業間「複合的競争」下の在中国日系企業』（共著）第20章「島津儀器（蘇州）有限公司」，第21章「蘇州住金電子有限公司」東アジア企業研究会，2007年
『中国の現場からみる日系企業の人事・労務管理―人材マネジメントの事例を中心に―』（共著）補章「新興ローカル企業の人材育成と報酬制度」白桃書房，2015年

■ ファーウェイの技術と経営

■ 発行日──2017 年 10 月 16 日　初 版 発 行　　　　〈検印省略〉
　　　　　 2019 年 9 月 26 日　初版 2 刷発行

■ 著　者──今道幸夫

■ 発行者──大矢栄一郎

■ 発行所──株式会社　白桃書房
　　　　　　〒 101-0021　東京都千代田区外神田 5-1-15
　　　　　　☎ 03-3836-4781　📠 03-3836-9370　振替 00100-4-20192
　　　　　　http://www.hakutou.co.jp/

■ 印刷・製本──藤原印刷

©Yukio Imamichi　2017 Printed in Japan　ISBN 978-4-561-26701-0 C3034

本書のコピー，スキャン，デジタル化等の無断複製は著作権法上での例外を除き禁じられています。本書を代行業者等の第三者に依頼してスキャンやデジタル化することは，たとえ個人や家庭内の利用であっても著作権法上認められておりません。

JCOPY　〈㈳出版者著作権管理機構 委託出版物〉
本書の無断複写は著作権法上の例外を除き禁じられています。複写される場合は，
そのつど事前に，㈳出版者著作権管理機構（電話 03-5244-5088，FAX 03-5244-5089，
e-mail：info@jcopy.or.jp）の許諾を得てください。
落丁本・乱丁本はおとりかえいたします。

好 評 書

李　捷生・郝　燕書・多田　稔・藤井正男【編著】
中国の現場からみる日系企業の人事・労務管理　本体3,000円
—人材マネジメントの事例を中心に

倉重光宏・平野　真【監修】長内　厚・榊原清則【編著】
アフターマーケット戦略　本体1,895円
—コモディティ化を防ぐコマツのソリューション・ビジネス

安達瑛二【著】
ドキュメント
トヨタの製品開発　本体1,852円
—トヨタ主査制度の戦略，開発，制覇の記録

玄場公規【編著】
ファミリービジネスのイノベーション　本体2,315円

三尾幸吉郎【著】
３つの切り口からつかむ
図解中国経済　本体2,315円

磯辺剛彦　【著】
世のため人のため，ひいては自分のための経営論　本体2,315円
—ミッションコア企業のイノベーション

山田勇毅　【著】
中国知財戦略　本体2,800円
—イノベーションの実態と知財プラクティス

泉　秀明　【著】
米国の合理と日本の合理　本体4,300円
—建設業における比較制度分析

――――――――　東京　白桃書房　神田　――――――――

本広告の価格は本体価格です。別途消費税が加算されます。